习题精讲 + 强化自测 + 真实案例

专家执笔，浓缩案例精华，习题强化训练，全面掌握重点难点

案例引导教学法，辅以必备知识点，全面体验三维设计的完整流程，提升实战技能

新编三维CAD习题集

何煜琛 李婷 谢琼 编著

人民邮电出版社
北京

图书在版编目（ＣＩＰ）数据

新编三维CAD习题集 / 何煜琛，李婷，谢琼编著. --
北京 : 人民邮电出版社，2018.3（2023.5重印）
ISBN 978-7-115-47720-0

Ⅰ. ①新… Ⅱ. ①何… ②李… ③谢… Ⅲ. ①计算机
辅助设计－应用软件－高等学校－习题集 Ⅳ.
①TP391.72-44

中国版本图书馆CIP数据核字(2018)第017150号

内 容 提 要

本习题集的内容主要来自 CaTICs 竞赛和 CAD/CAM 职业技能考试，配图均为彩色，并且带有阴影处理，更具立体感和美感。本书基本按照从易到难的次序编著，但在后续单元也偶尔穿插一些难度相对容易的题目，权作进阶时的小憩。另外，在单元组织方面也考虑了题目的形态、类型等因素。

全书充分运用二维码功能，在各单元首页扫描二维码，不仅可以看到本单元案例的操作解析视频，还可以进行自测练习，并可获得自己在全国、大区、省份到城市的分级排名。

◆ 编　　著　何煜琛　李　婷　谢　琼
责任编辑　李永涛
责任印制　马振武

◆ 人民邮电出版社出版发行　　北京市丰台区成寿寺路 11 号
邮编　100164　　电子邮件　315@ptpress.com.cn
网址　https://www.ptpress.com.cn
涿州市京南印刷厂印刷

◆ 开本：787×1092　1/16
印张：11　　2018 年 3 月第 1 版
字数：243 千字　　2023 年 5 月河北第 3 次印刷

定价：49.80 元

读者服务热线：(010)81055410　印装质量热线：(010)81055316
反盗版热线：(010)81055315
广告经营许可证：京东市监广登字 20170147 号

目　录

第 1 单元　简单形态模型

1-1： 构建三维模型。题图为示意图，只用于表达尺寸和几何关系，由于参数变化，其形态会有所变化。

【注意】

重合、相切、对称等几何关系。

【问题】

请问模型体积是多少?

（与标准答案相对误差在 ±0.5%）

- A　80
- B　60
- C　40
- D　20

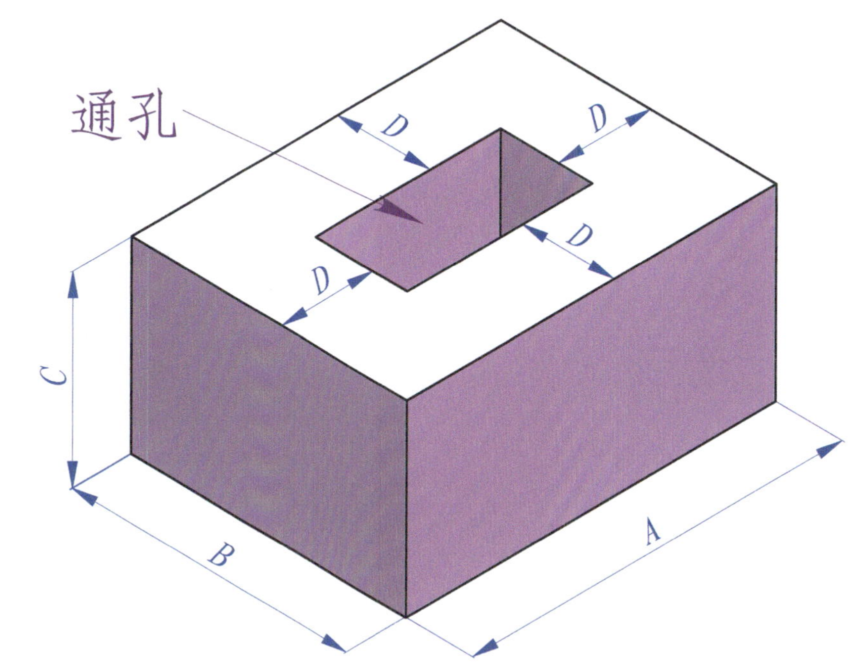

1-2: 构建三维模型。题图为示意图，只用于表达尺寸和几何关系，由于参数变化，其形态会有所变化。

【注意】

重合、相切、对称等几何关系。

【问题】

请问模型体积是多少?

（与标准答案相对误差在 ±0.5%）

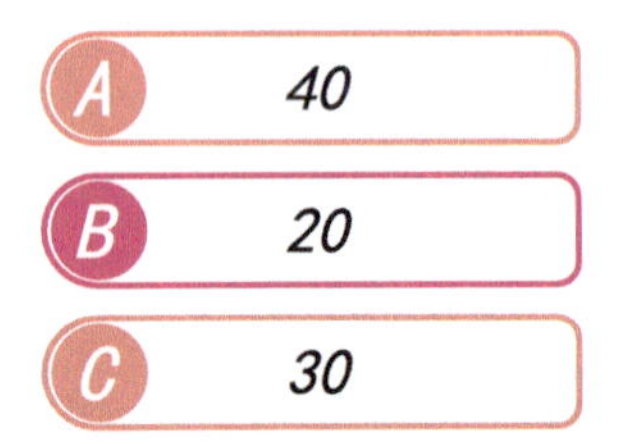

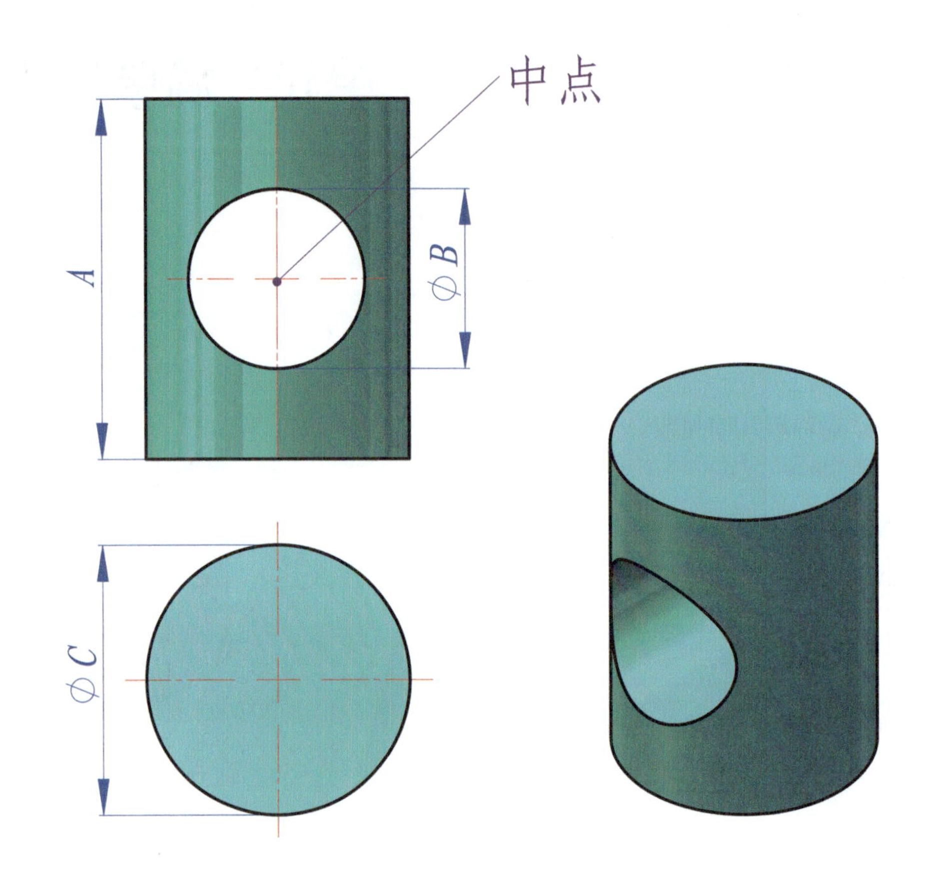

1-3： 构建三维模型。题图为示意图，只用于表达尺寸和几何关系，由于参数变化，其形态会有所变化。

【注意】

重合、相切、对称等几何关系。

【问题】

请问模型体积是多少?

（与标准答案相对误差在 ±0.5%）

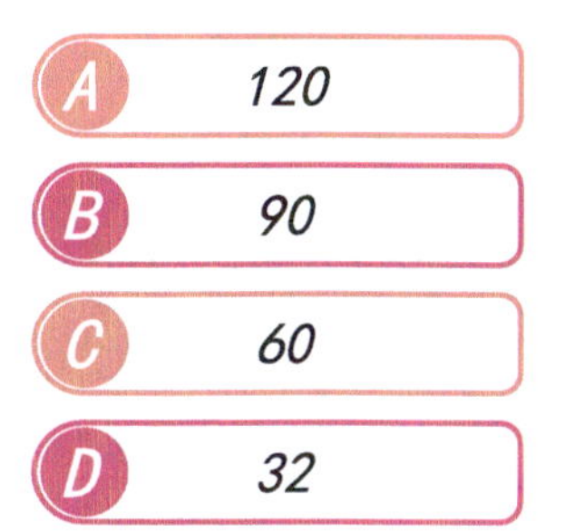

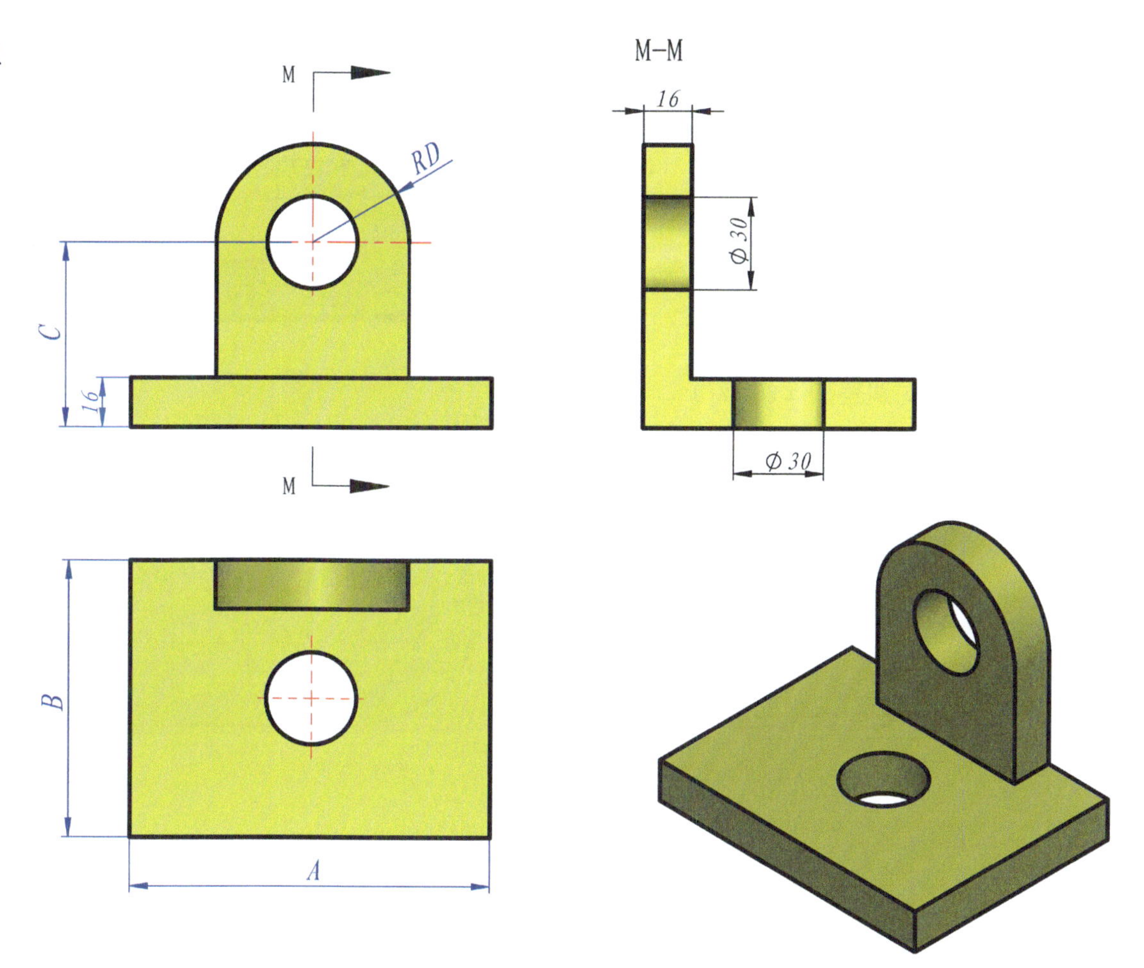

1-4：构建三维模型。题图为示意图，只用于表达尺寸和几何关系，由于参数变化，其形态会有所变化。

【注意】

重合、相切、对称等几何关系。

【问题】

请问模型体积是多少？

（与标准答案相对误差在 ±0.5%）

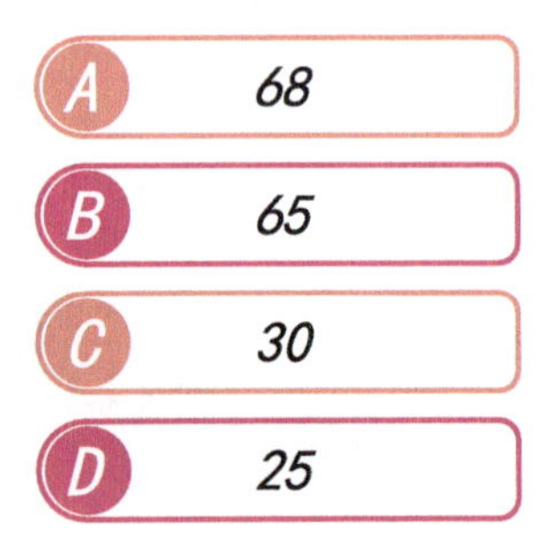

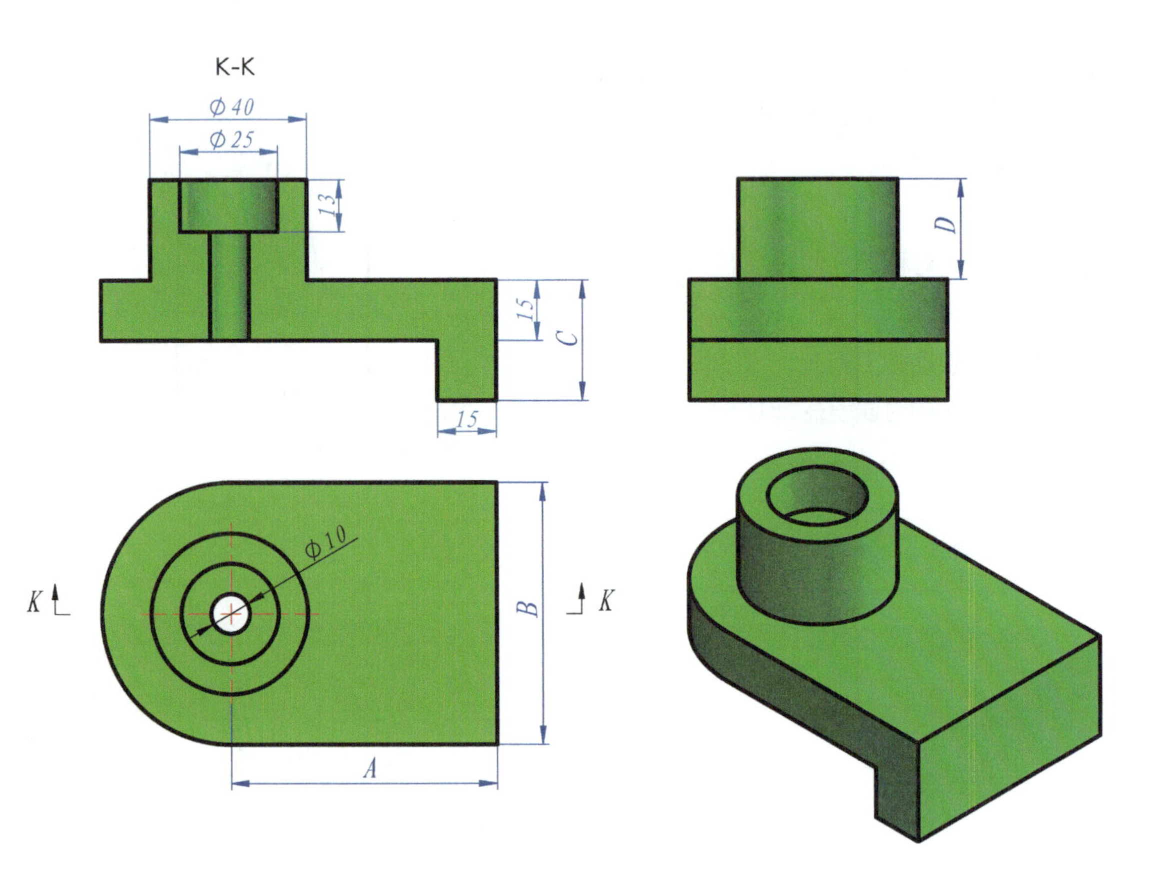

1-5： 构建三维模型。题图为示意图，只用于表达尺寸和几何关系，由于参数变化，其形态会有所变化。

【注意】

重合、相切、对称等几何关系。

【问题】

请问模型体积是多少?

（与标准答案相对误差在 ±0.5%）

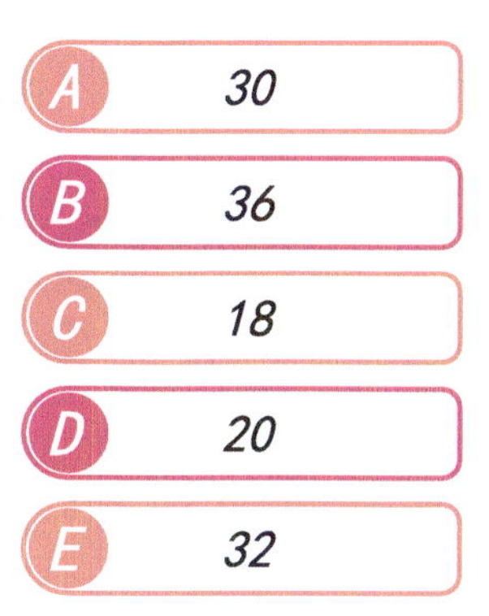

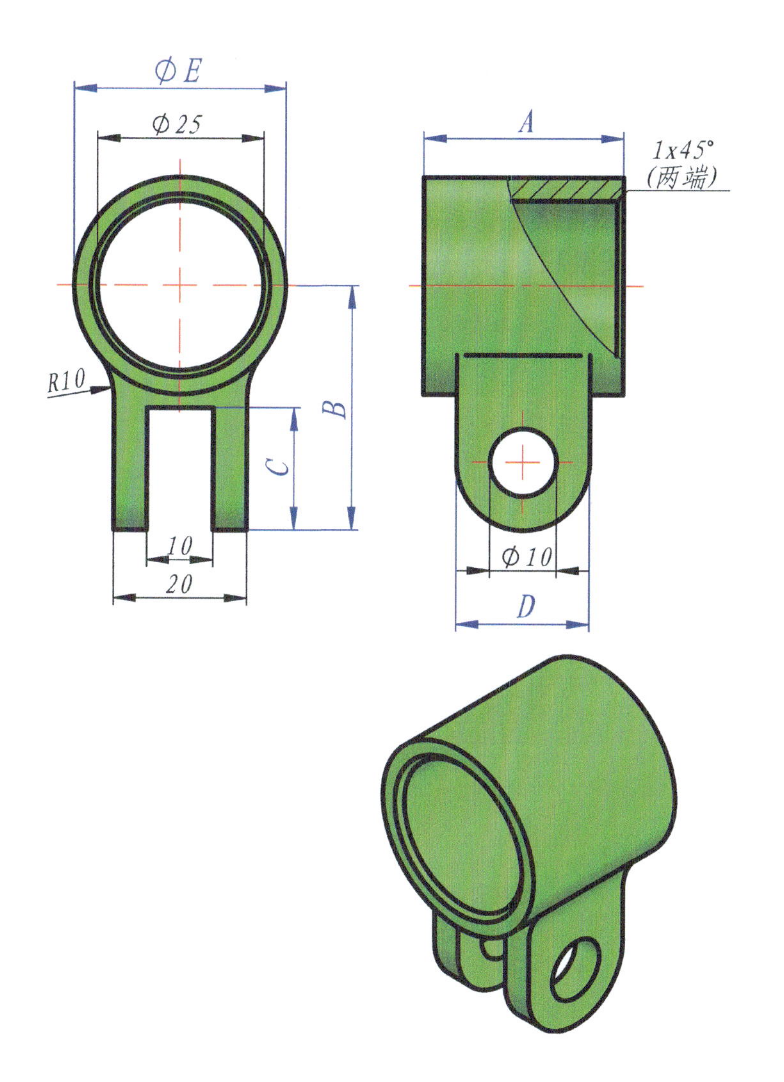

1-6： 构建三维模型。题图为示意图，只用于表达尺寸和几何关系，由于参数变化，其形态会有所变化。

【注意】

重合、相切、对称等几何关系。

【问题】

请问模型体积是多少?

（与标准答案相对误差在 ±0.5%）

- A 60
- B 90
- C 24
- D 50

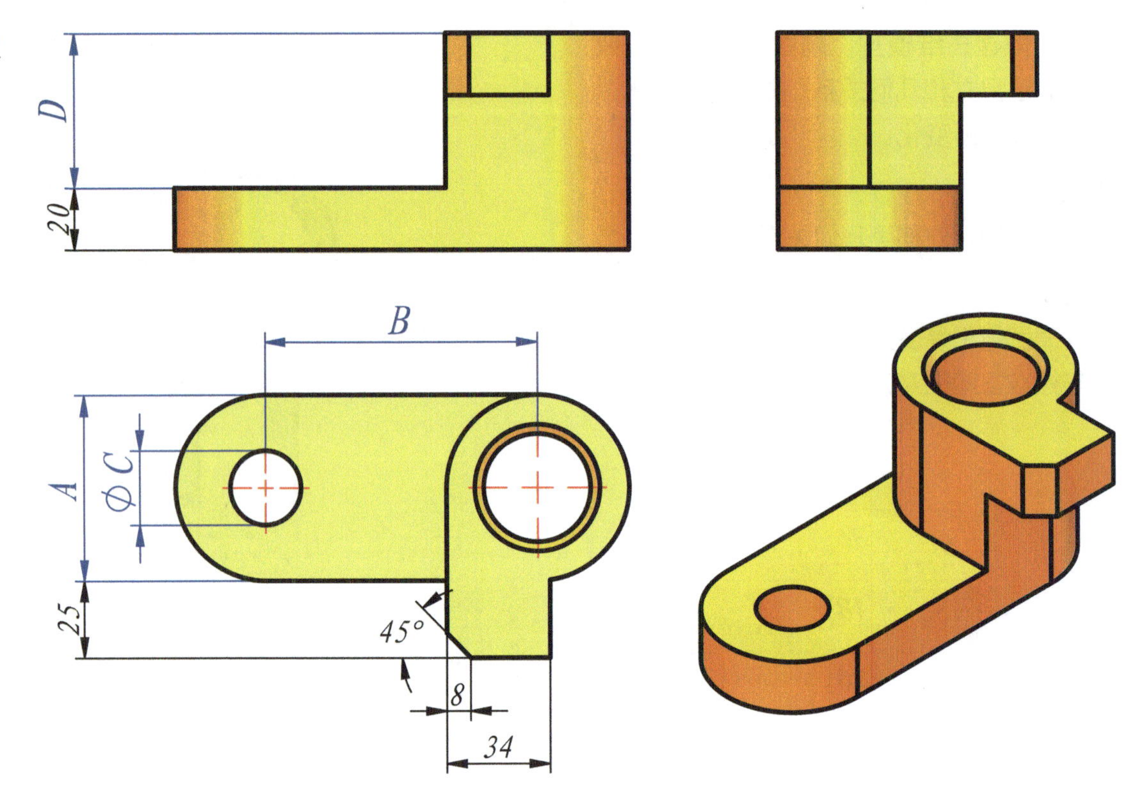

1-7： 构建三维模型。题图为示意图，只用于表达尺寸和几何关系，由于参数变化，其形态会有所变化。

【注意】

重合、相切、对称等几何关系。

【问题】

1. 请问 P1 至 P2 的距离是多少？ 2. 请问黄色面面积是多少？ 3. 请问模型体积是多少？（与标准答案相对误差在 ±0.5%）

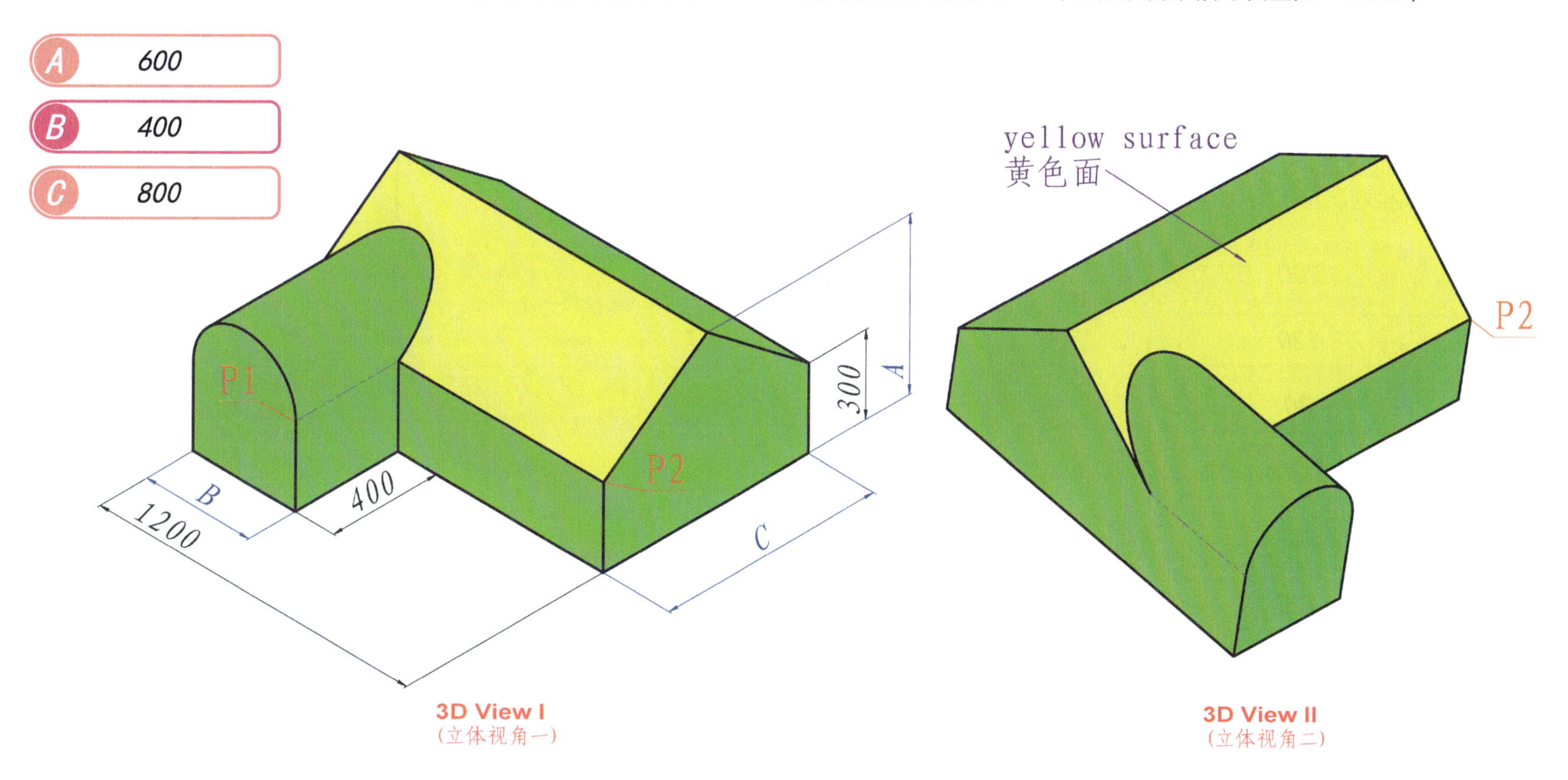

3D View I
（立体视角一）

3D View II
（立体视角二）

1-8： 构建三维模型。题图为示意图，只用于表达尺寸和几何关系，由于参数变化，其形态会有所变化。

【注意】

重合、相切、对称等几何关系。

【问题】

1. 请问 P1 至 P2 的距离是多少？
2. 请问绿色面面积是多少？
3. 请问模型体积是多少？

（与标准答案相对误差在 ±0.5%）

A	200
B	120
C	80
D	220
E	30
F	120

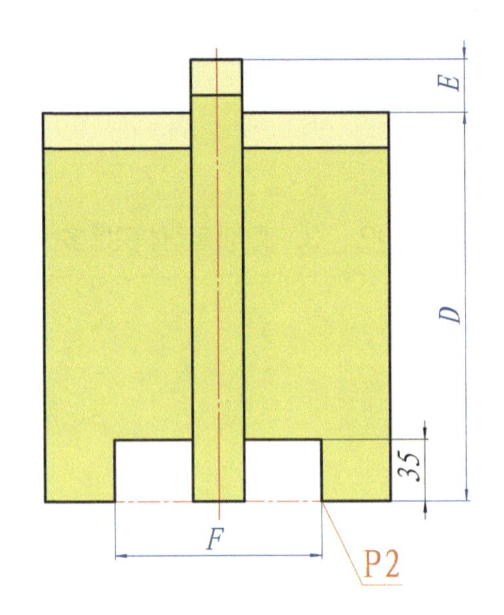

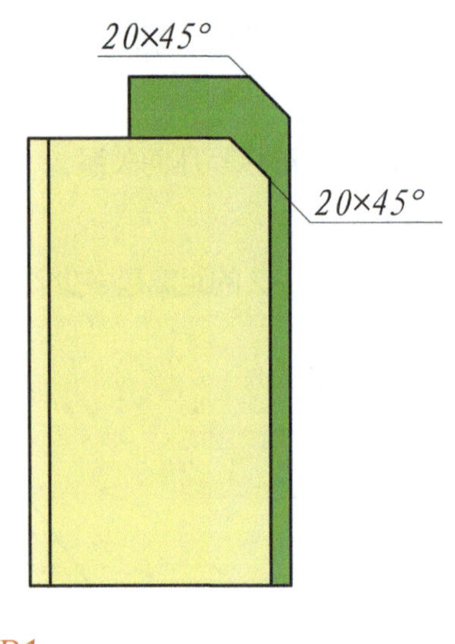

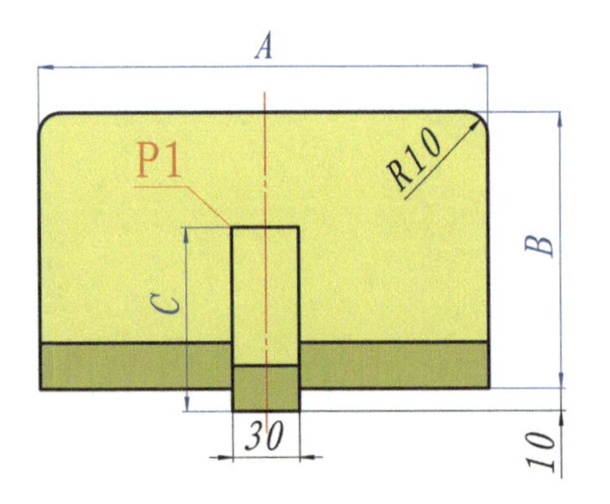

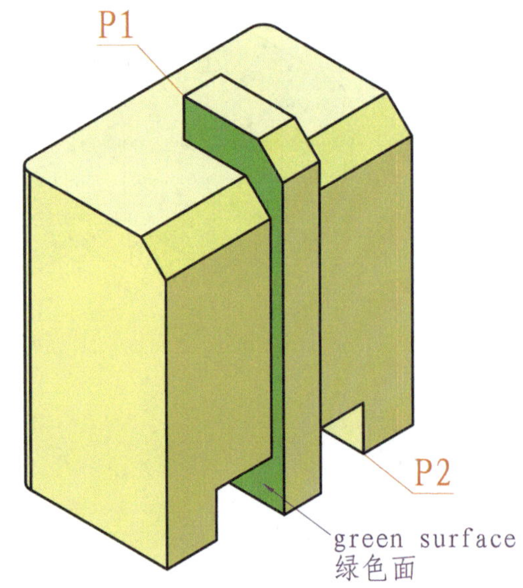

1-9： 构建三维模型。题图为示意图，只用于表达尺寸和几何关系，由于参数变化，其形态会有所变化。

【注意】

重合、相切、对称等几何关系。

【问题】

请问模型体积是多少?

（与标准答案相对误差在 ±0.5%）

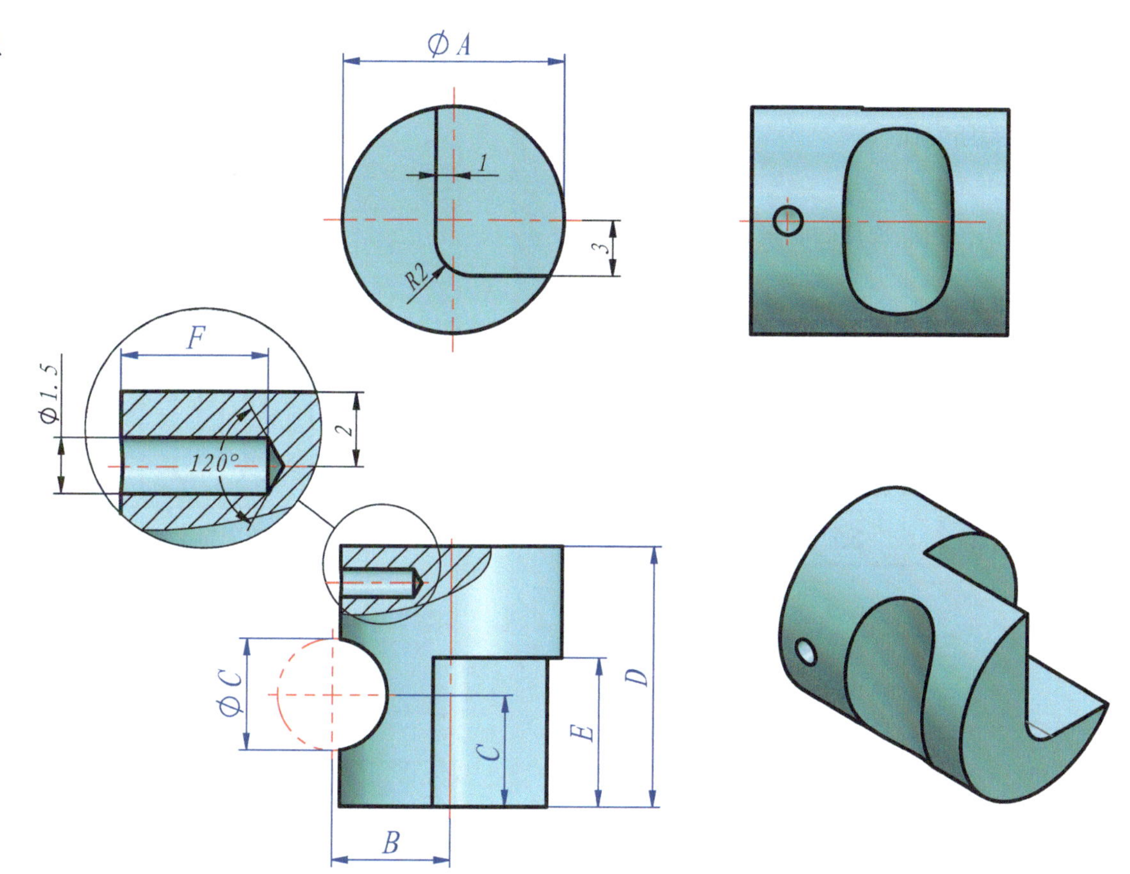

1-10： 构建三维模型。题图为示意图，只用于表达尺寸和几何关系，由于参数变化，其形态会有所变化。

【注意】

重合、相切、对称等几何关系。

【问题】

请问模型体积是多少？

（与标准答案相对误差在 ±0.5%）

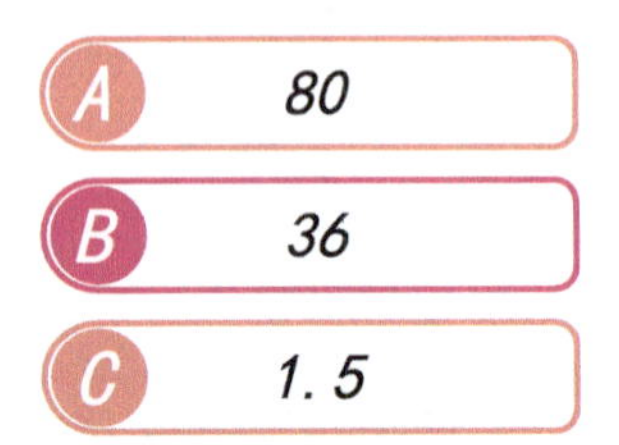

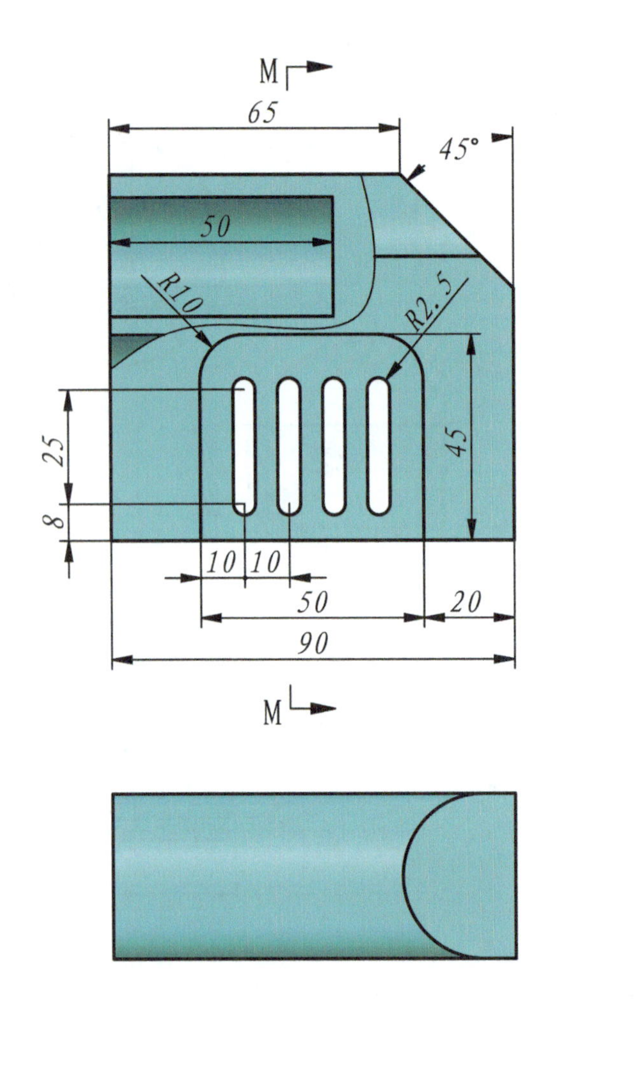

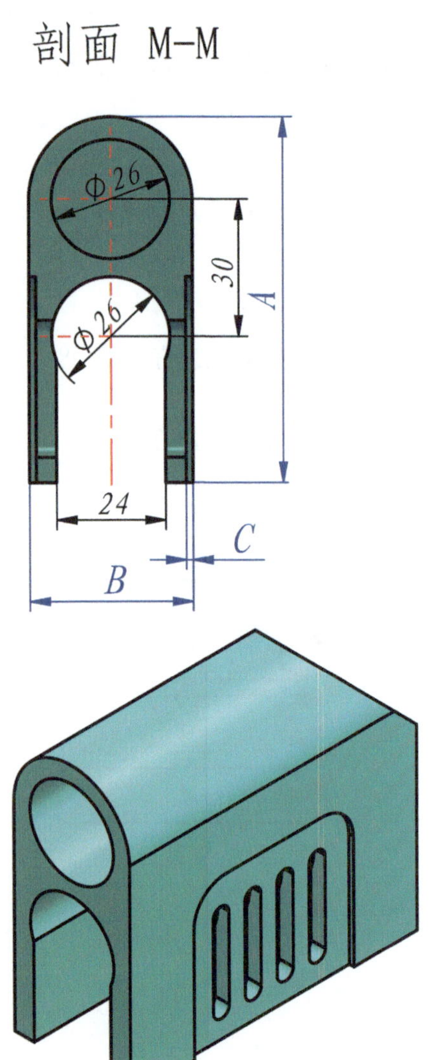

1-11：构建三维模型。题图为示意图，只用于表达尺寸和几何关系，由于参数变化，其形态会有所变化。

【注意】

重合、相切、对称等几何关系。

【问题】

请问模型体积是多少?

（与标准答案相对误差在 ±0.5%）

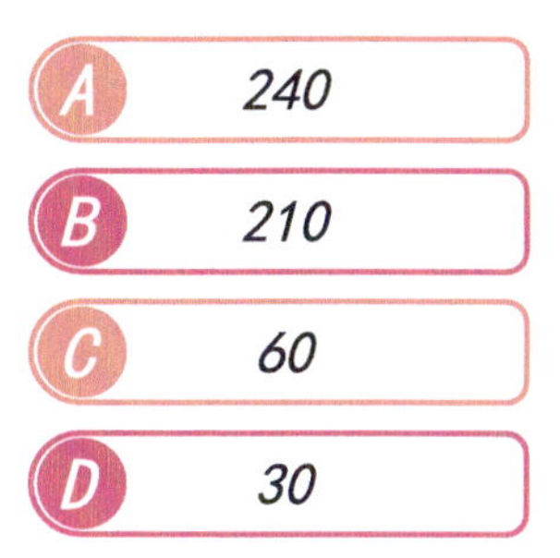

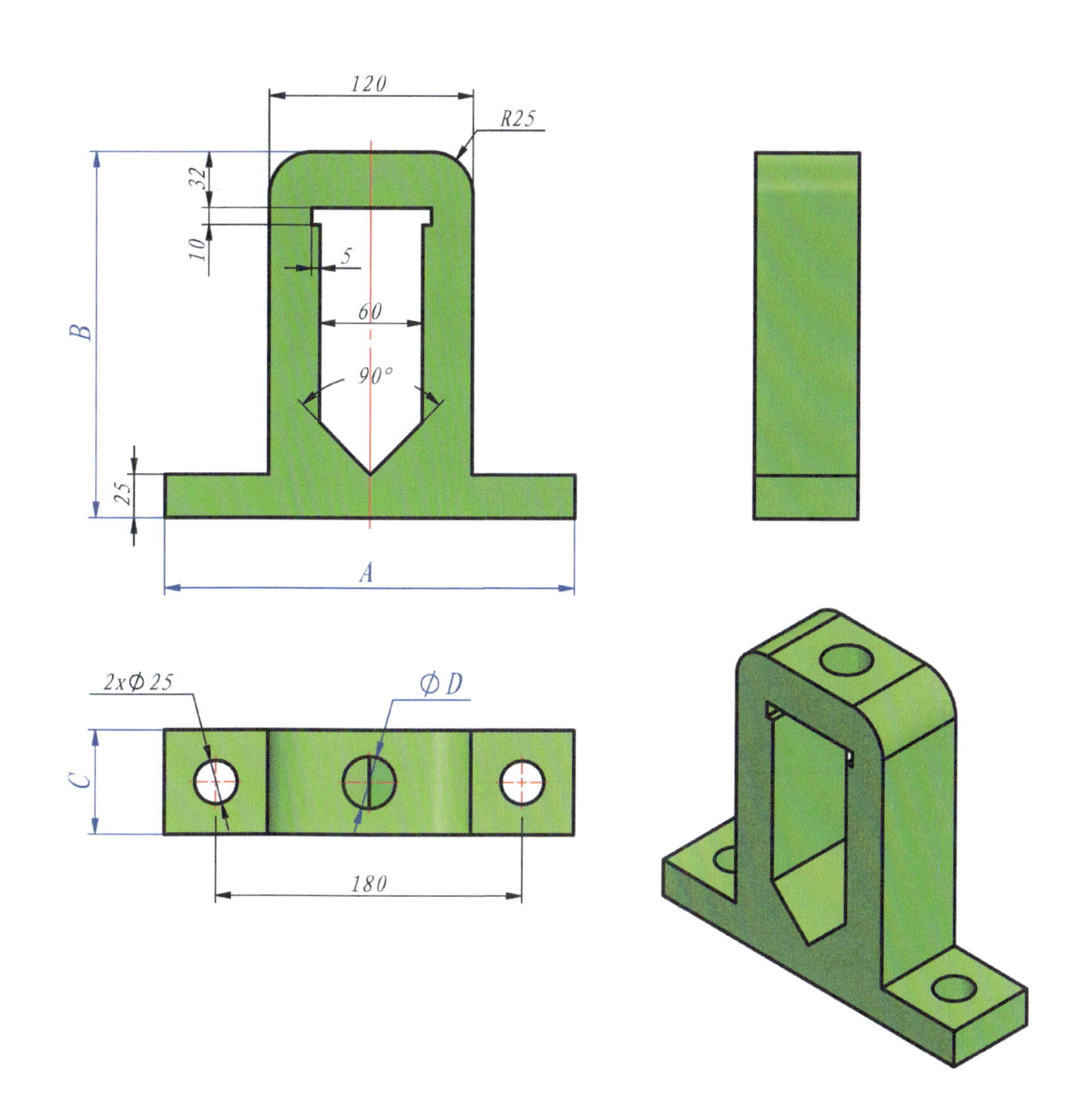

1-12：构建三维模型。题图为示意图，只用于表达尺寸和几何关系，由于参数变化，其形态会有所变化。

【注意】

重合、相切、对称等几何关系。

【问题】

请问模型体积是多少?

（与标准答案相对误差在 ±0.5%）

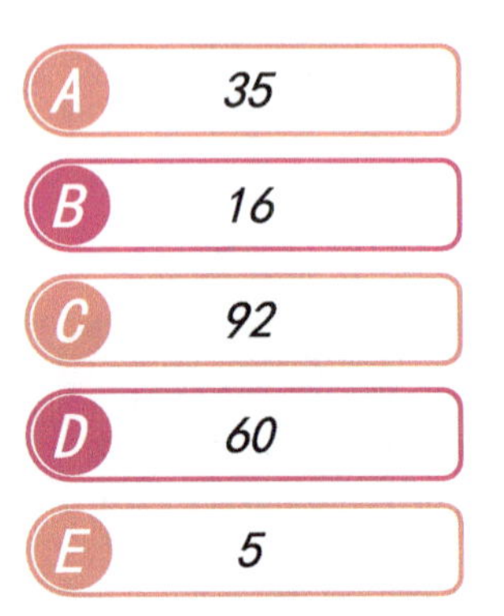

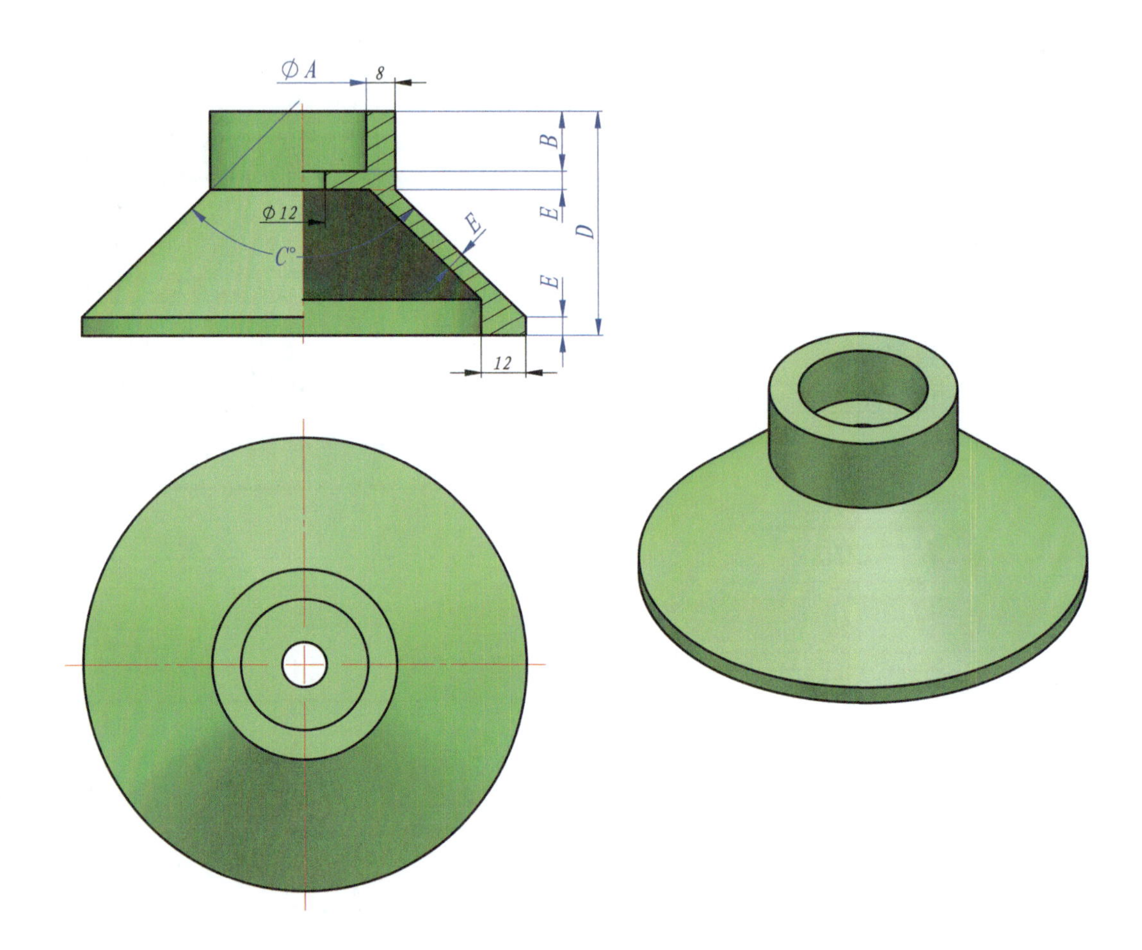

第 2 单元　传统机械构件

2-1： 构建三维模型。题图为示意图，只用于表达尺寸和几何关系，由于参数变化，其形态会有所变化。

【注意】

重合、相切、对称等几何关系。

【问题】

请问模型体积是多少?

（与标准答案相对误差在 ±0.5%）

A	20
B	34
C	44
D	10
E	35
F	20

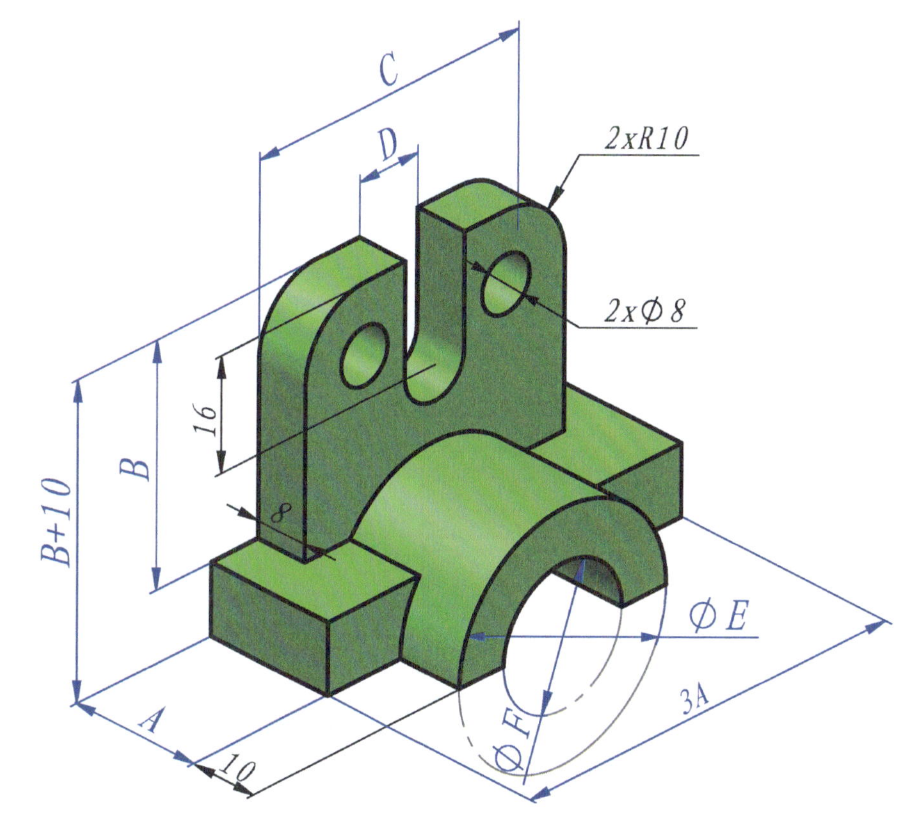

2-2： 构建三维模型。题图为示意图，只用于表达尺寸和几何关系，由于参数变化，其形态会有所变化。

【注意】

重合、相切、对称等几何关系。

【问题】

请问模型体积是多少？

（与标准答案相对误差在 ±0.5%）

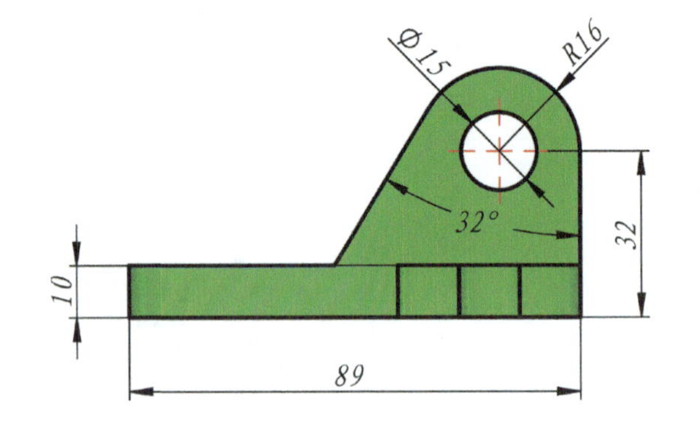

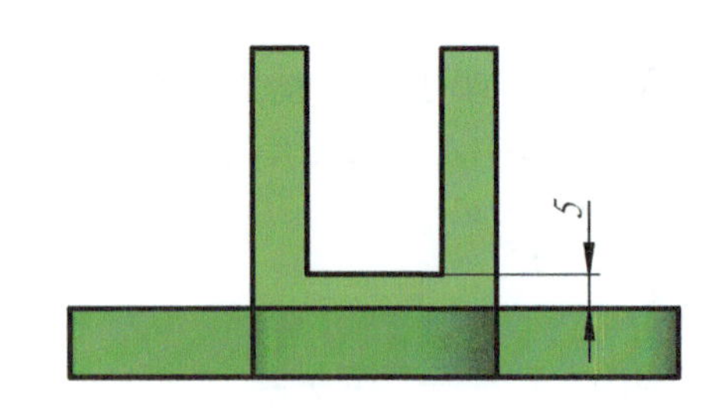

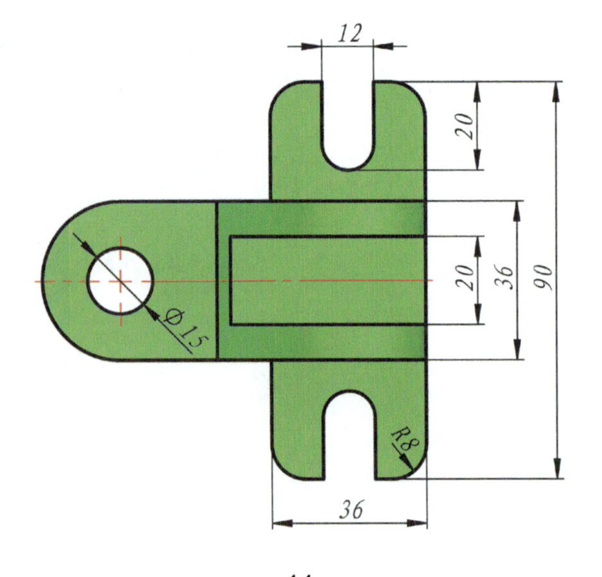

2-3： 构建三维模型。题图为示意图，只用于表达尺寸和几何关系，由于参数变化，其形态会有所变化。

【注意】

重合、相切、对称等几何关系。

【问题】

请问模型体积是多少?

（与标准答案相对误差在 ±0.5%）

A	8
B	20
C	20
D	45
E	20

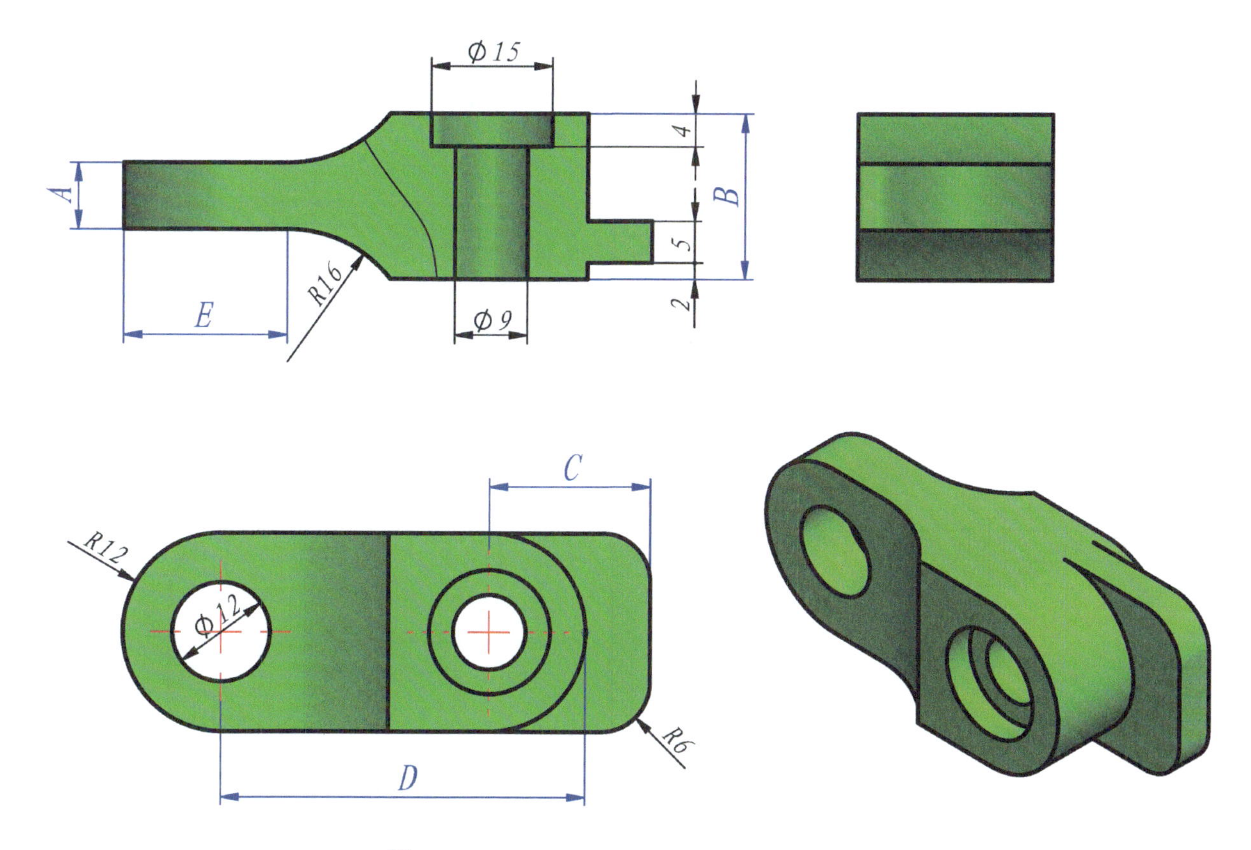

2-4： 构建三维模型。题图为示意图，只用于表达尺寸和几何关系，由于参数变化，其形态会有所变化。

【注意】

重合、相切、对称等几何关系。

【问题】

请问模型体积是多少？

（与标准答案相对误差在 ±0.5%）

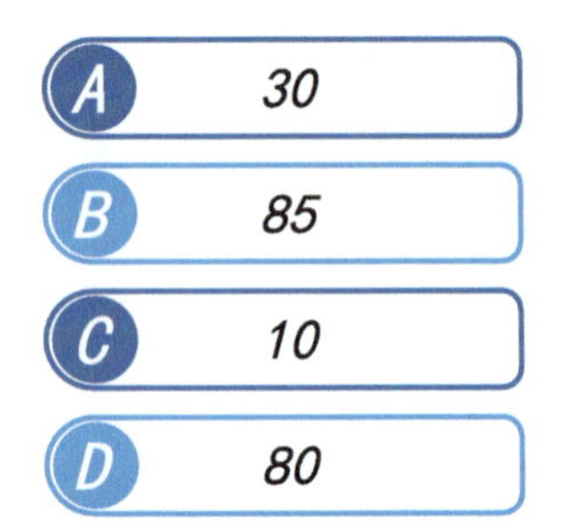

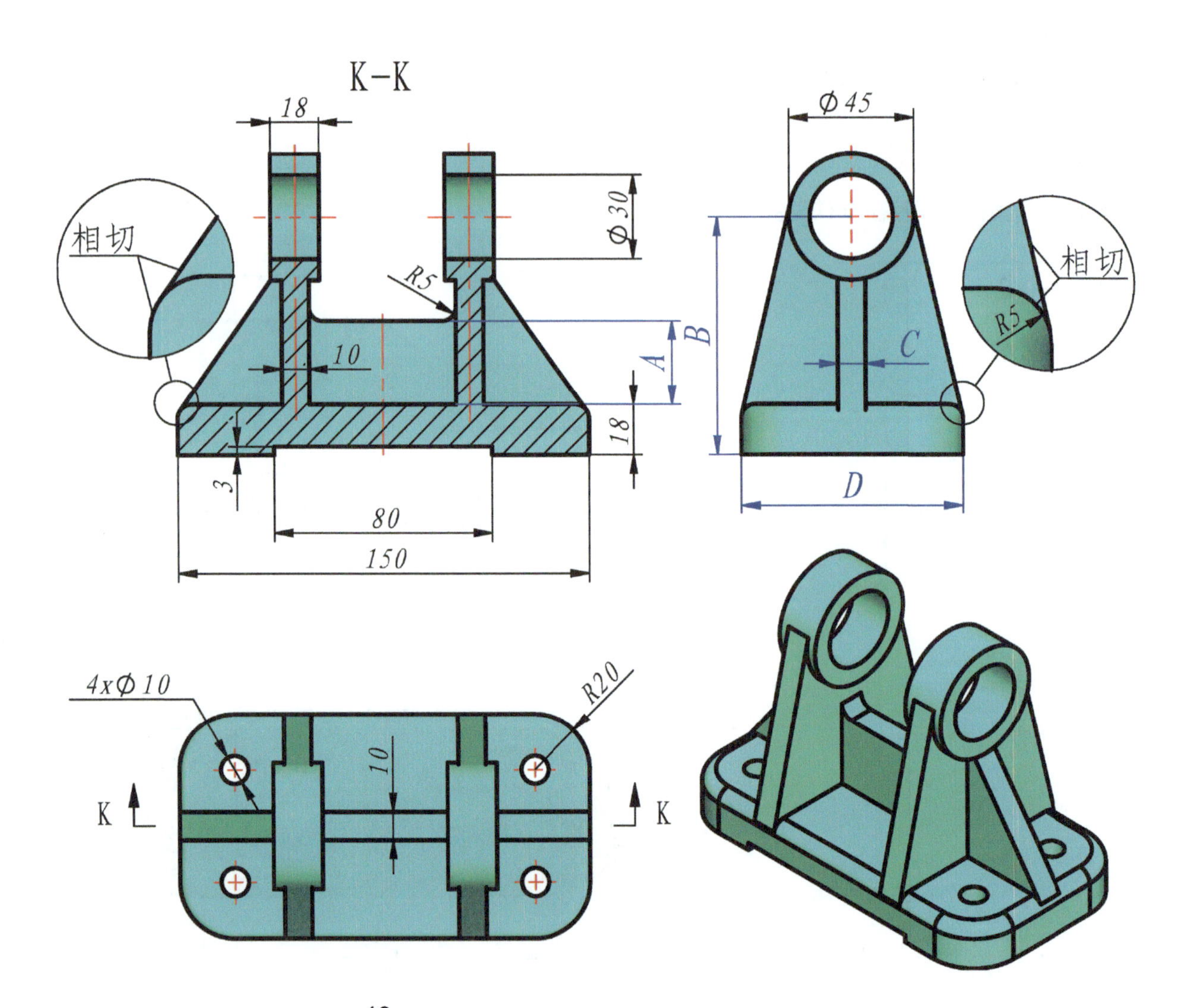

2-5： 构建三维模型。题图为示意图，只用于表达尺寸和几何关系，由于参数变化，其形态会有所变化。

【注意】

重合、相切、对称等几何关系。

【问题】

请问模型体积是多少？

（与标准答案相对误差在 ±0.5%）

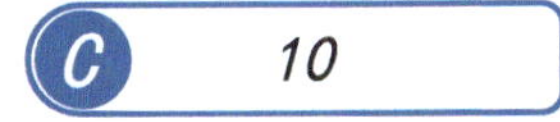

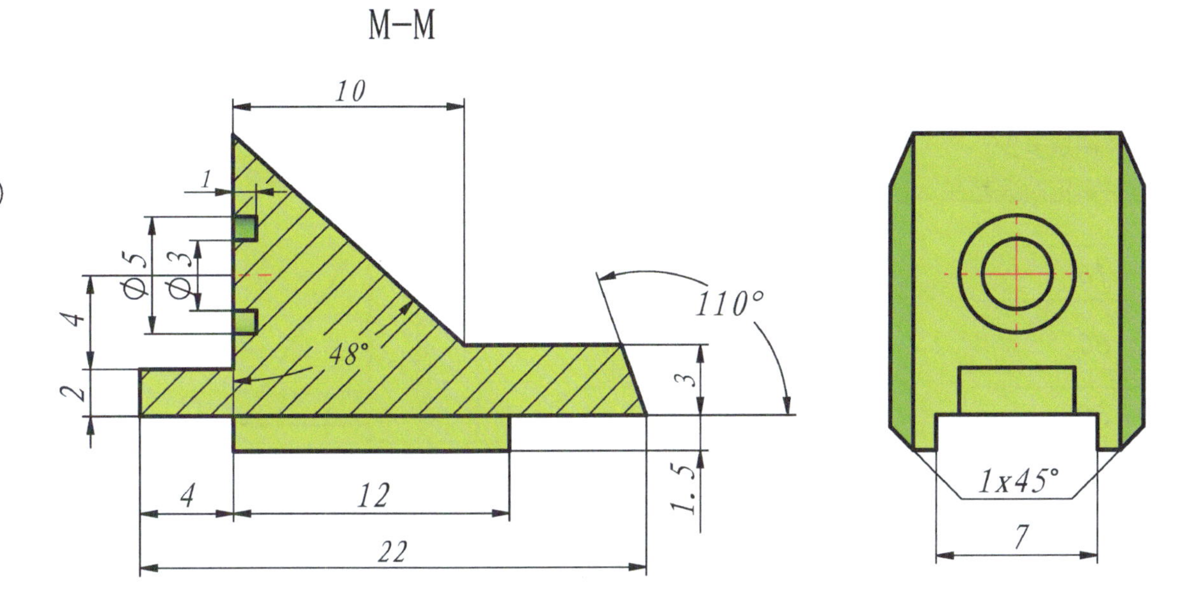

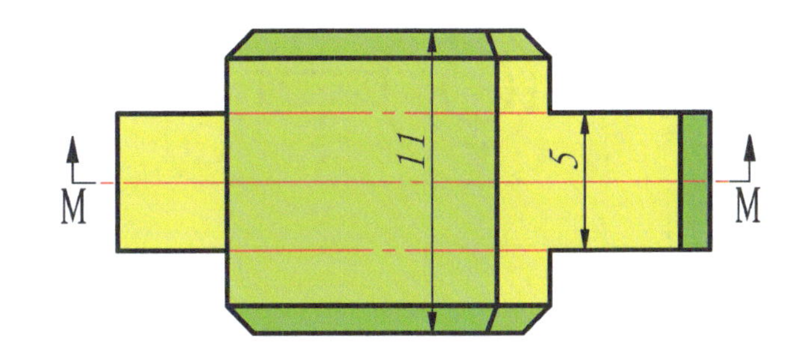

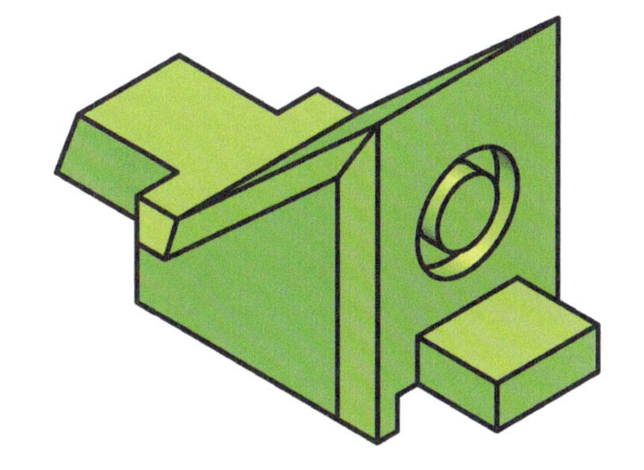

2-6: 构建三维模型。题图为示意图，只用于表达尺寸和几何关系，由于参数变化，其形态会有所变化。

【注意】

重合、相切、对称等几何关系。

【问题】

请问模型体积是多少？

（与标准答案相对误差在 ±0.5%）

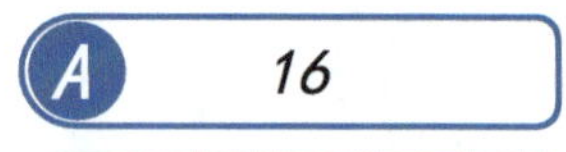

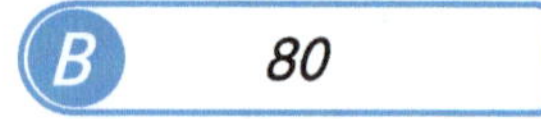

D 48

E 80

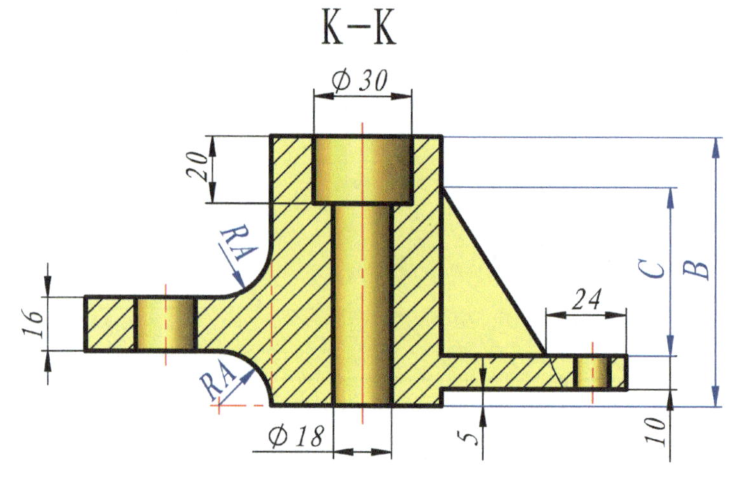

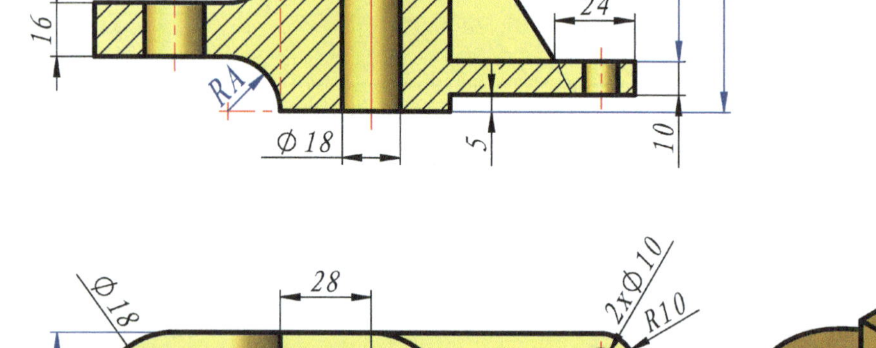

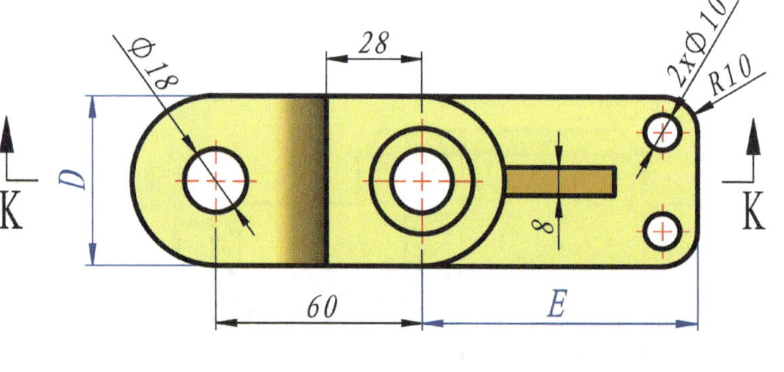

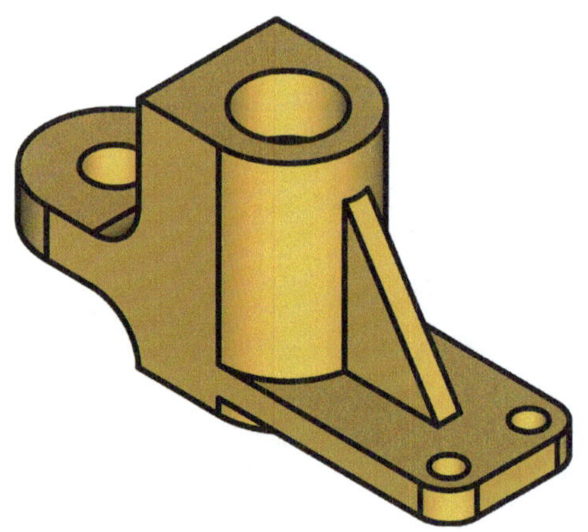

2-7：构建三维模型。题图为示意图，只用于表达尺寸和几何关系，由于参数变化，其形态会有所变化。

【注意】

重合、相切、对称等几何关系。

【问题】

请问模型体积是多少?

（与标准答案相对误差在 ±0.5%）

- A 50
- B 30
- C 65
- D 36

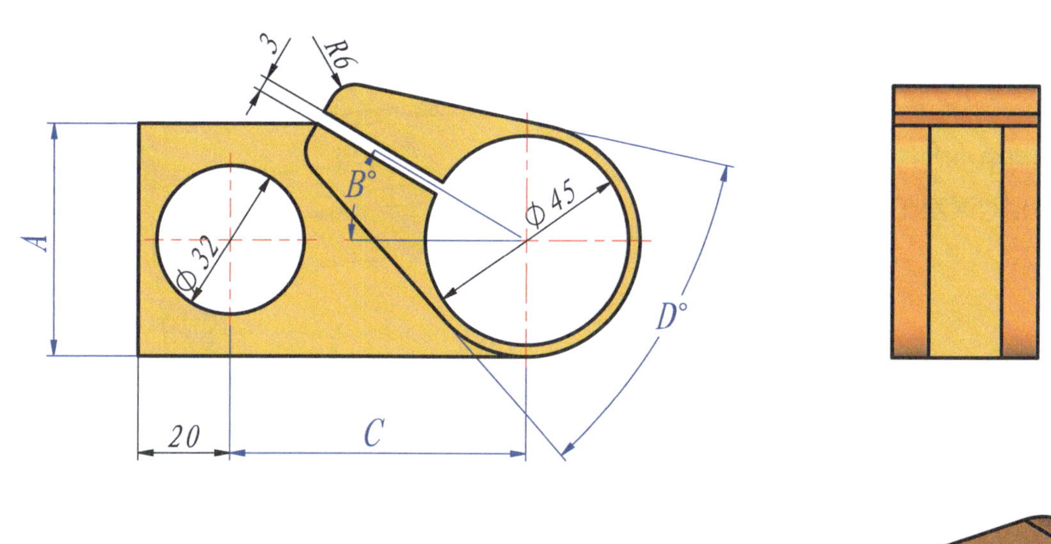

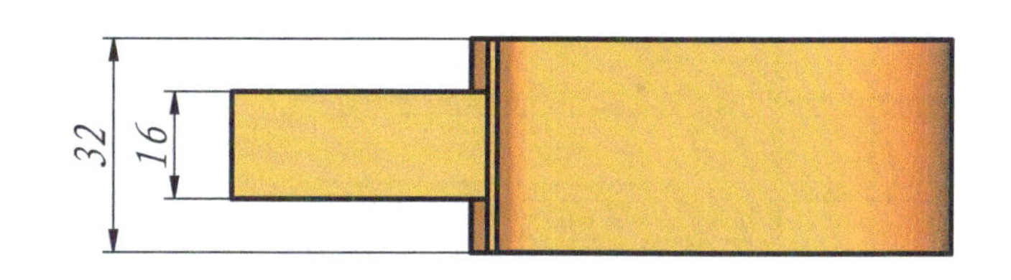

2-8： 构建三维模型。题图为示意图，只用于表达尺寸和几何关系，由于参数变化，其形态会有所变化。

【注意】

重合、相切、对称等几何关系。

【问题】

请问模型体积是多少？

（与标准答案相对误差在 ±0.5%）

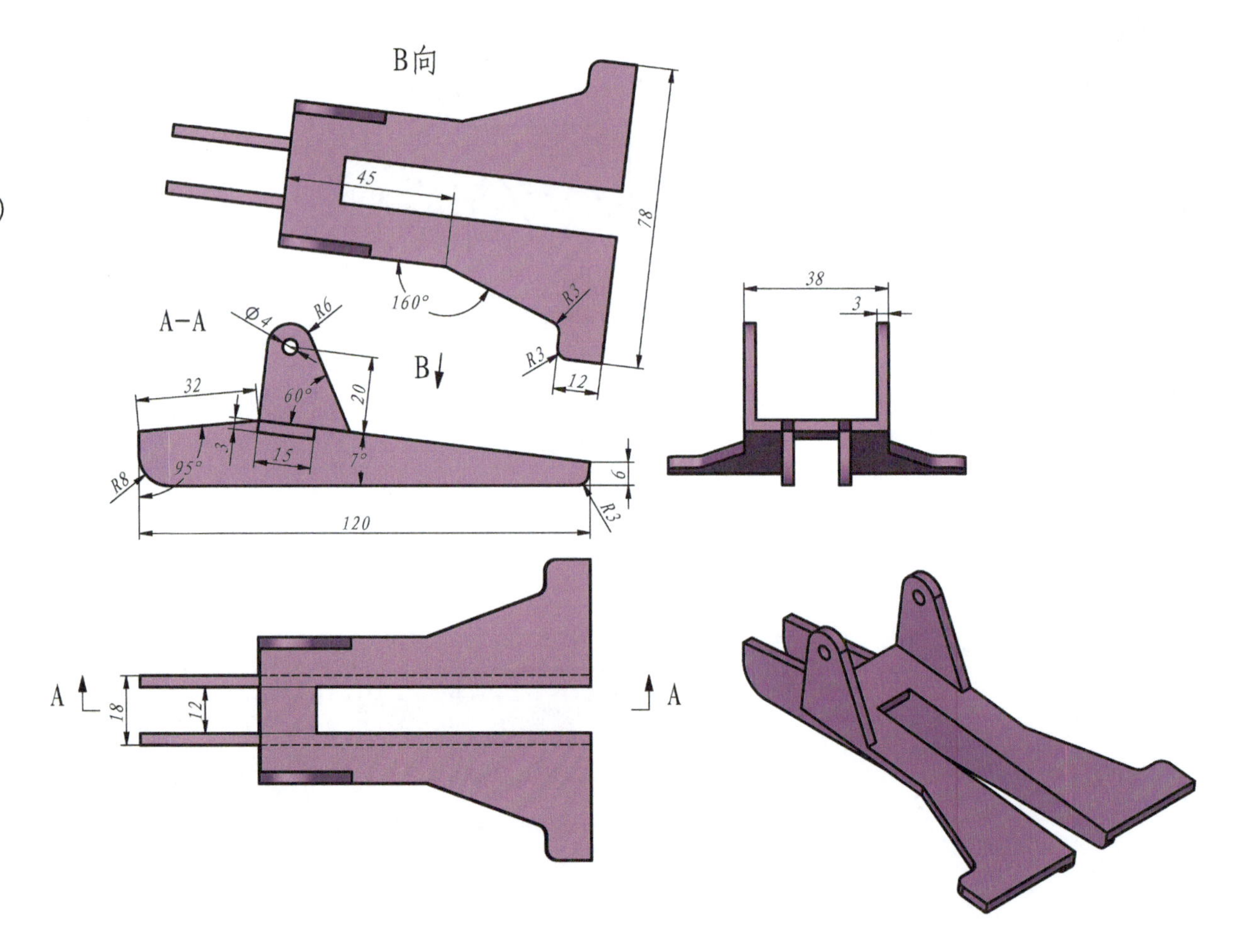

2-9： 构建三维模型。题图为示意图，只用于表达尺寸和几何关系，由于参数变化，其形态会有所变化。

【注意】

重合、相切、对称等几何关系。

【问题】

请问模型体积是多少?

（与标准答案相对误差在 ±0.5%）

- A 120
- B 32
- C 100
- D 12

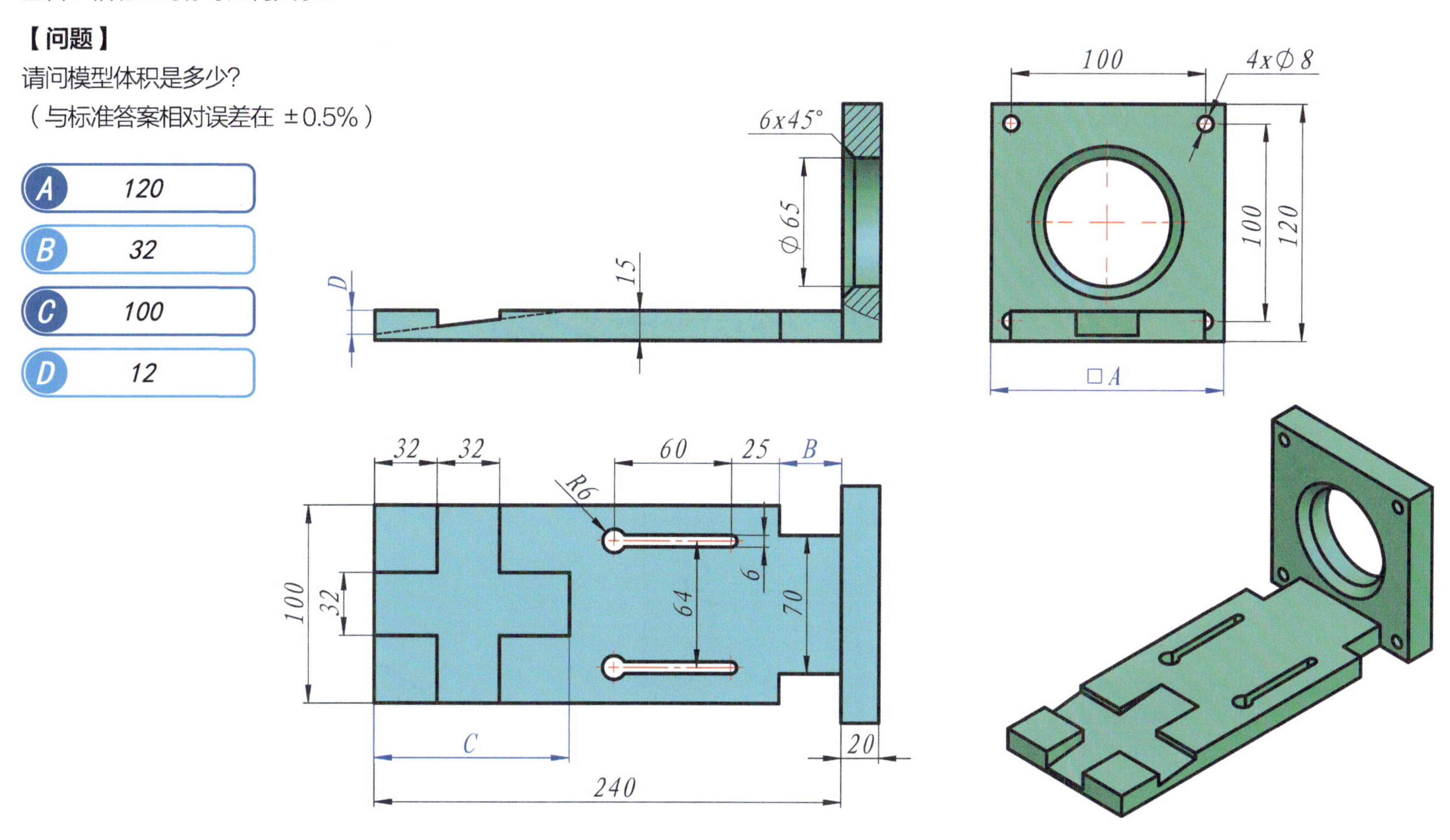

2-10: 构建三维模型。题图为示意图，只用于表达尺寸和几何关系，由于参数变化，其形态会有所变化。

【注意】

重合、相切、对称等几何关系。

【问题】

请问模型体积是多少？

（与标准答案相对误差在 ±0.5%）

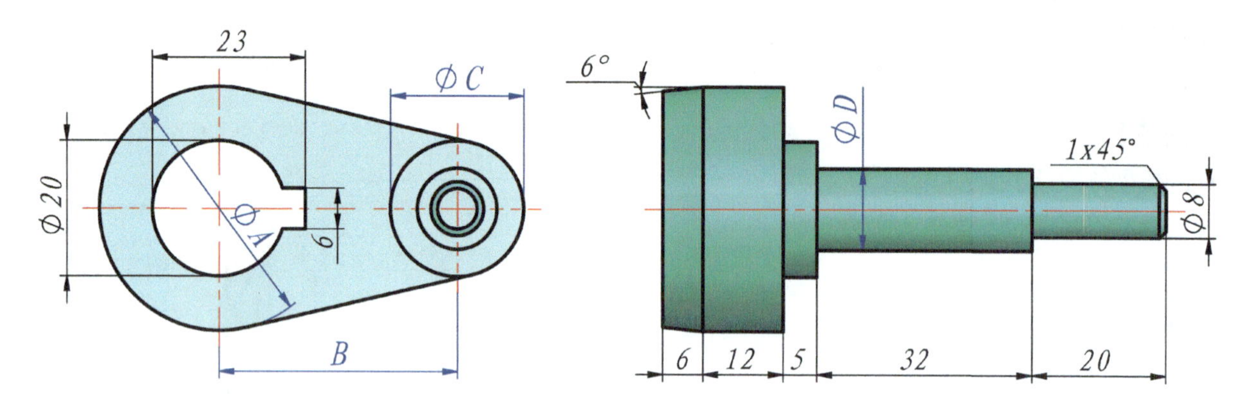

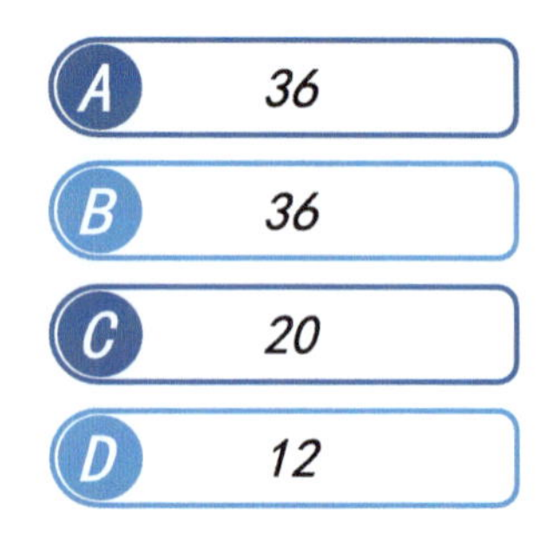

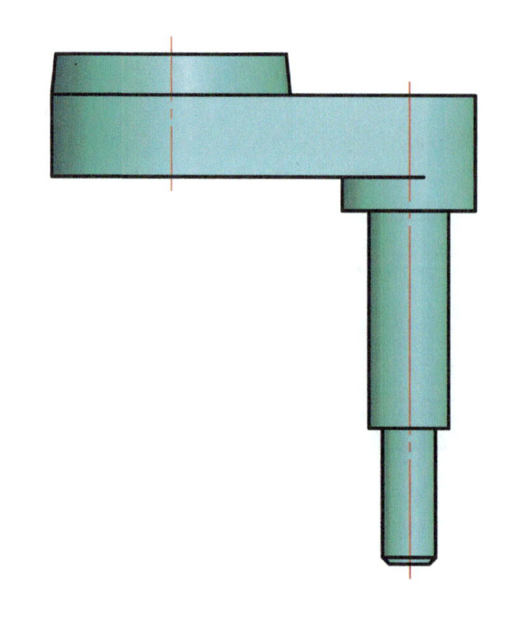

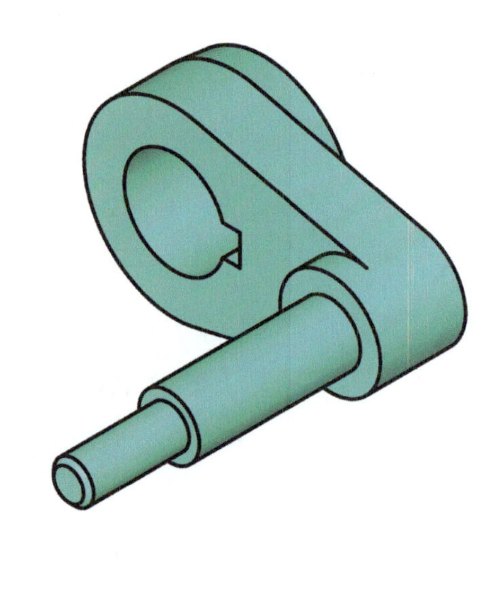

2-11： 构建三维模型。题图为示意图，只用于表达尺寸和几何关系，由于参数变化，其形态会有所变化。

【注意】

重合、相切、对称等几何关系。

【问题】

请问模型体积是多少?

（与标准答案相对误差在 ±0.5%）

- A 172
- B 132
- C 8
- D 50
- E 12

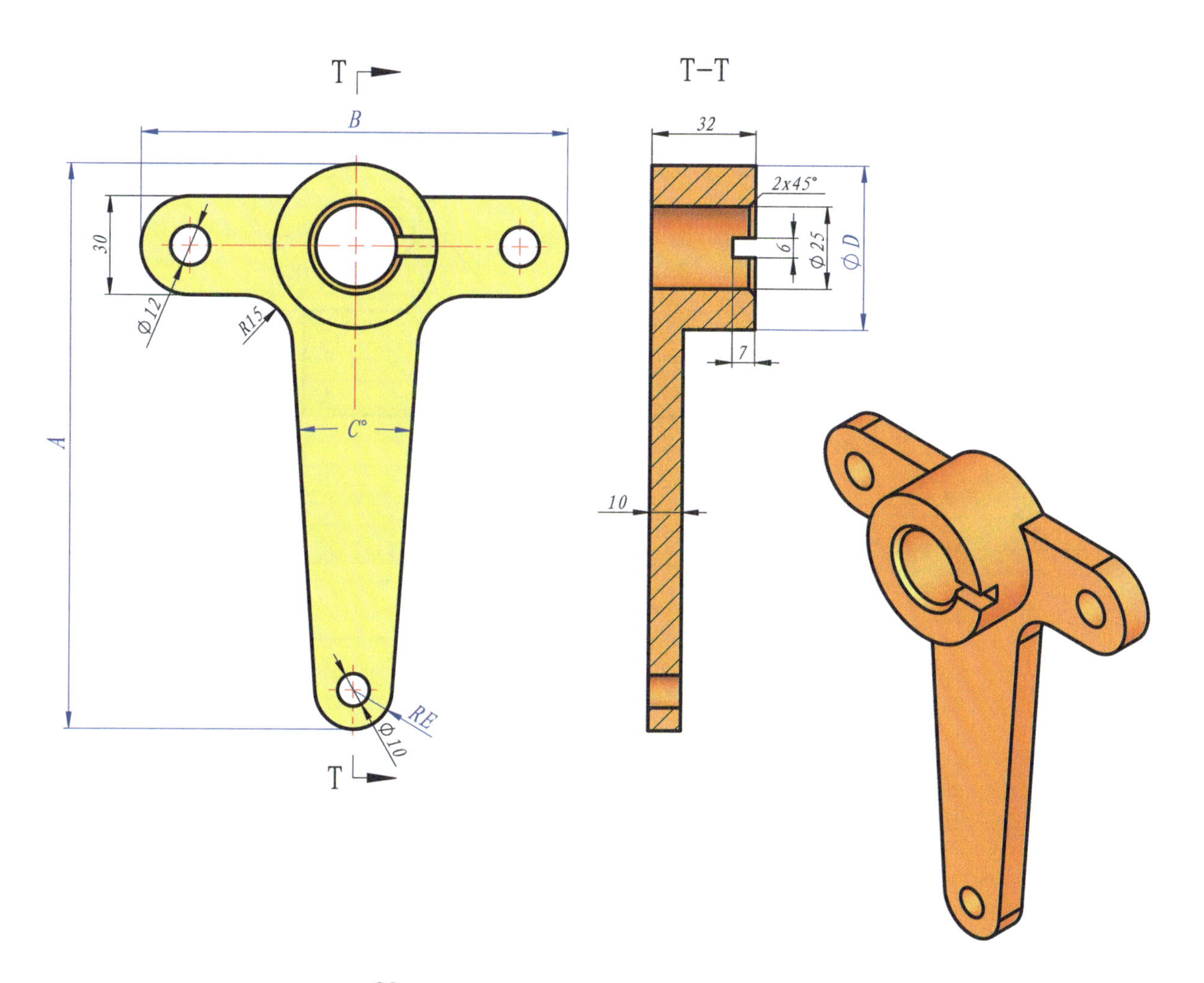

2–12: 构建三维模型。题图为示意图，只用于表达尺寸和几何关系，由于参数变化，其形态会有所变化。

【注意】

重合、相切、对称等几何关系。

【问题】

请问模型体积是多少?

（与标准答案相对误差在 ±0.5%）

A 60

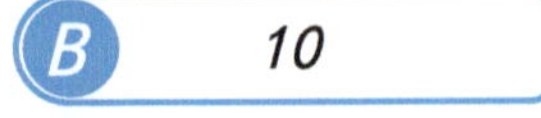

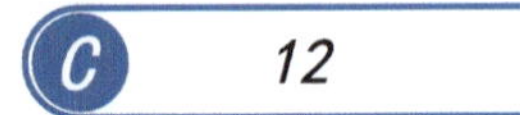

D 6

E 20

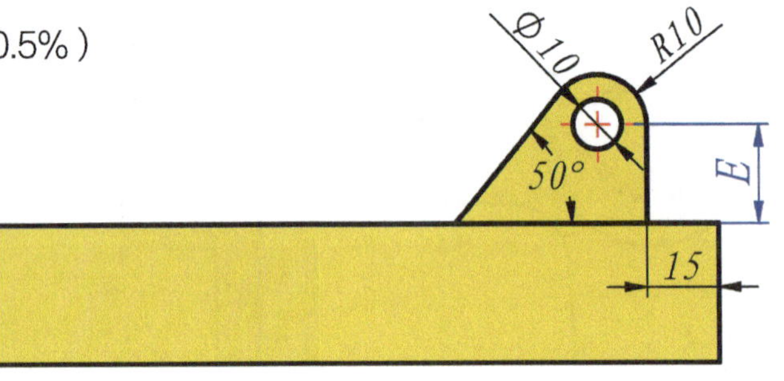

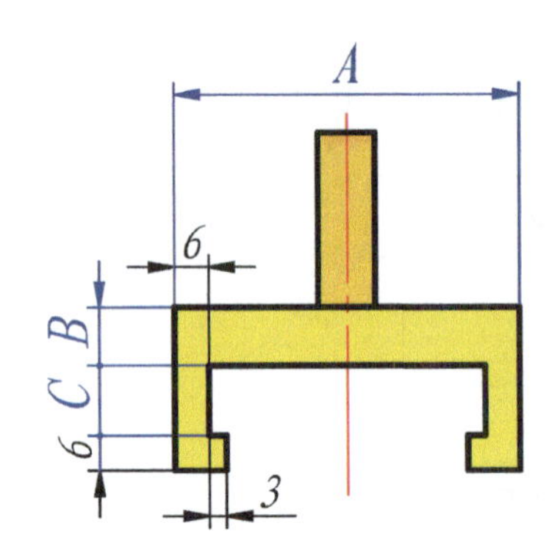

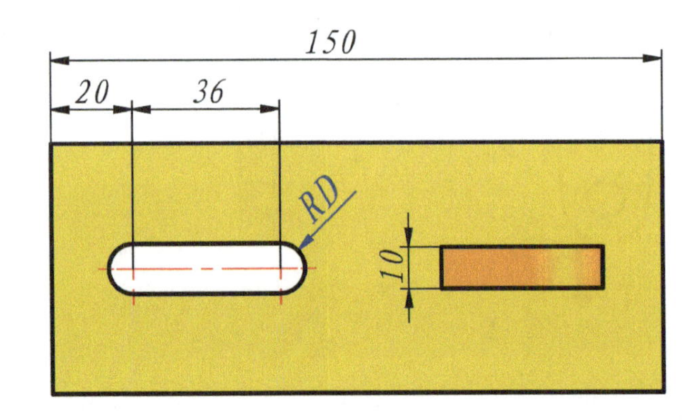

2-13： 构建三维模型。其中 M4 按照通孔 Φ3.3 处理（螺纹部分采用修饰或装饰螺纹线，而不是实际的螺纹切除）。题图为示意图，只用于表达尺寸和几何关系，由于参数变化，其形态会有所变化。

【注意】

重合、相切、对称等几何关系。

【问题】

请问模型体积是多少?

（与标准答案相对误差在 ±0.5%）

- A 32
- B 24
- C 60
- D 50

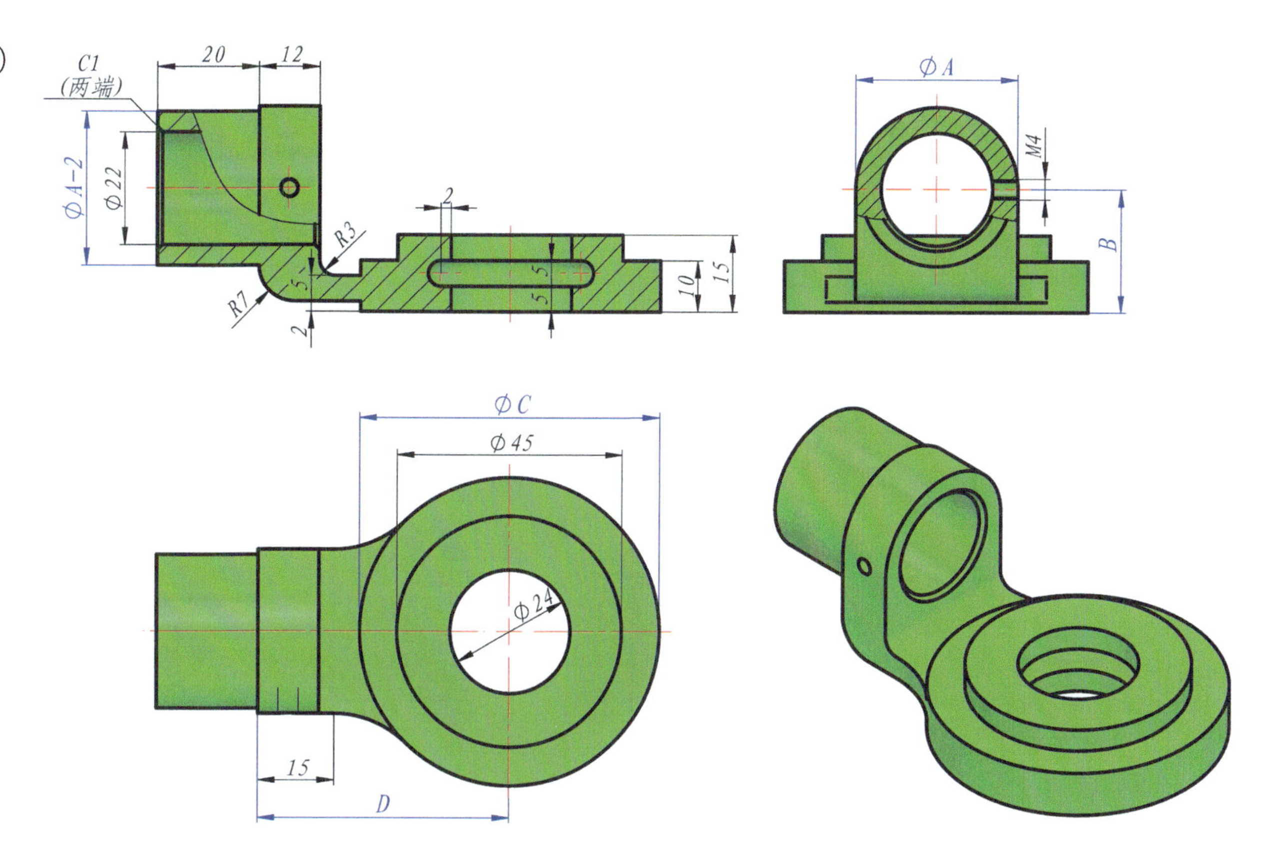

第 3 单元　新时代机械构件

3-1： 构建三维模型。题图为示意图，只用于表达尺寸和几何关系，由于参数变化，其形态会有所变化。

【注意】

重合、相切、对称等几何关系。

【问题】

请问模型体积是多少？

（与标准答案相对误差在 ±0.5%）

A 120

B 45

C 16

D 80

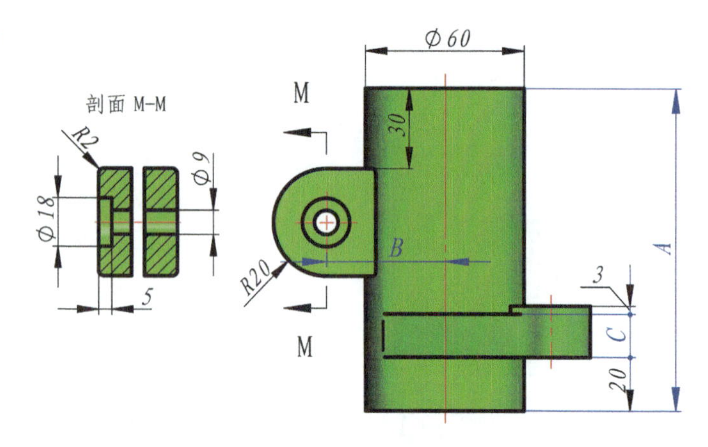

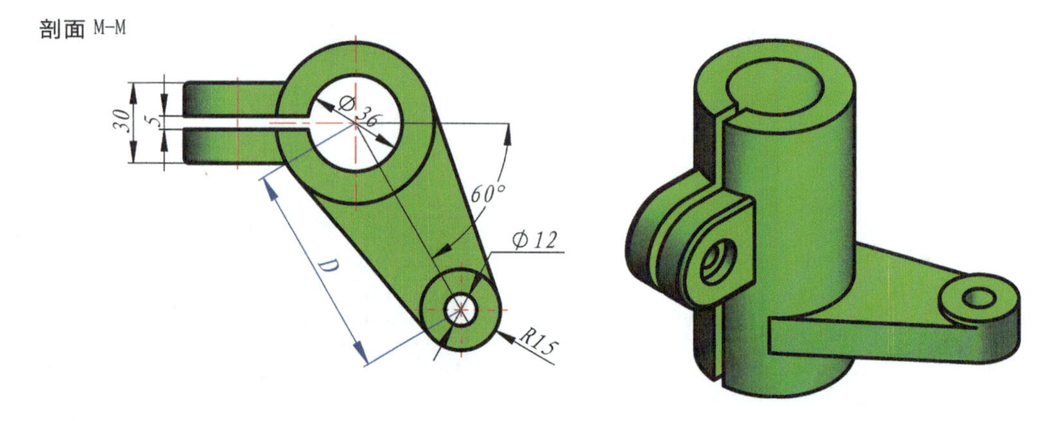

3-2: 构建三维模型。题图为示意图，只用于表达尺寸和几何关系，由于参数变化，其形态会有所变化。

【注意】

重合、相切、对称等几何关系。

【问题】

1. 请问 P1 至 P2 的距离是多少？ 2. 请问黄色面面积是多少？ 3. 请问绿色面面积是多少？ 4. 请问模型体积是多少？

（与标准答案相对误差在 ±0.5%）

- A 150
- B 90
- C 85
- D 60

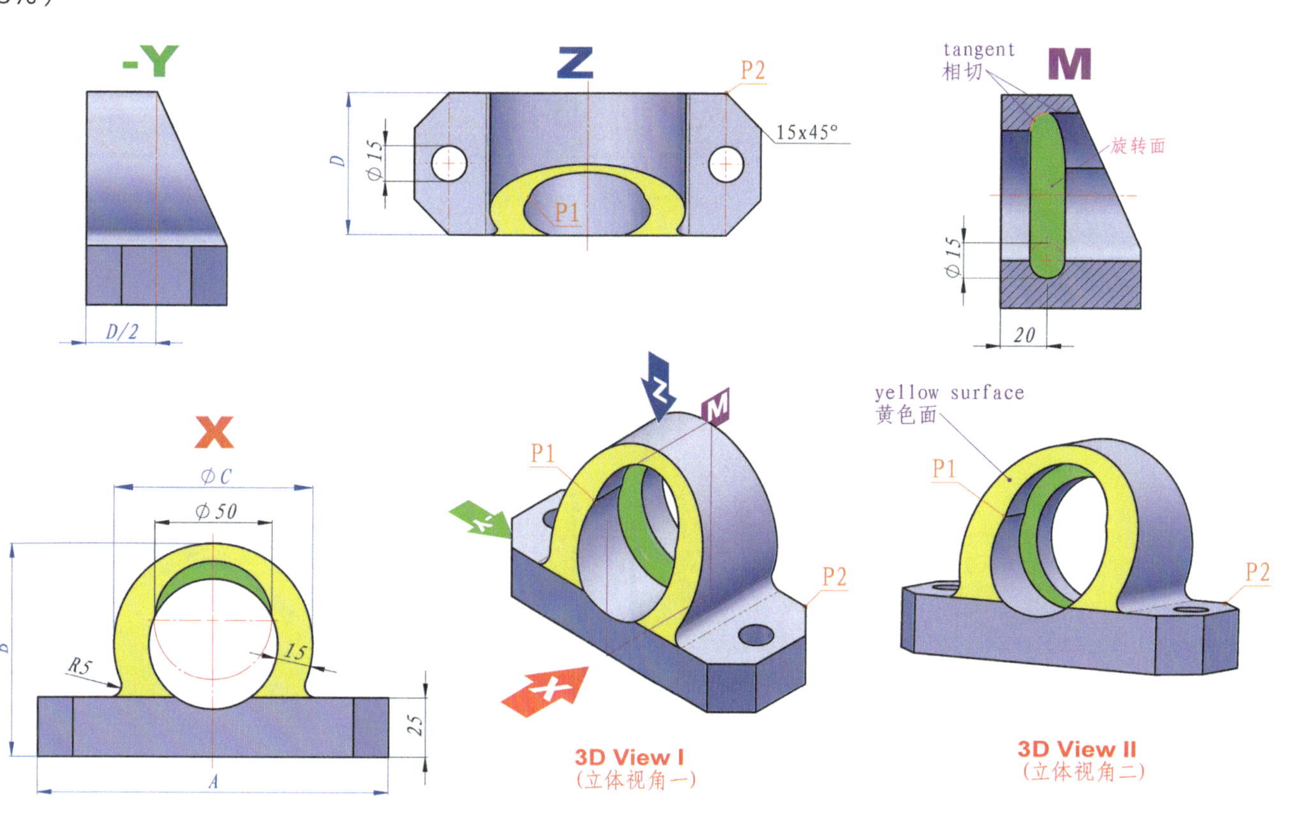

3-3: 构建三维模型。题图为示意图，只用于表达尺寸和几何关系，由于参数变化，其形态会有所变化。

【注意】

重合、相切、对称等几何关系。

【问题】

请问模型体积是多少？

（与标准答案相对误差在 ±0.5%）

- A 38
- B 64
- C 13
- D 20

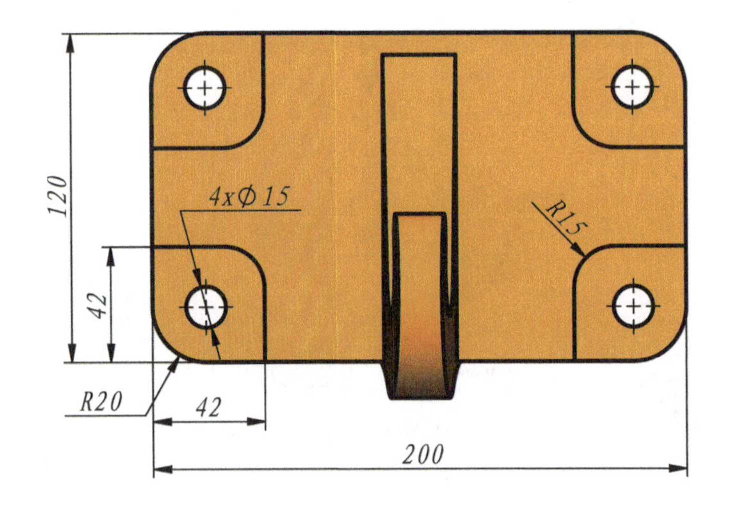

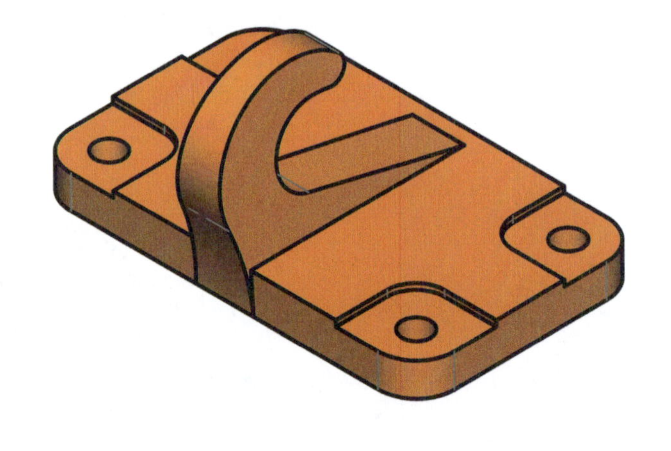

3-4：构建三维模型。题图为示意图，只用于表达尺寸和几何关系，由于参数变化，其形态会有所变化。

【注意】

重合、相切、对称等几何关系。

【问题】

1. 请问零件重心坐标是多少？
2. 请问模型体积是多少？

（与标准答案相对误差在 ±0.5%）

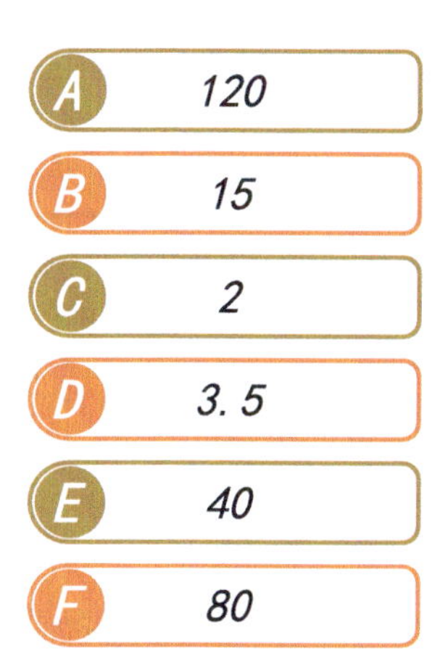

A	120
B	15
C	2
D	3.5
E	40
F	80

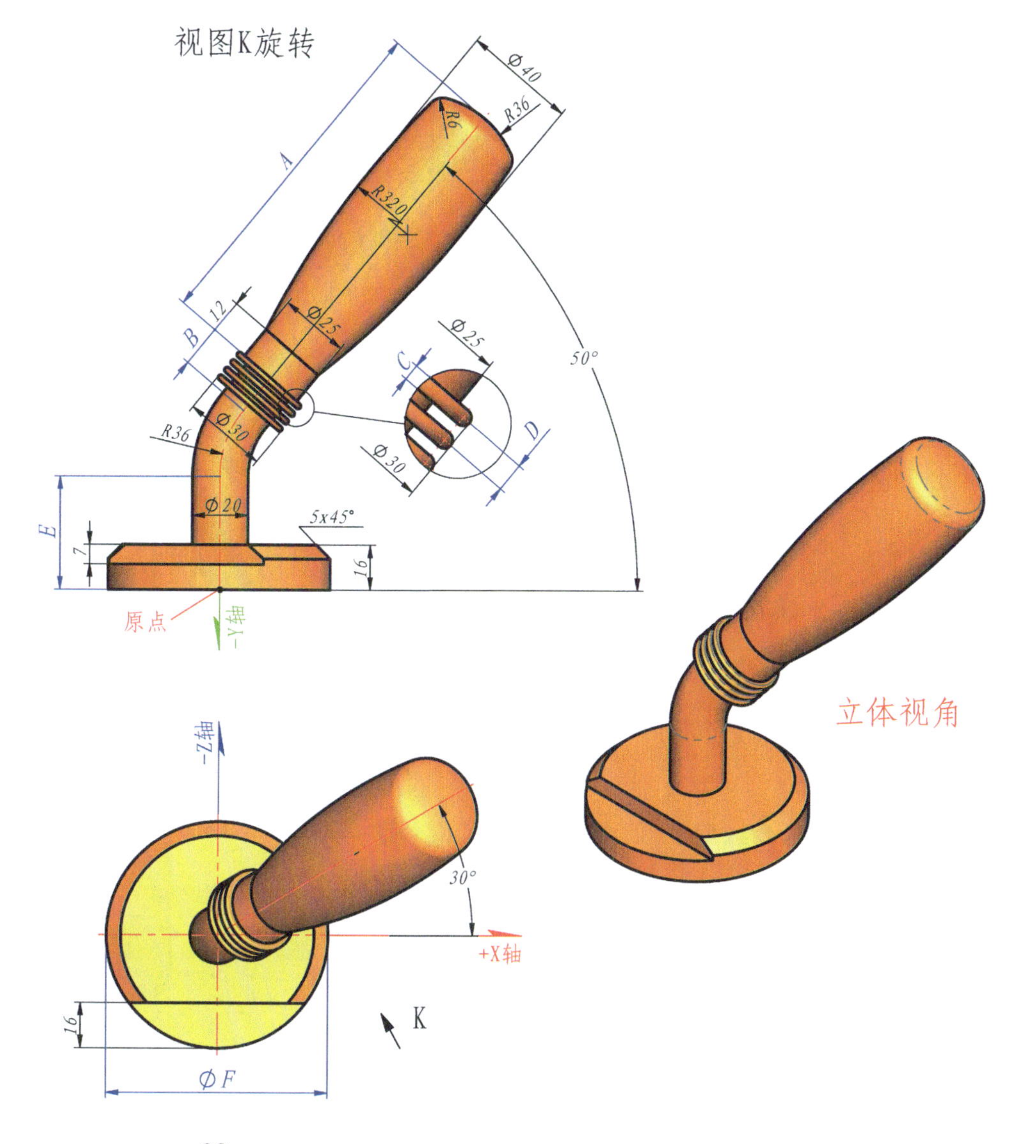

3-5： 构建三维模型。题图为示意图，只用于表达尺寸和几何关系，由于参数变化，其形态会有所变化。

【注意】

重合、相切、对称等几何关系。

【问题】

请问模型体积是多少？

（与标准答案相对误差在 ±0.5%）

A 128

B 90

C 132

D 55

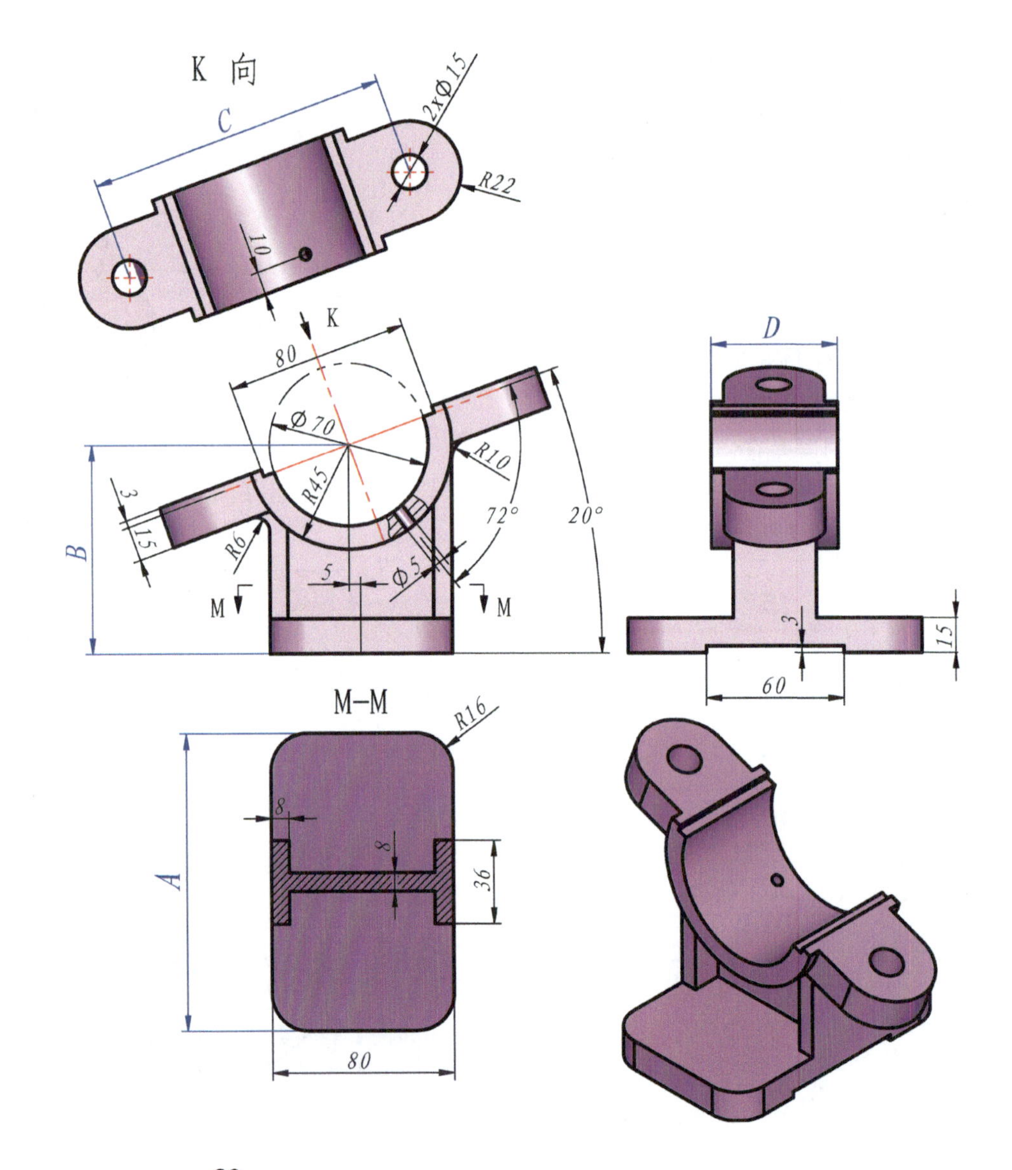

3-6：构建三维模型。题图为示意图，只用于表达尺寸和几何关系，由于参数变化，其形态会有所变化。

【注意】

重合、相切、对称等几何关系。

【问题】

请问模型体积是多少？

（与标准答案相对误差在 ±0.5%）

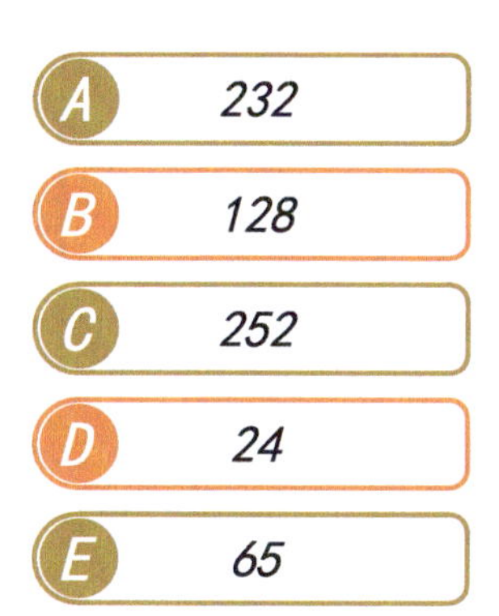

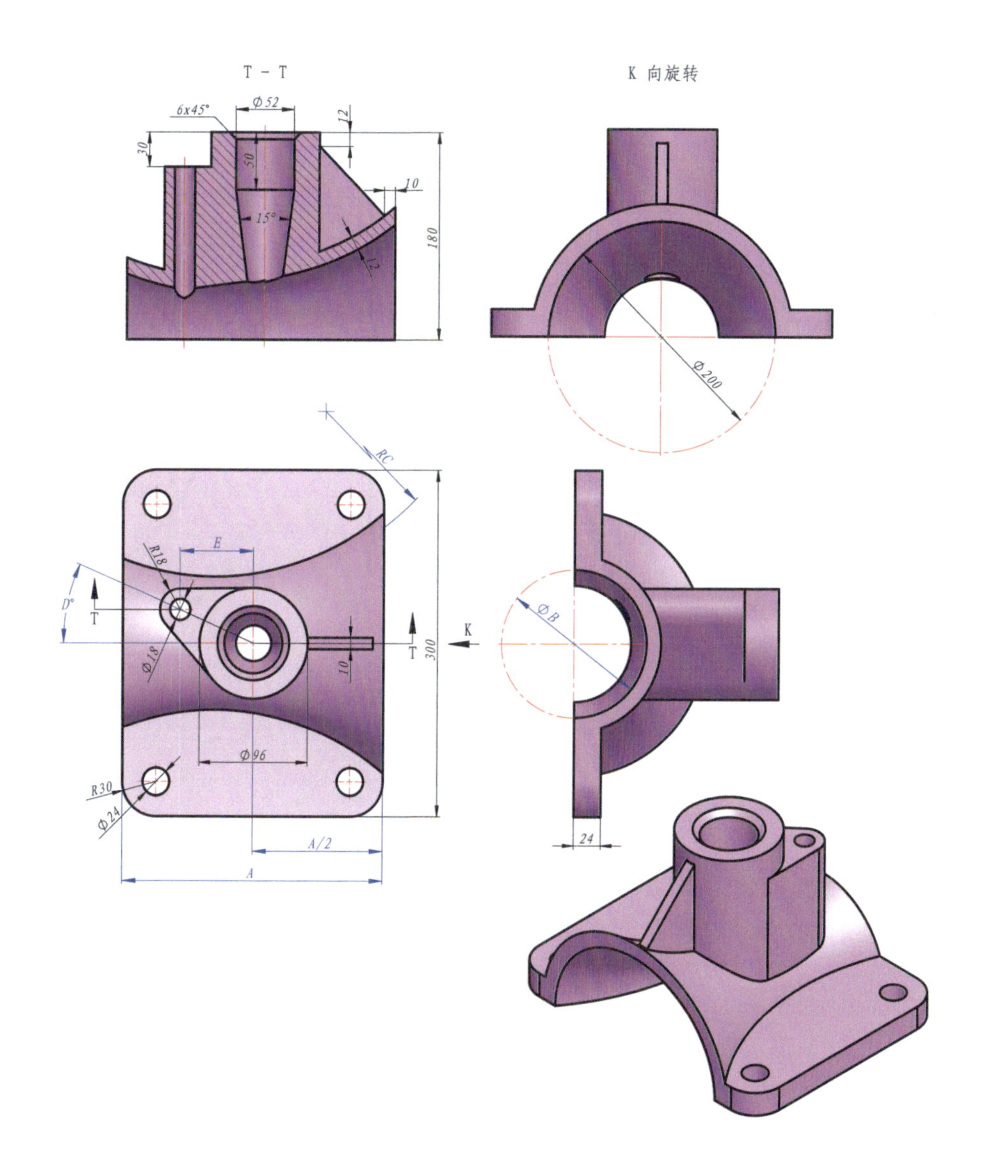

3-7：构建三维模型。题图为示意图，只用于表达尺寸和几何关系，由于参数变化，其形态会有所变化。

【注意】

重合、相切、对称等几何关系。

【问题】

请问模型体积是多少？

（与标准答案相对误差在 ±0.5%）

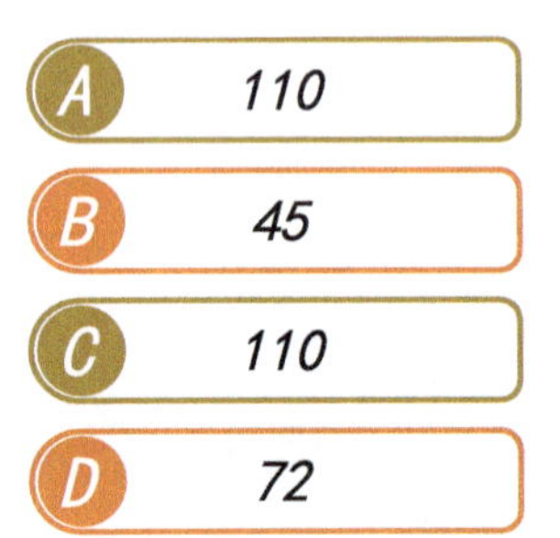

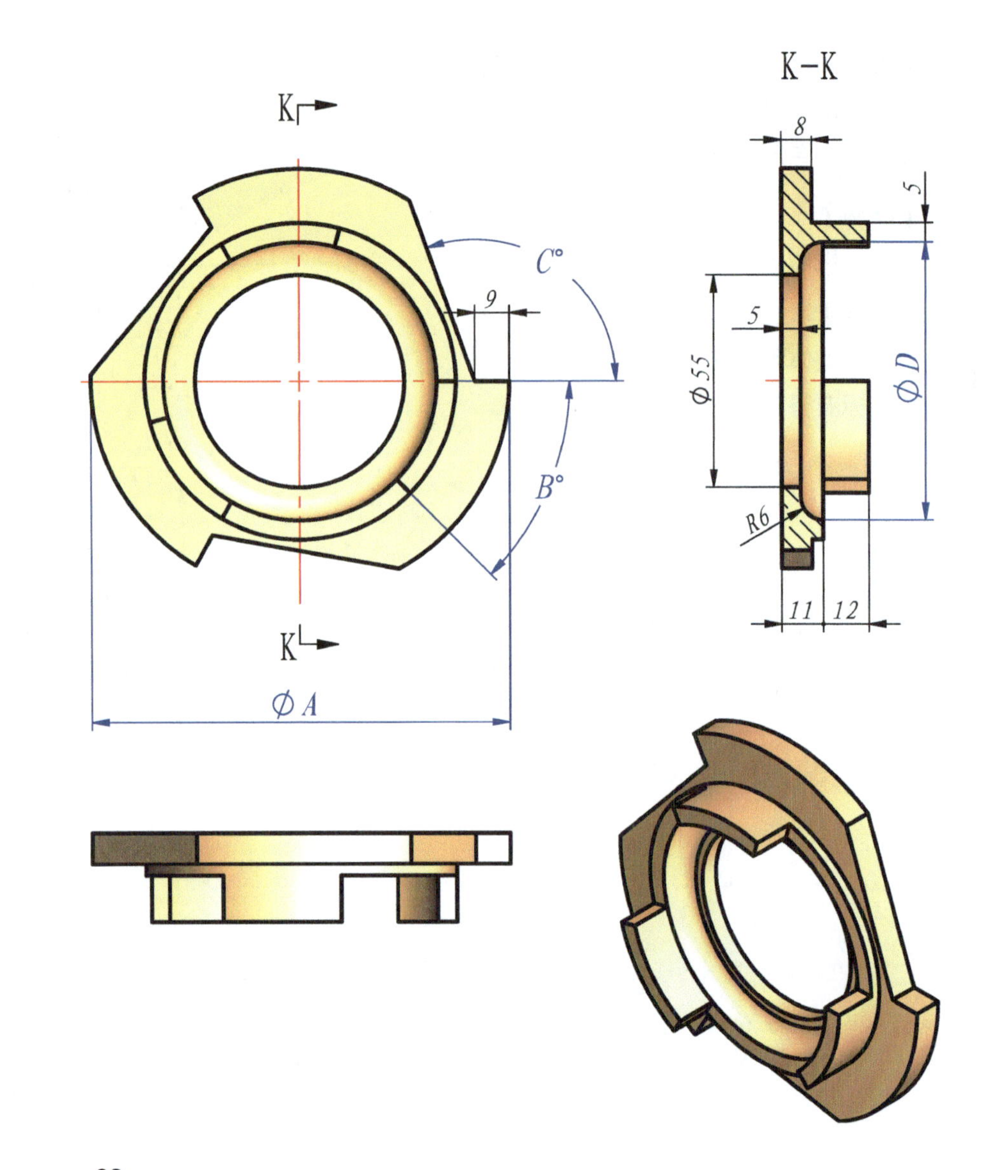

3-8：构建三维模型。题图为示意图，只用于表达尺寸和几何关系，由于参数变化，其形态会有所变化。

【注意】

重合、相切、对称等几何关系。

【问题】

请问模型体积是多少？

（与标准答案相对误差在 ±0.5%）

A	67
B	24
C	137
D	45
E	12
F	25

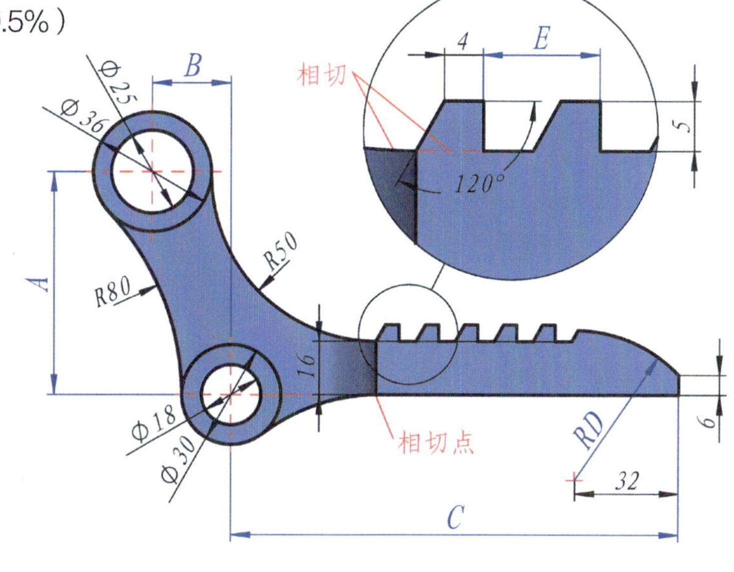

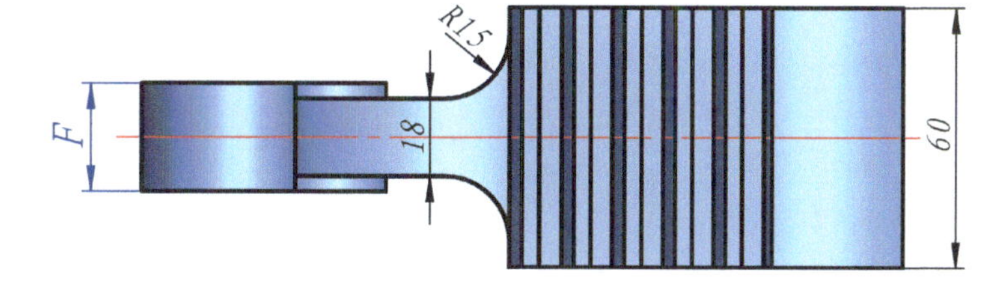

3-9： 构建三维模型。题图为示意图，只用于表达尺寸和几何关系，由于参数变化，其形态会有所变化。

【注意】

重合、相切、对称等几何关系。

【问题】

请问模型体积是多少？

（与标准答案相对误差在 ±0.5%）

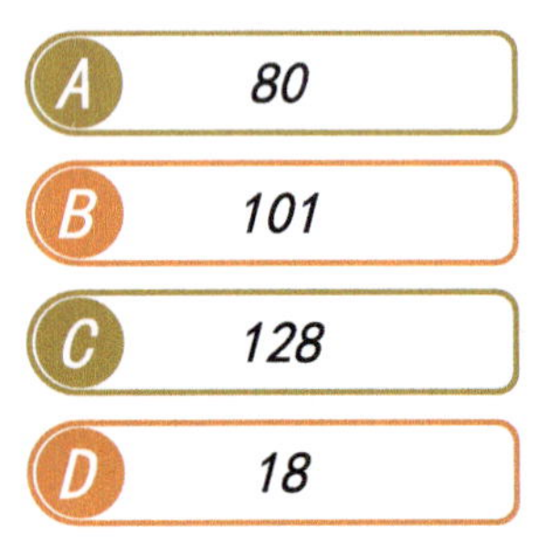

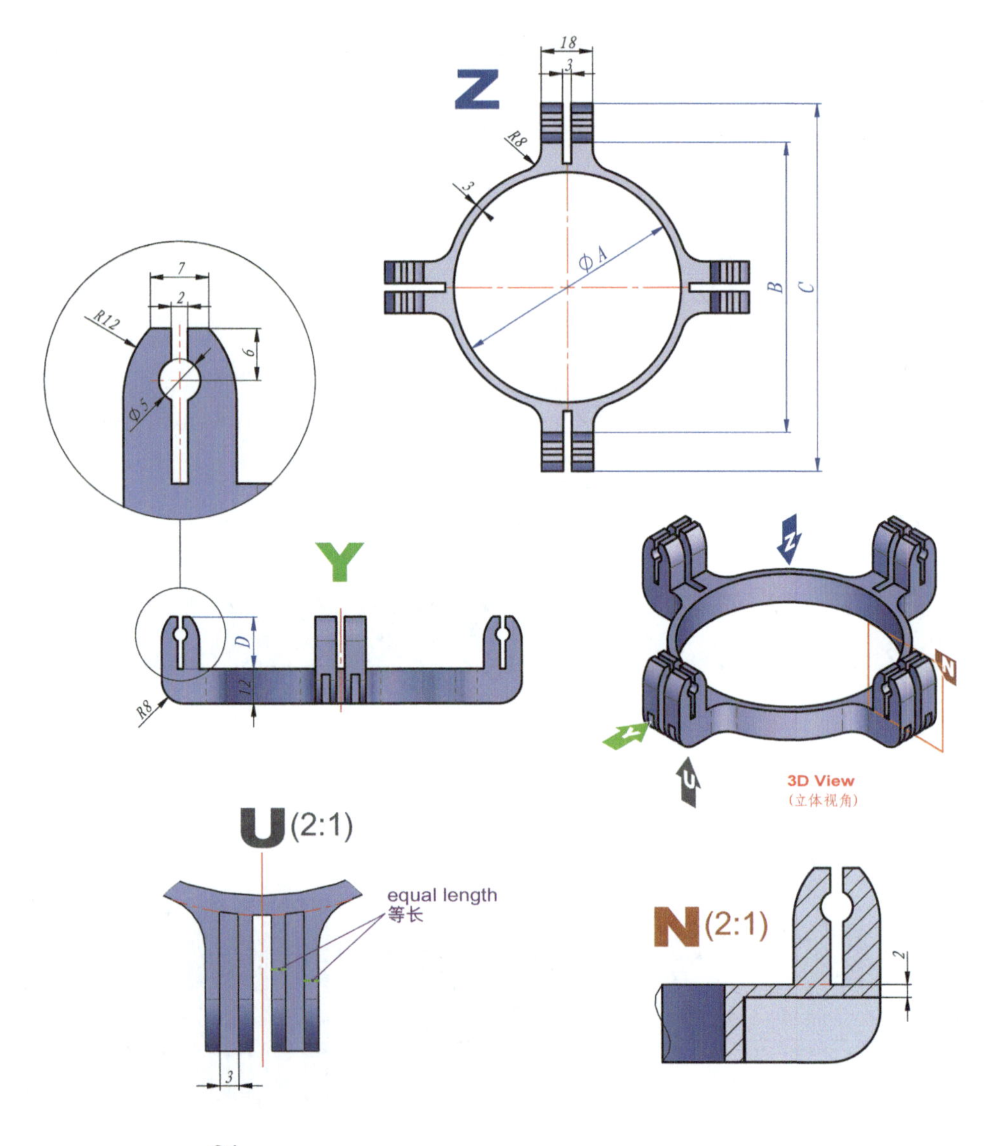

3-10： 构建三维模型。题图为示意图，只用于表达尺寸和几何关系，由于参数变化，其形态会有所变化。

【注意】

重合、相切、对称等几何关系。

【问题】

请问模型体积是多少？

（与标准答案相对误差在 ±0.5%）

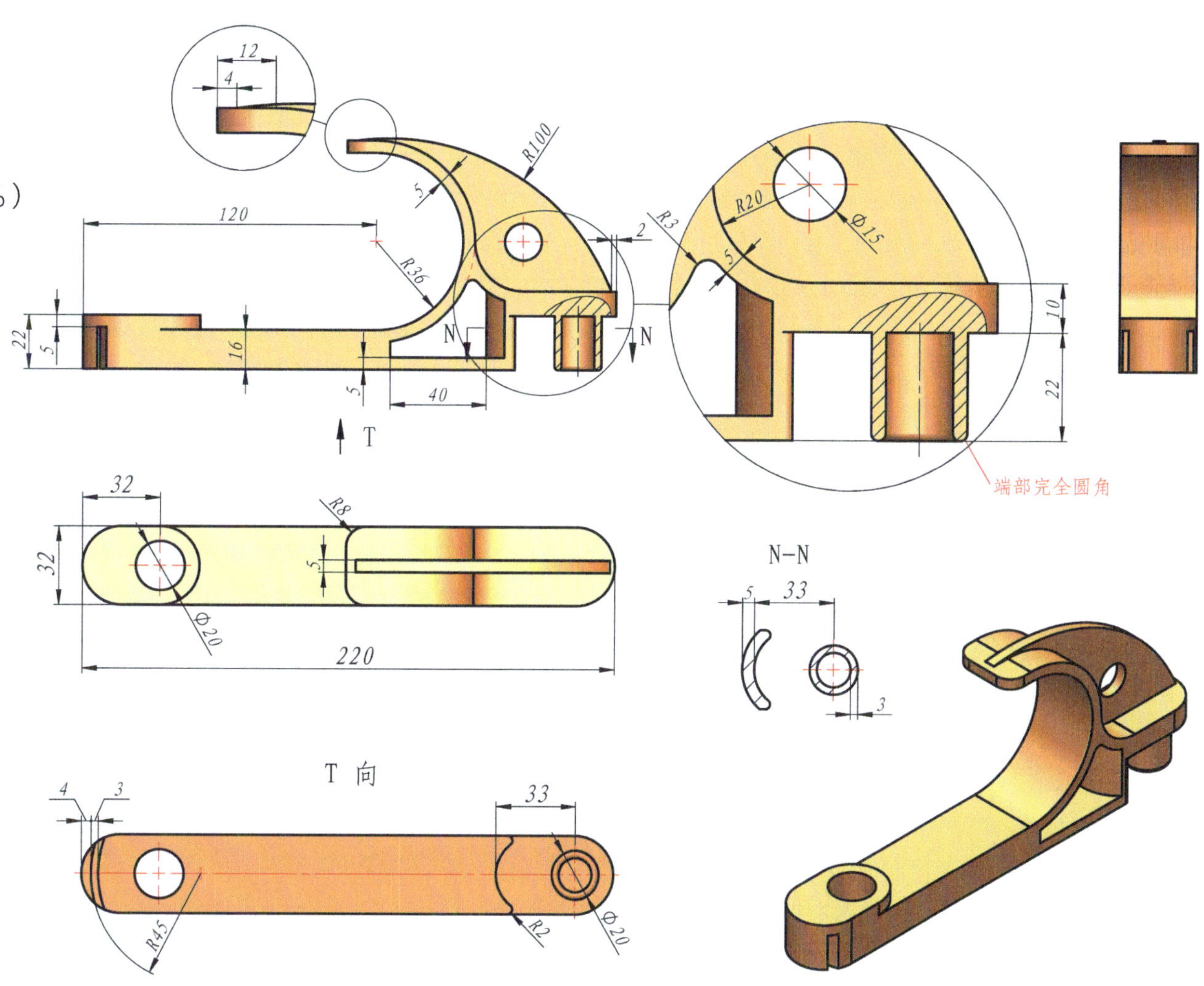

3-11： 构建三维模型。题图为示意图，只用于表达尺寸和几何关系，由于参数变化，其形态会有所变化。

【注意】

重合、相切、对称等几何关系。

【问题】

请问模型体积是多少？

（与标准答案相对误差在 ±0.5%）

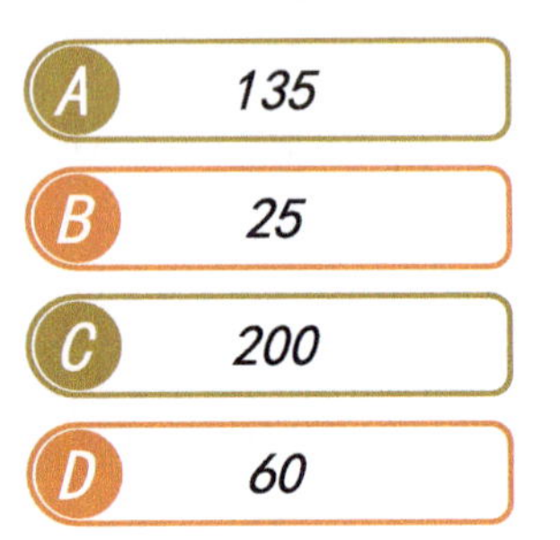

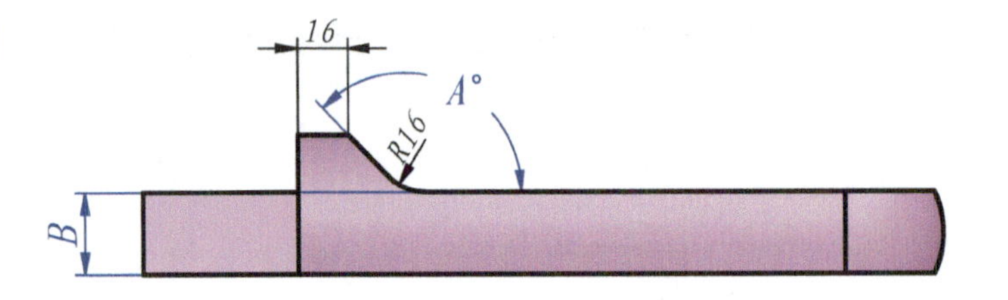

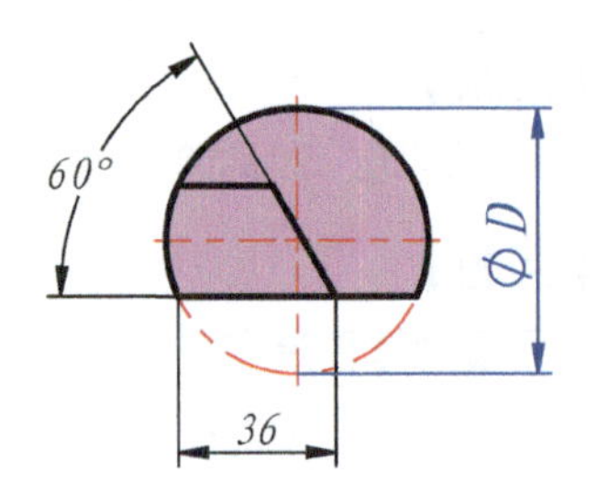

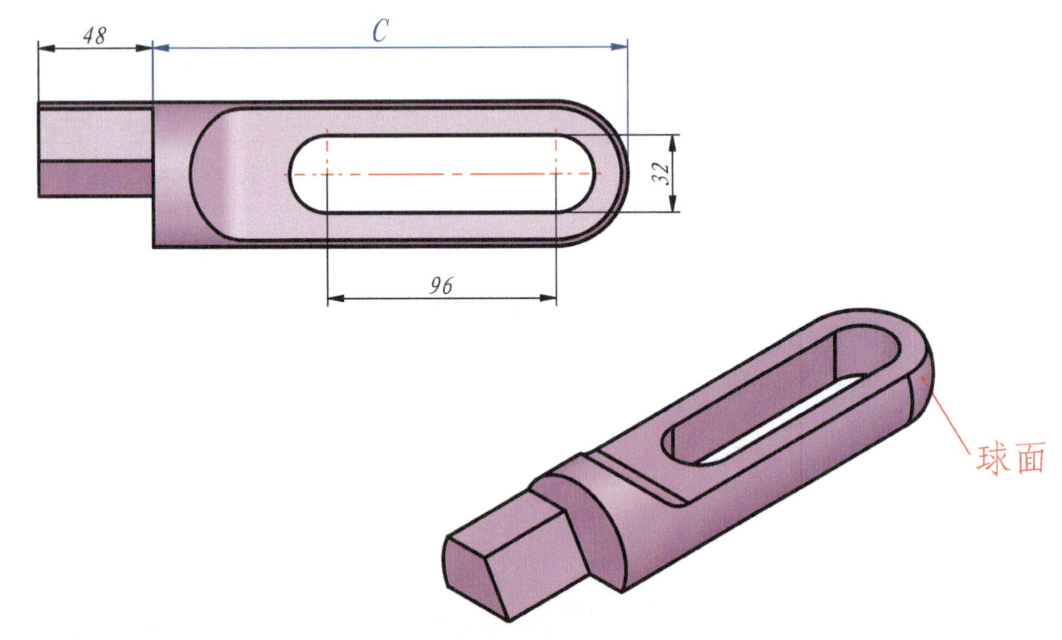

3-12：构建三维模型。题图为示意图，只用于表达尺寸和几何关系，由于参数变化，其形态会有所变化。

【注意】

重合、相切、对称等几何关系。

【问题】

请问模型体积是多少？（与标准答案相对误差在 ±0.5%）

- A　136
- B　30
- C　10
- D　60

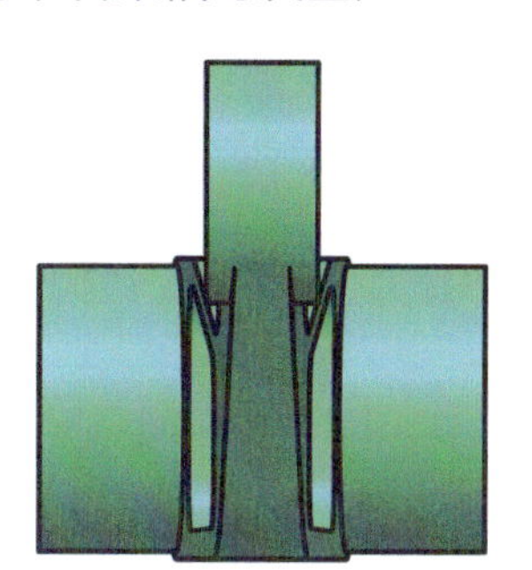

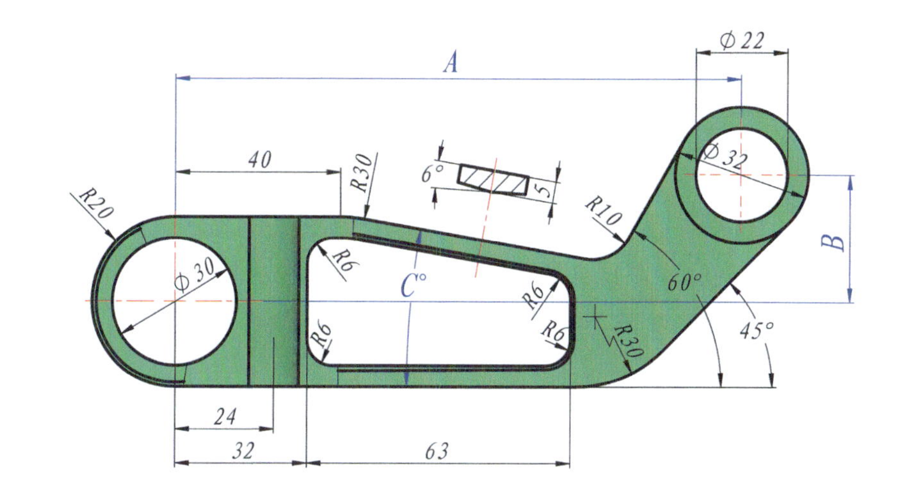

立体视角

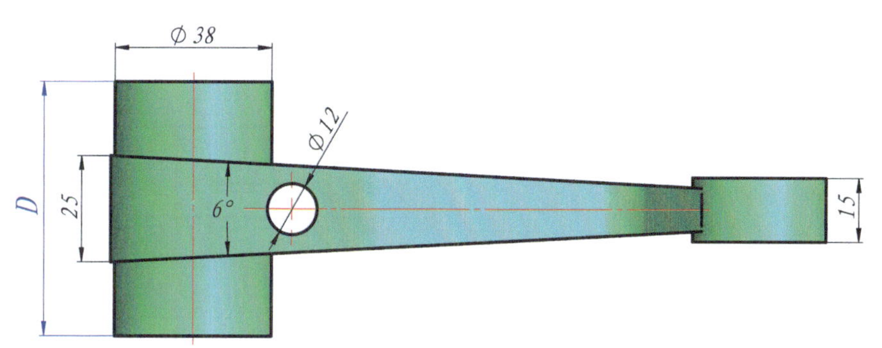

3-13: 构建三维模型。题图为示意图，只用于表达尺寸和几何关系，由于参数变化，其形态会有所变化。

【注意】

重合、相切、对称等几何关系。

【问题】

请问模型体积是多少？

（与标准答案相对误差在 ±0.5%）

- A 137
- B 115

- C 20
- D 24
- E 60

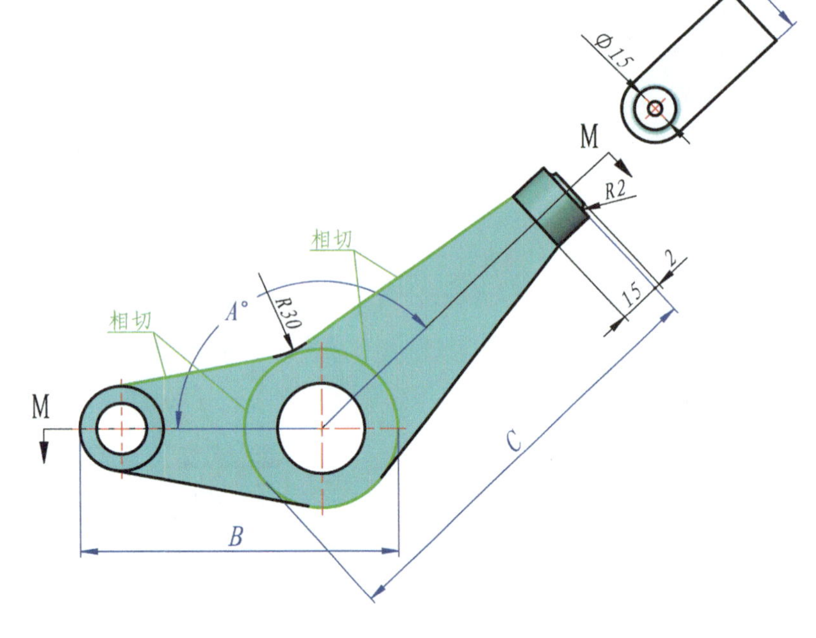

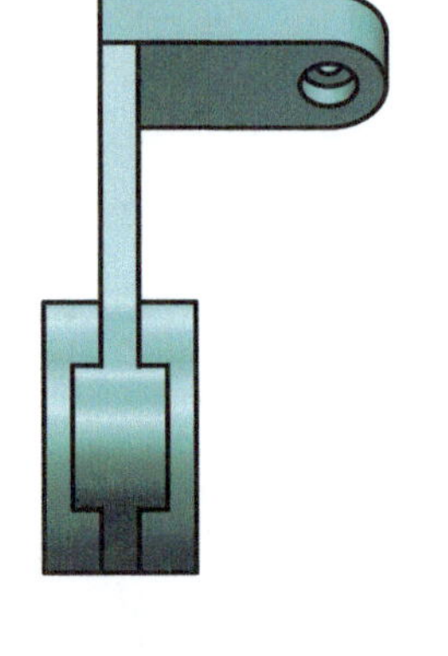

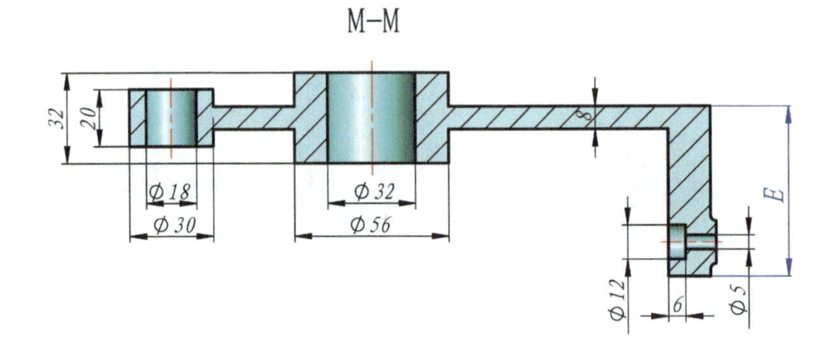

第 4 单元　复杂的零件

4-1: 构建三维模型，模型中的厚度均为 T。题图为示意图，只用于表达尺寸和几何关系，由于参数变化，其形态会有所变化。

【注意】

重合、相切、对称等几何关系。

【问题】

请问模型体积是多少?

（与标准答案相对误差在 ±0.5%）

A	22
B	56
C	45
D	39
E	20
F	45
G	165
T	2. 5

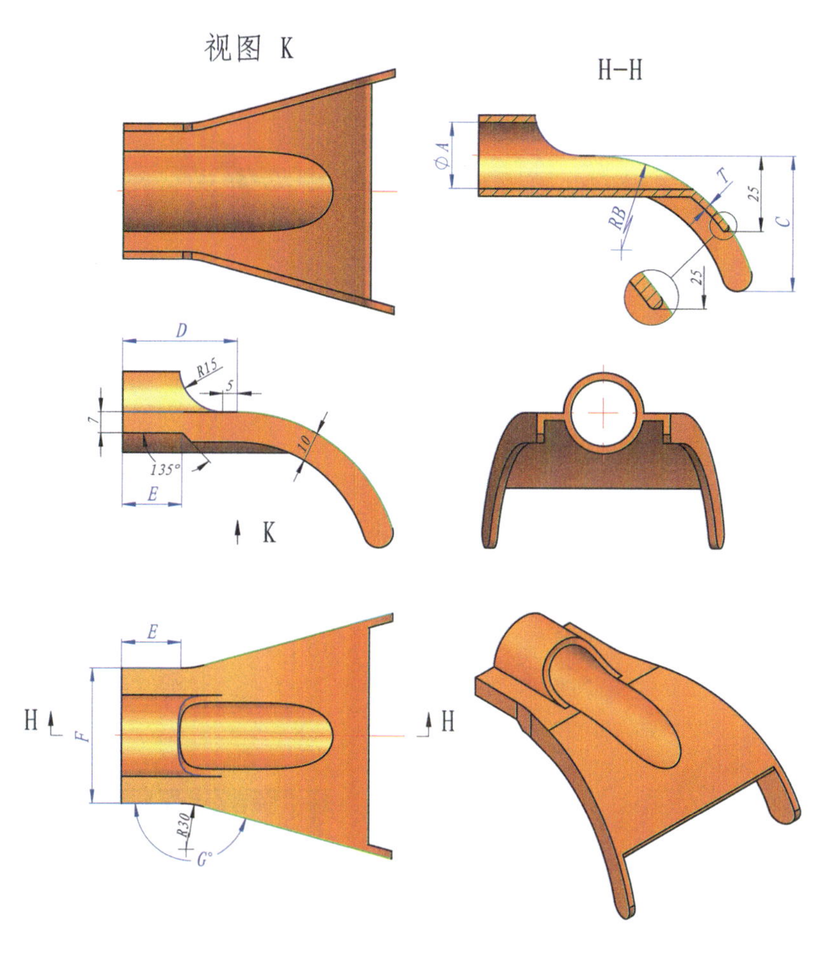

4-2： 构建三维模型。题图为示意图，只用于表达尺寸和几何关系，由于参数变化，其形态会有所变化。

【注意】

重合、相切、对称等几何关系。

【问题】

请问模型体积是多少？

（与标准答案相对误差在 ±0.5%）

A 50

B 25

C 45

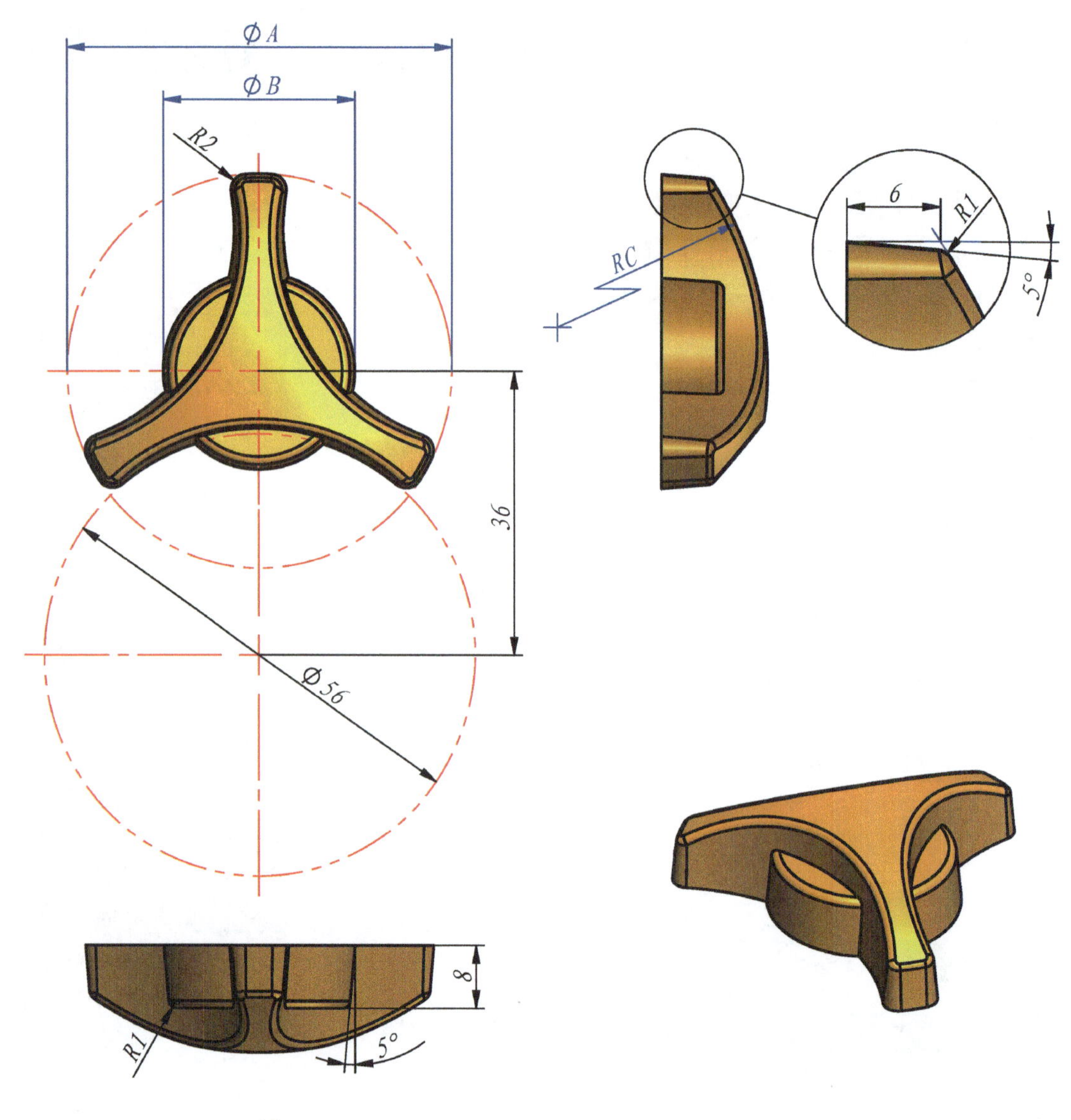

4-3: 构建三维模型，模型中的厚度均为 T。题图为示意图，只用于表达尺寸和几何关系，由于参数变化，其形态会有所变化。

【注意】

重合、相切、对称等几何关系。

【问题】

请问模型体积是多少?

（与标准答案相对误差在 ±0.5%）

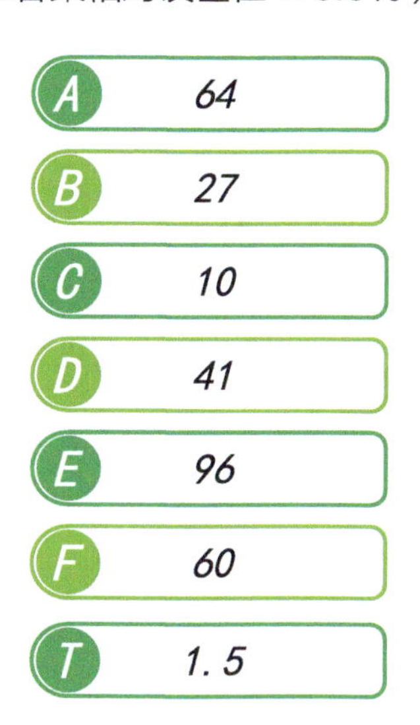

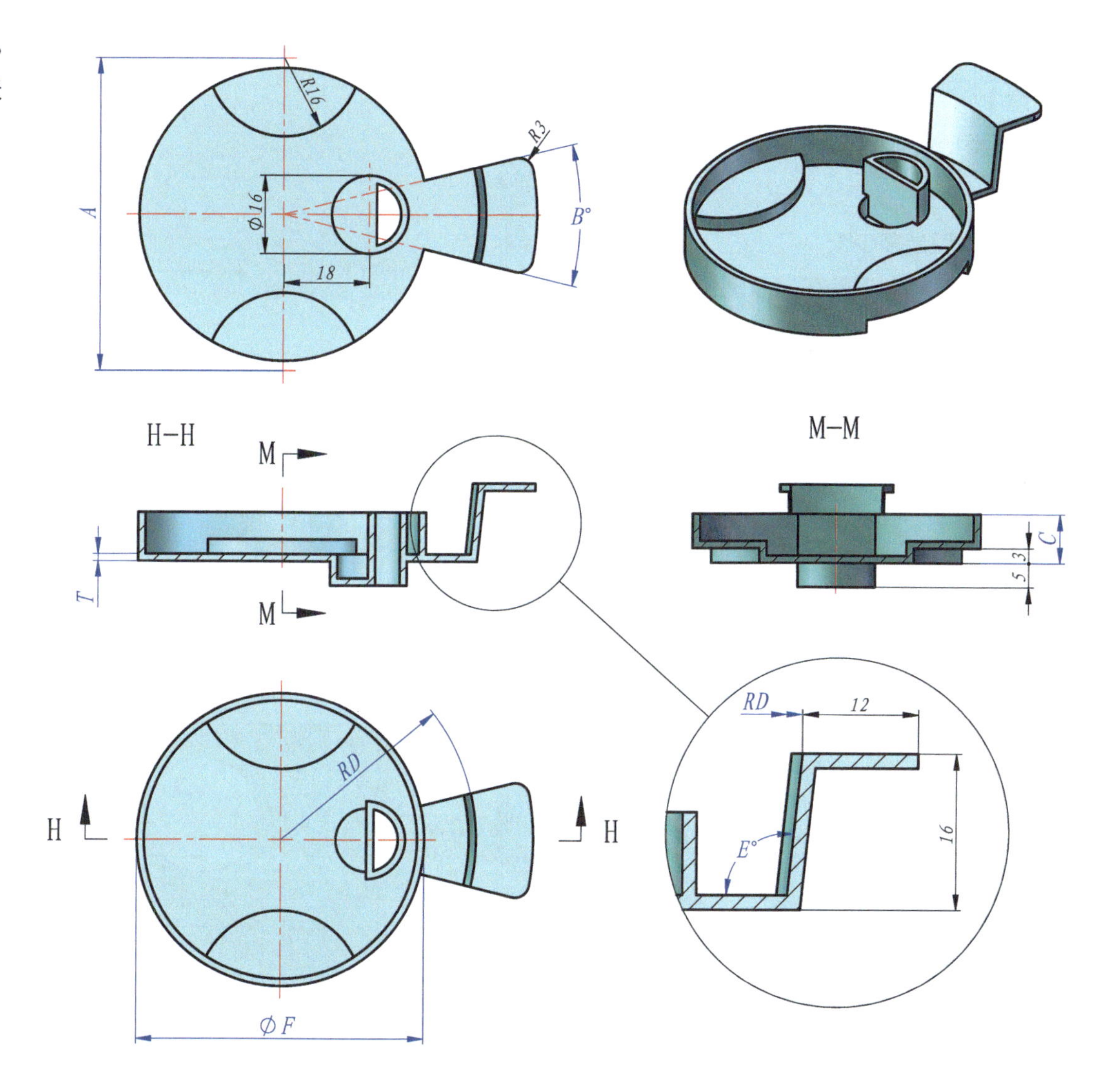

4-4： 构建三维模型，模型中的厚度均为 T。题图为示意图，只用于表达尺寸和几何关系，由于参数变化，其形态会有所变化。

【注意】

重合、相切、对称等几何关系。

【问题】

请问模型体积是多少？

（与标准答案相对误差在 ±0.5%）

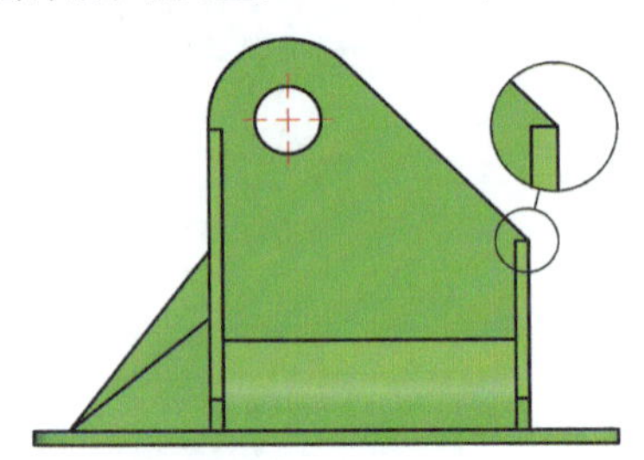

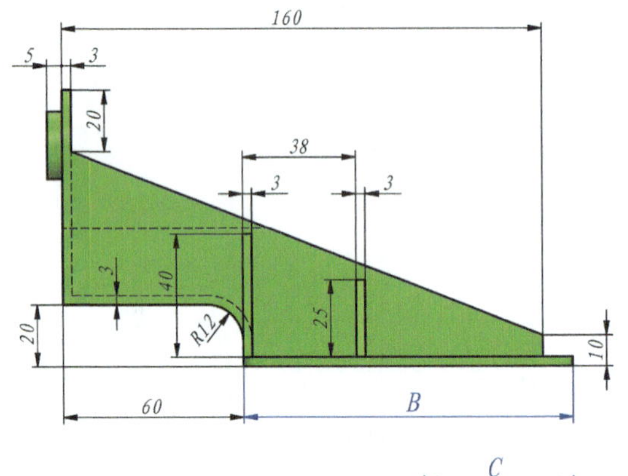

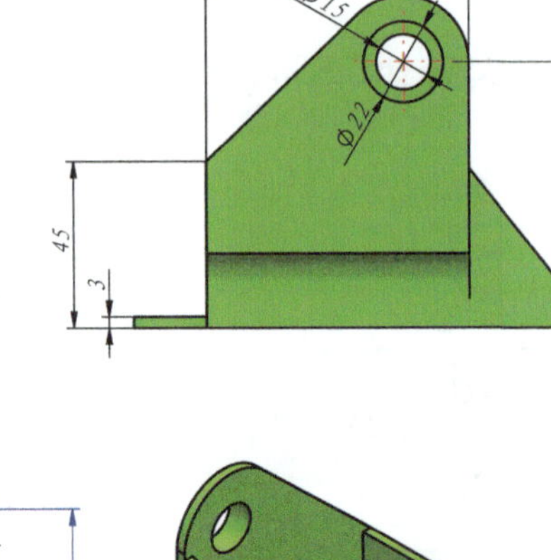

- A　132
- B　110
- C　50
- D　45

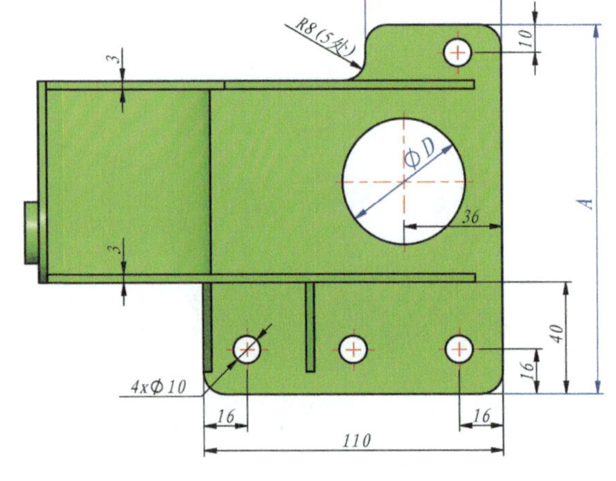

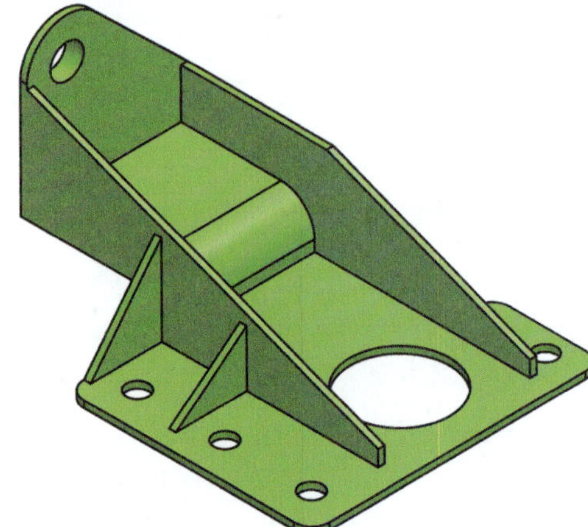

4-5: 构建三维模型，模型中的厚度均为 T。题图为示意图，只用于表达尺寸和几何关系，由于参数变化，其形态会有所变化。

【注意】

重合、相切、对称等几何关系。

【问题】

请问模型体积是多少?

（与标准答案相对误差在 ±0.5%）

A 8

B 2

C 22

D 2

E 35

F 50

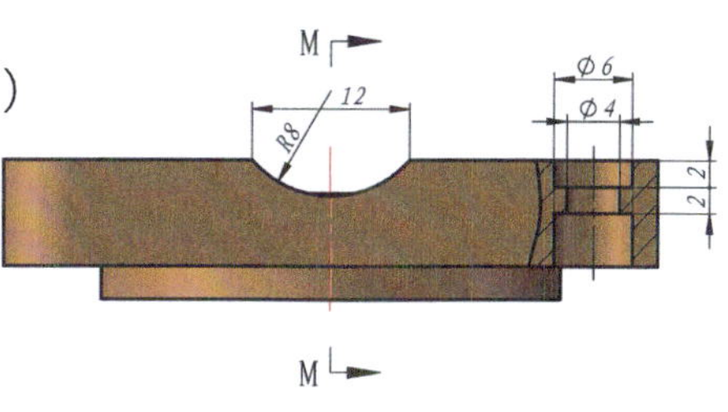

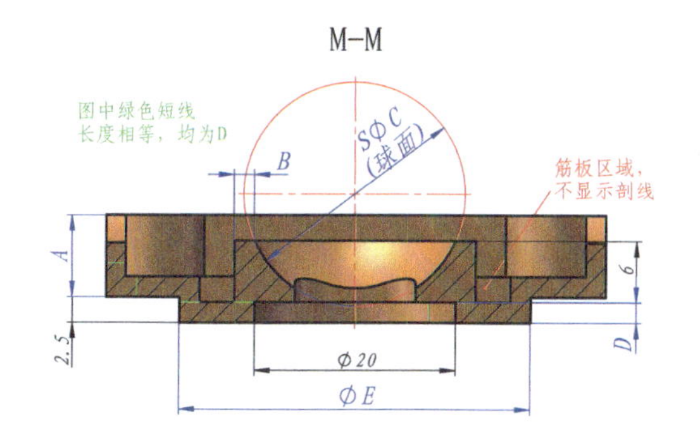

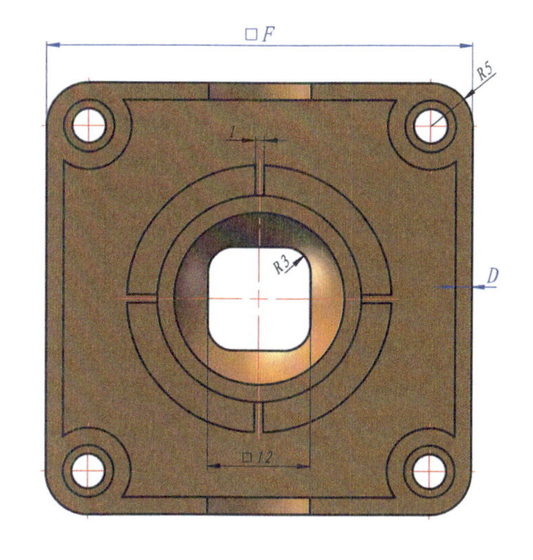

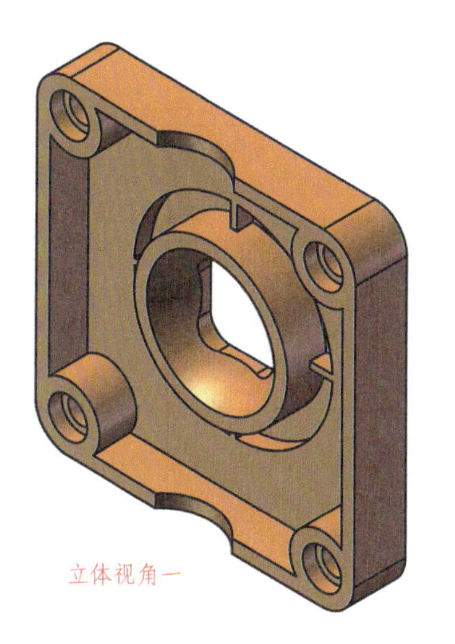

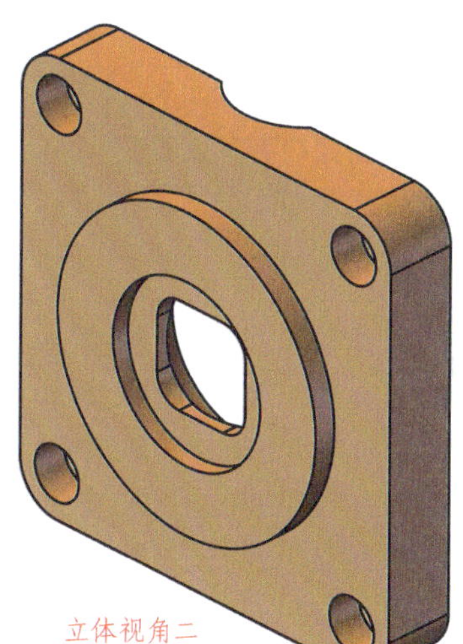

4-6: 构建三维模型，模型中的厚度均为 T。题图为示意图，只用于表达尺寸和几何关系，由于参数变化，其形态会有所变化。

【注意】

重合、相切、对称等几何关系。

【问题】

请问模型体积是多少？

（与标准答案相对误差在 ±0.5%）

- A 80
- B 5
- C 25
- D 86
- E 110
- T 2

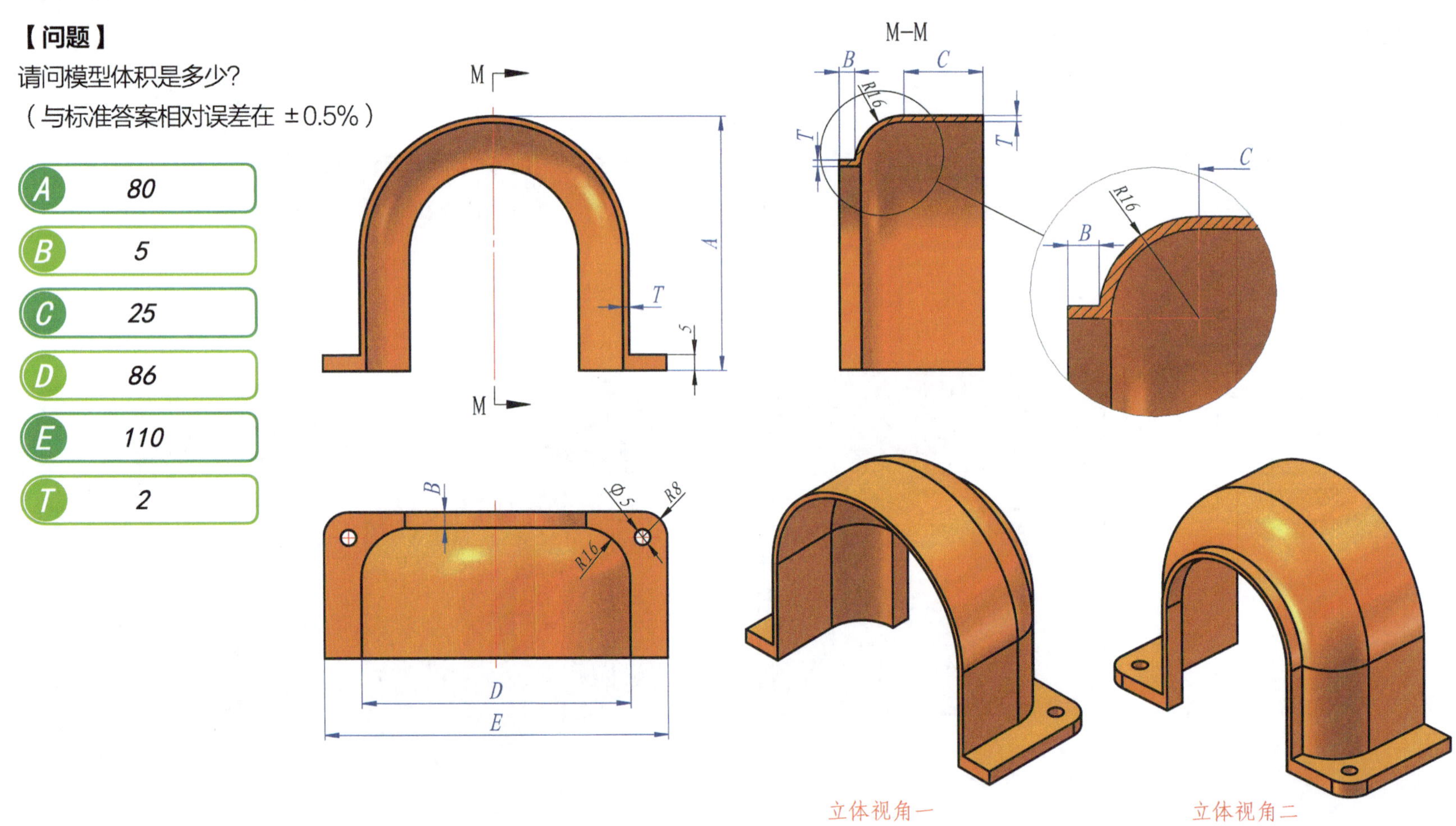

4-7: 构建三维模型，模型中的厚度均为 T。题图为示意图，只用于表达尺寸和几何关系，由于参数变化，其形态会有所变化。

【注意】

重合、相切、对称等几何关系。

【问题】

请问模型体积是多少?

（与标准答案相对误差在 ±0.5%）

- A 12
- B 150
- C 32
- D 75
- E 10
- F 20
- G 44
- T 3

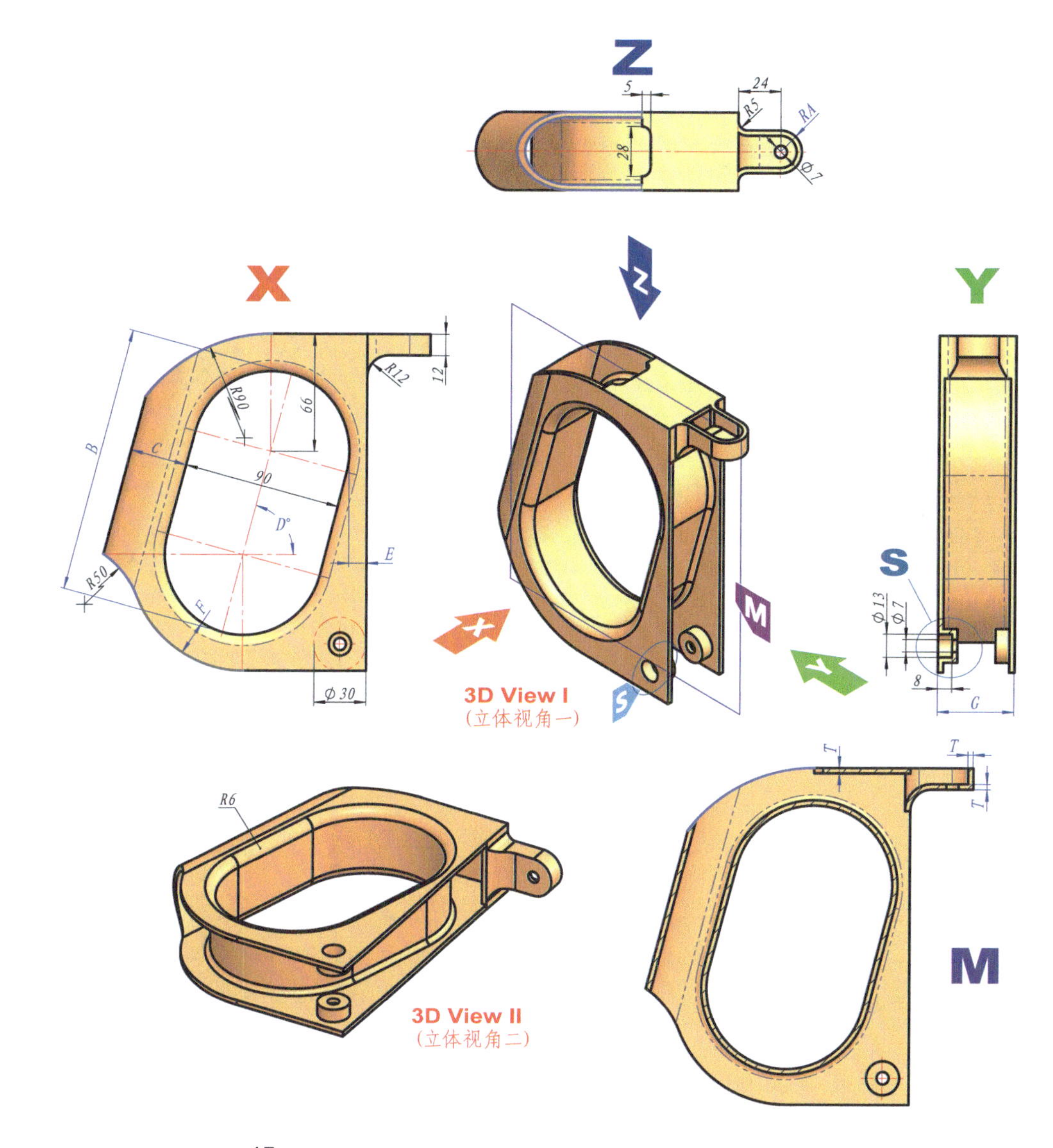

4-8: 构建三维模型，模型中的厚度均为 T。题图为示意图，只用于表达尺寸和几何关系，由于参数变化，其形态会有所变化。

【注意】

重合、相切、对称等几何关系。

【问题】

请问模型体积是多少?

（与标准答案相对误差在 ±0.5%）

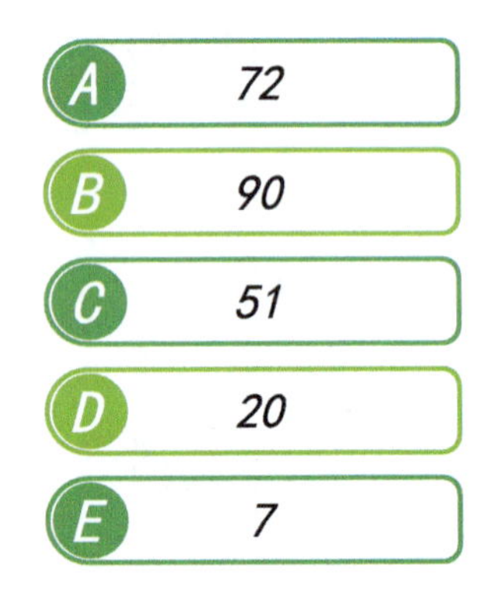

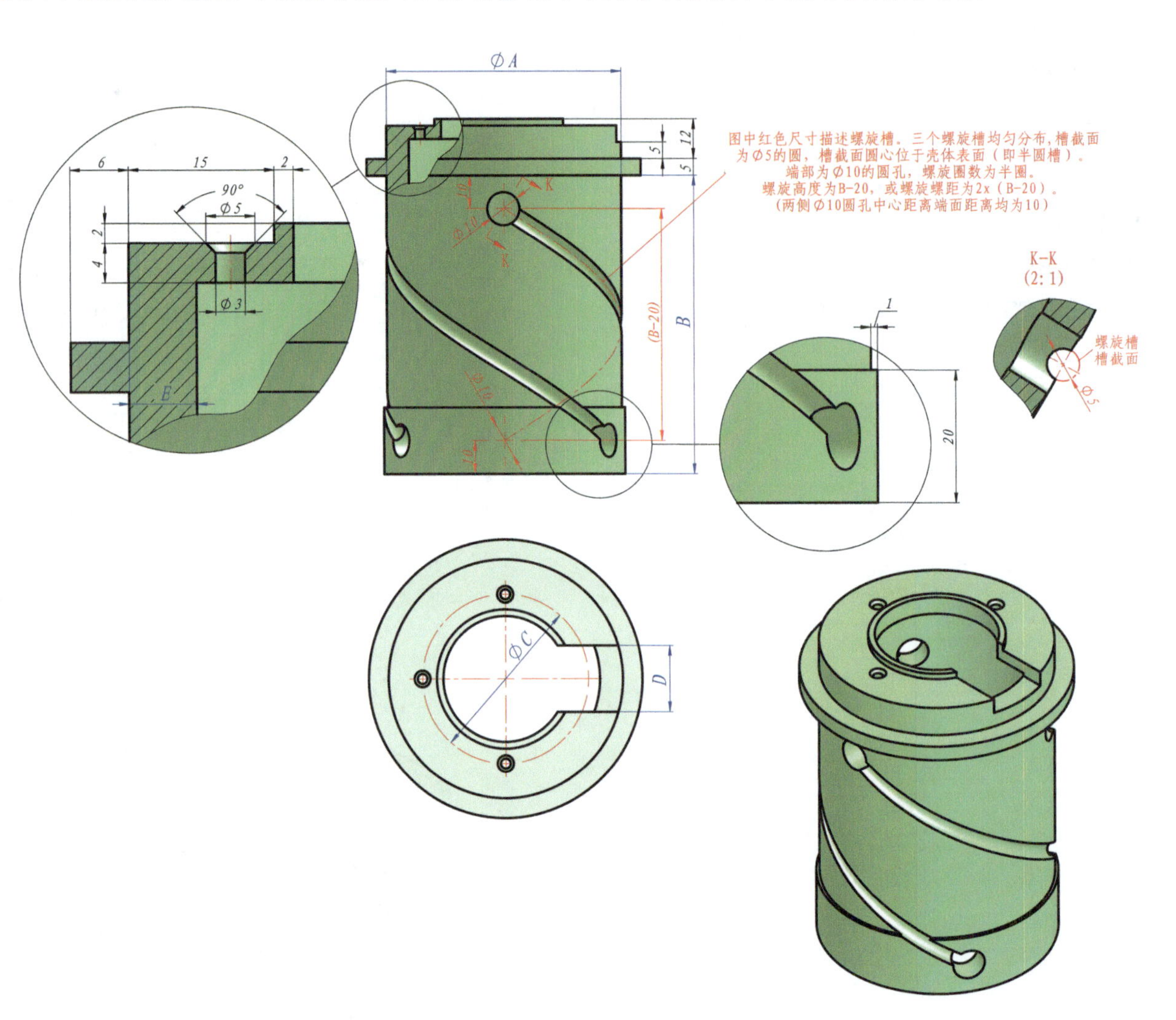

4-9：构建三维模型，模型中的厚度均为T。题图为示意图，只用于表达尺寸和几何关系，由于参数变化，其形态会有所变化。

【注意】

重合、相切、对称等几何关系。

【问题】

请问模型体积是多少?

（与标准答案相对误差在 ±0.5%）

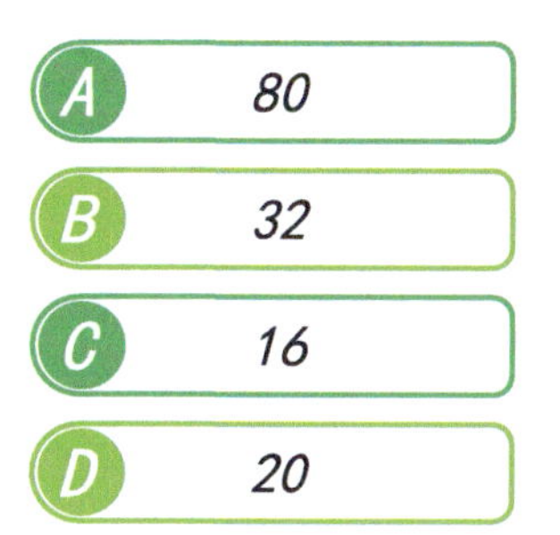

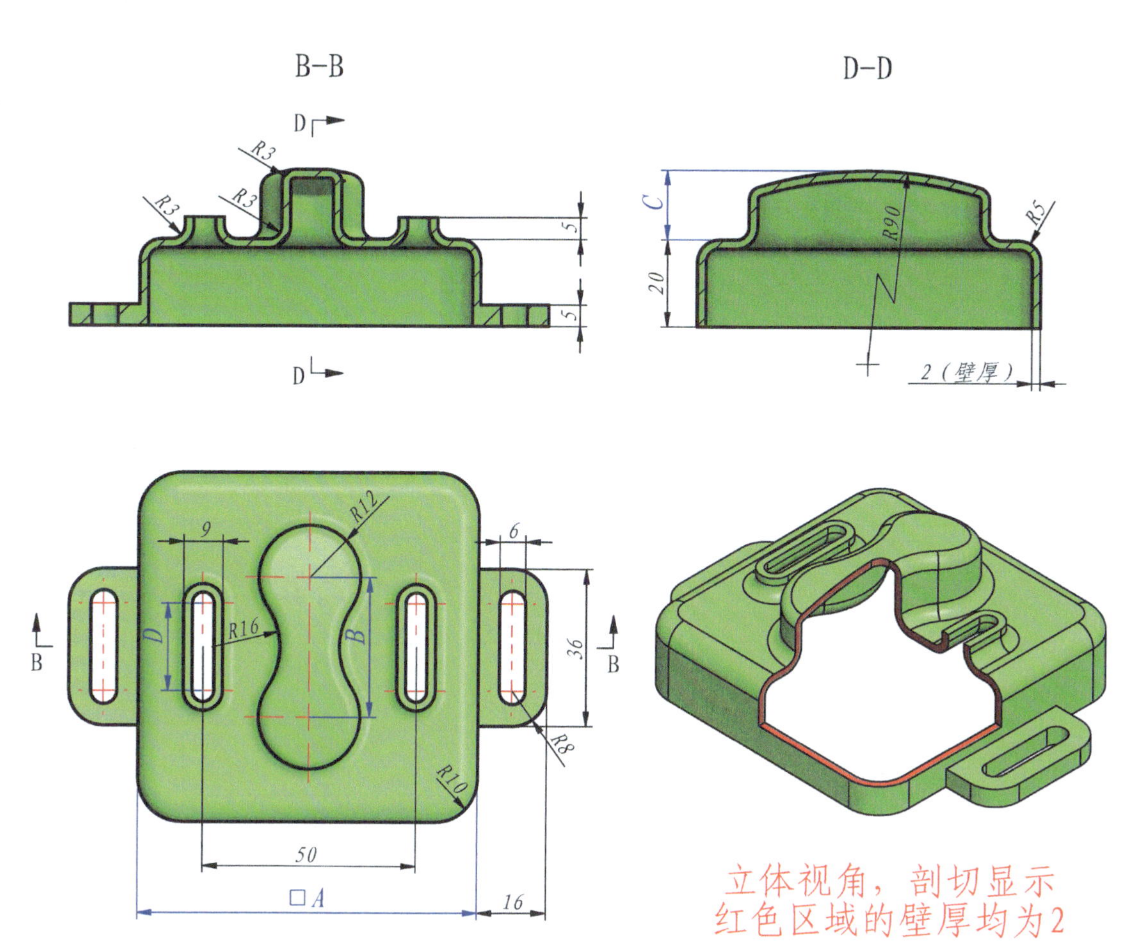

4-10: 构建三维模型。题图为示意图，只用于表达尺寸和几何关系，由于参数变化，其形态会有所变化。

【注意】

重合、相切、对称等几何关系。

【问题】

1. 请问 P1 至 P2 距离是多少？ 2. 请问黄色面面积是多少？ 3. 请问模型体积是多少？（与标准答案相对误差在 ±0.5%）

A	150
B	100
C	30

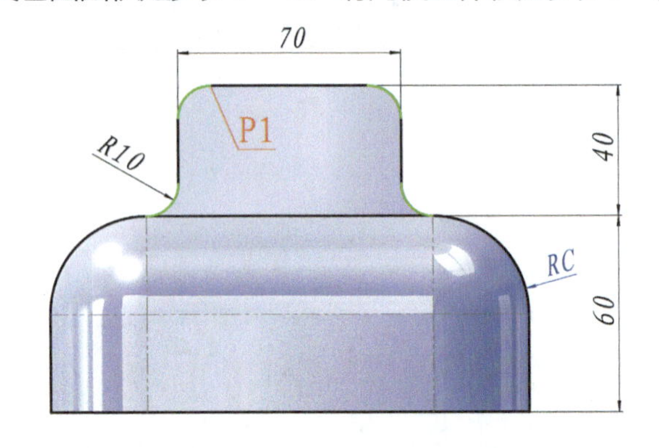

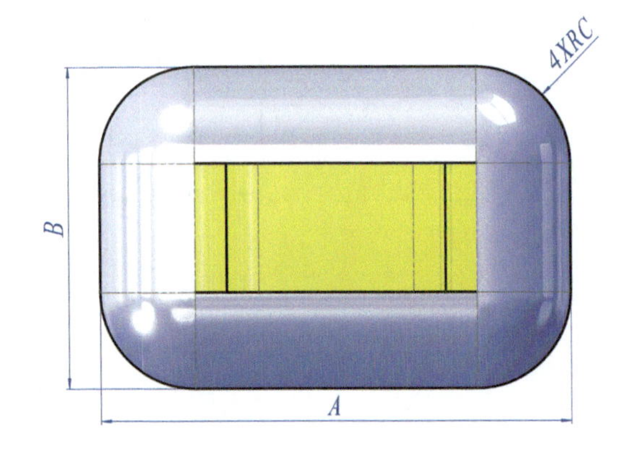

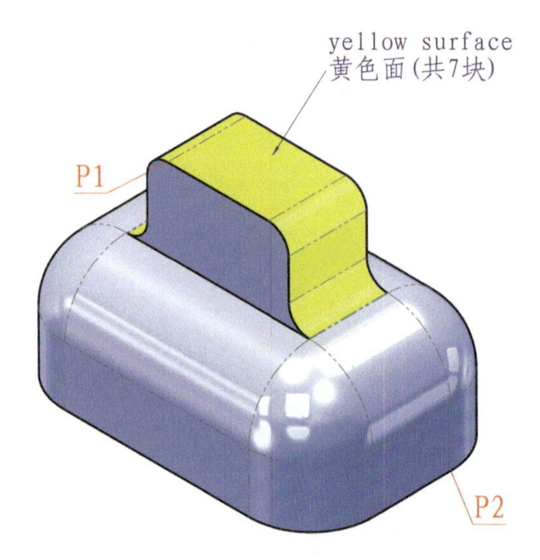

4-11： 构建三维模型。题图为示意图，只用于表达尺寸和几何关系，由于参数变化，其形态会有所变化。

【注意】

重合、相切、对称等几何关系。

【问题】

请问模型体积是多少?

（与标准答案相对误差在 ±0.5%）

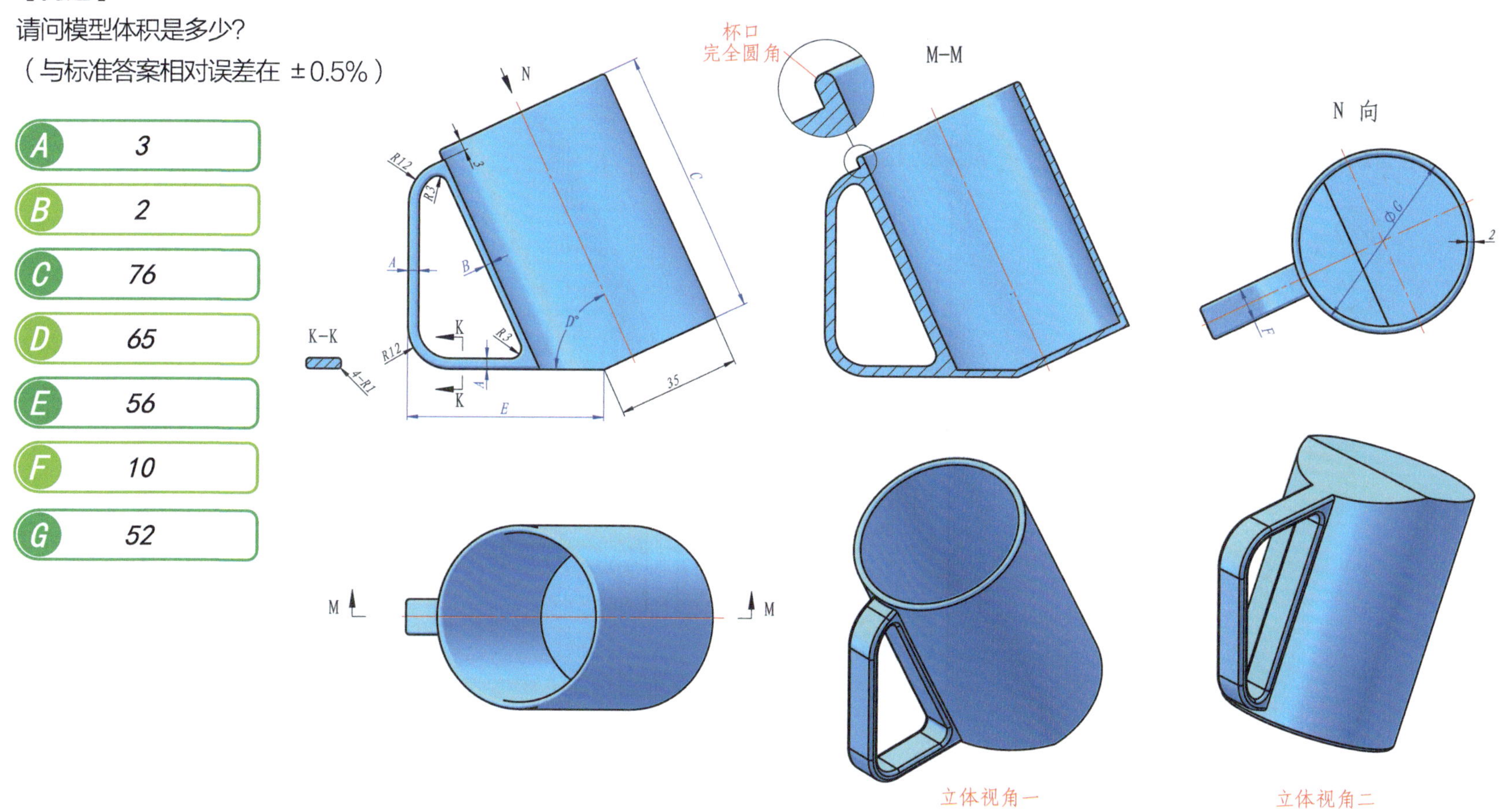

4-12： 构建三维模型。题图为示意图，只用于表达尺寸和几何关系，由于参数变化，其形态会有所变化。

【注意】

重合、相切、对称等几何关系。

【问题】

请问模型体积是多少?

（与标准答案相对误差在 ±0.5%）

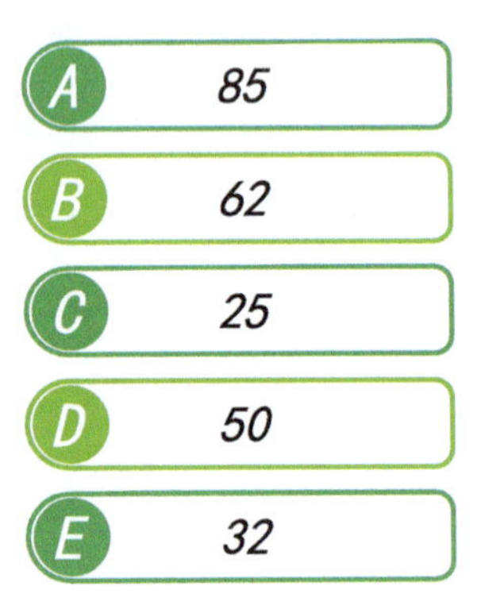

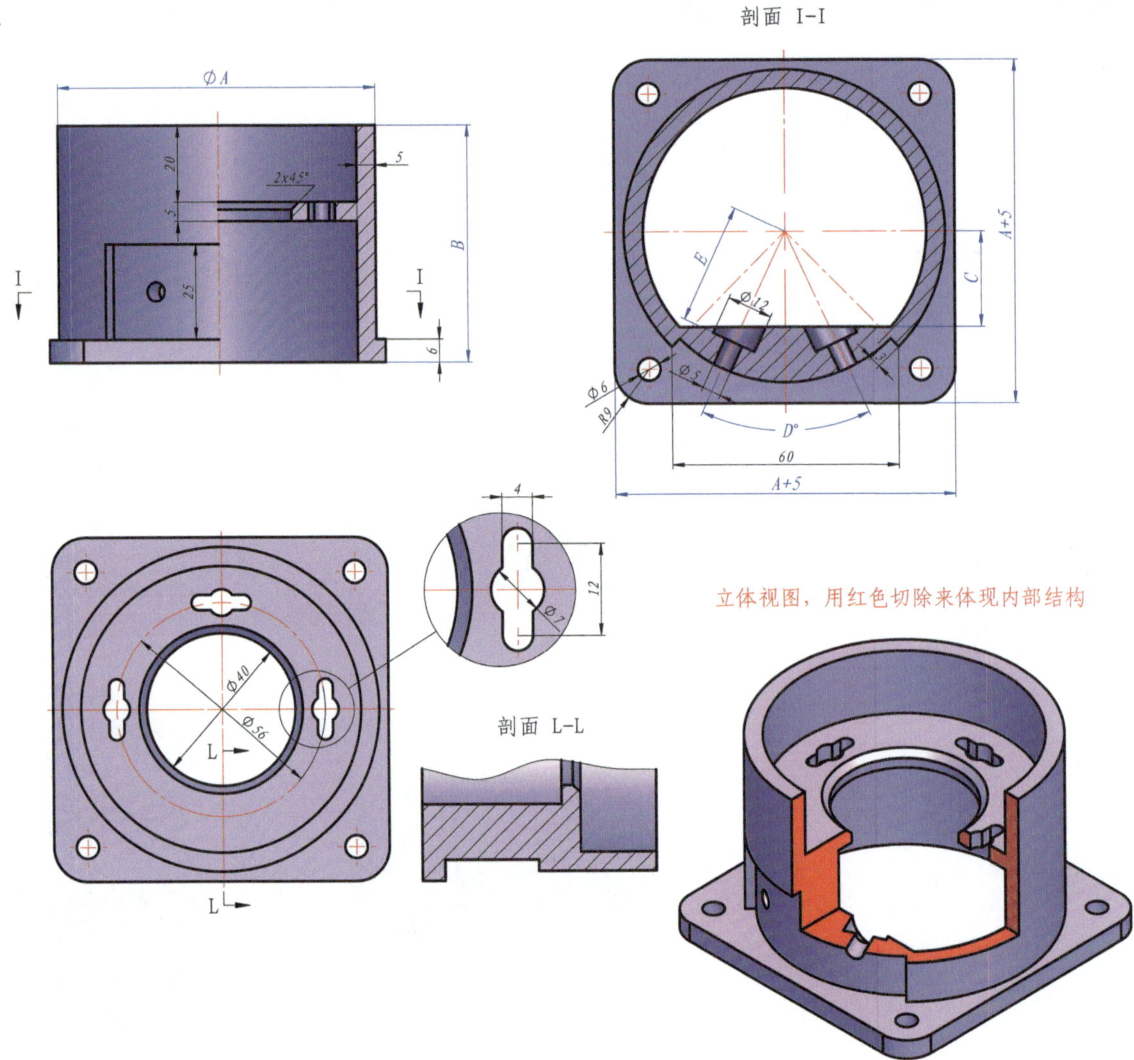

4-13：构建三维模型。题图为示意图，只用于表达尺寸和几何关系，由于参数变化，其形态会有所变化。

【注意】

重合、相切、对称等几何关系。

【问题】

请问模型体积是多少？

（与标准答案相对误差在 ±0.5%）

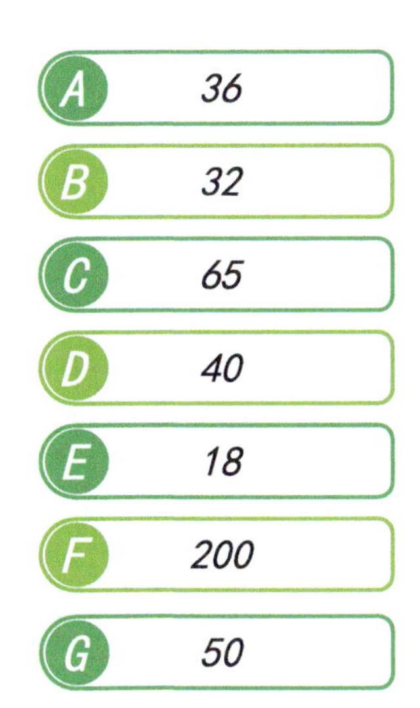

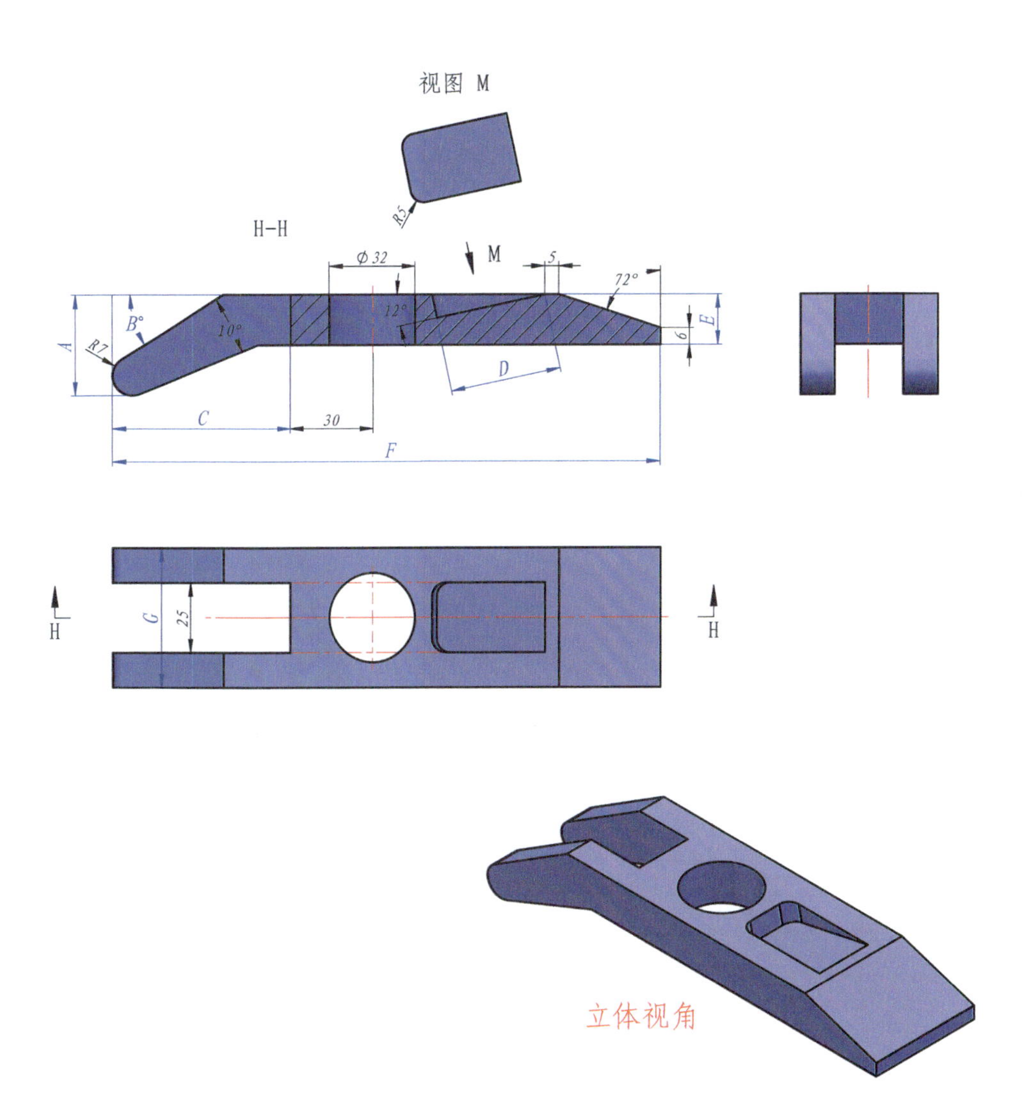

第 5 单元　管形零件

5-1： 构建三维模型。题图为示意图，只用于表达尺寸和几何关系，由于参数变化，其形态会有所变化。

【注意】

重合、相切、对称等几何关系。

【问题】

请问模型体积是多少？

（与标准答案相对误差在 ±0.5%）

- A　25
- B　20
- C　90
- D　32
- E　220

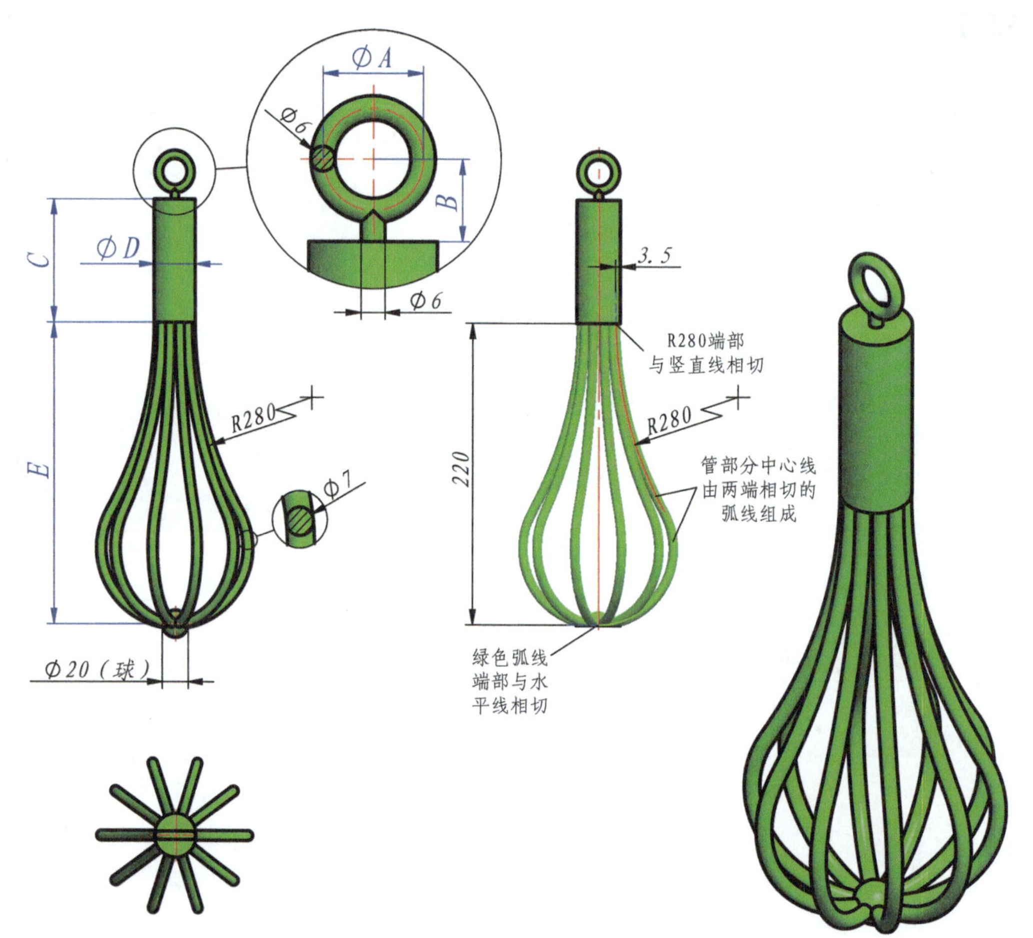

5-2：构建三维模型。题图为示意图，只用于表达尺寸和几何关系，由于参数变化，其形态会有所变化。

【注意】

重合、相切、对称等几何关系。

【问题】

请问模型体积是多少?

（与标准答案相对误差在 ±0.5%）

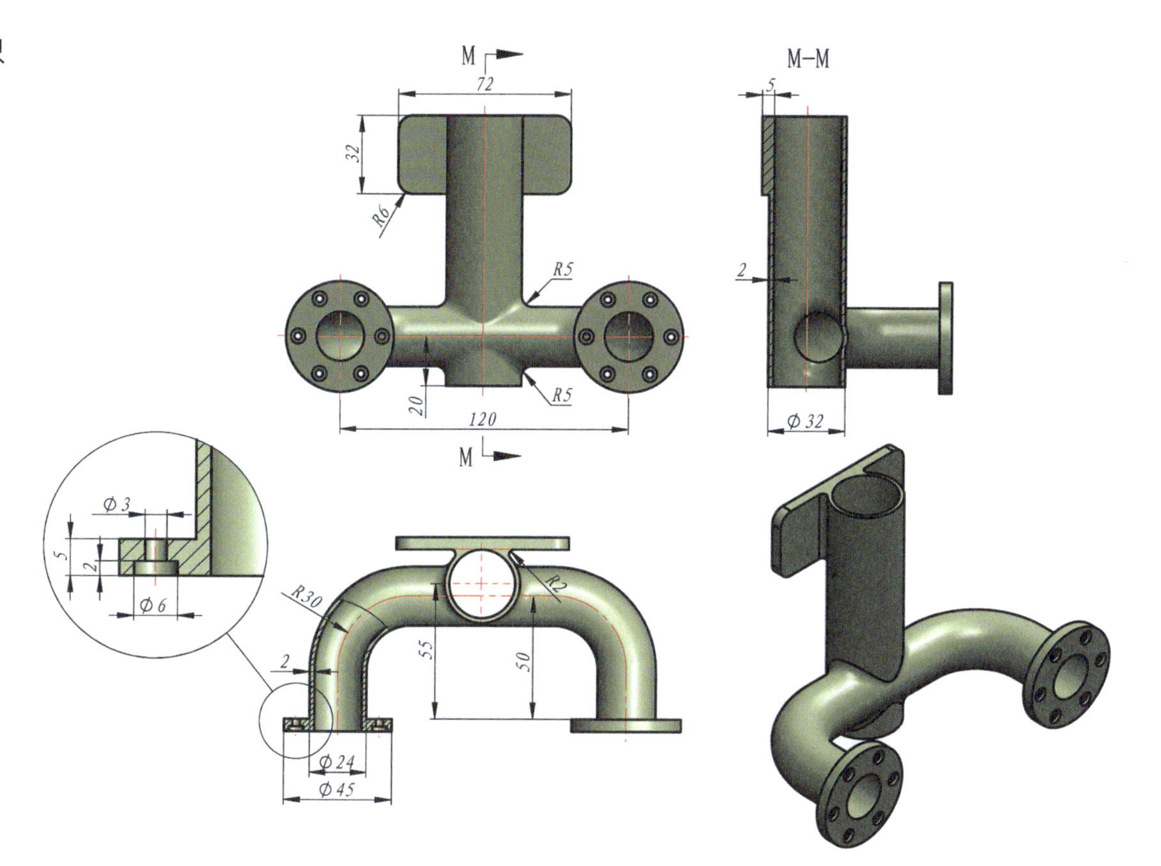

- A　72
- B　32
- C　120
- D　90
- E　2

5-3：构建三维模型。题图为示意图，只用于表达尺寸和几何关系，由于参数变化，其形态会有所变化。

【注意】

重合、相切、对称等几何关系。

【问题】

请问模型体积是多少?

（与标准答案相对误差在 ±0.5%）

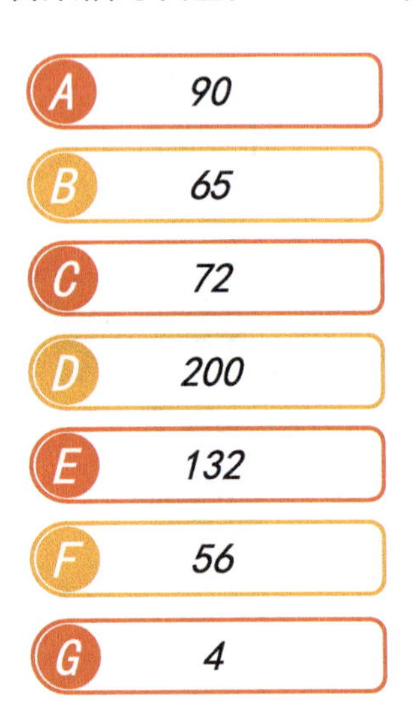

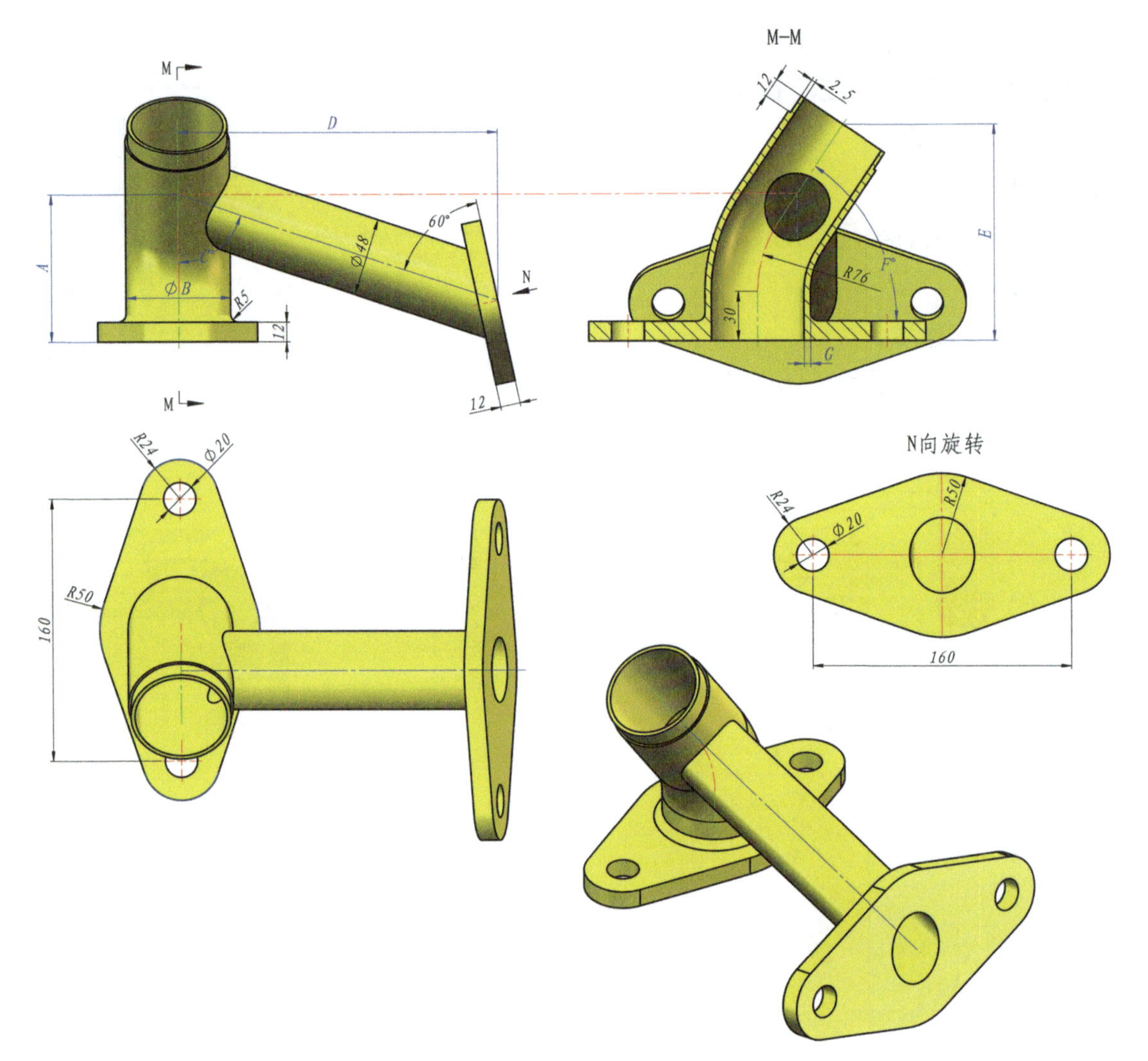

5-4: 构建三维模型，模型中的厚度均为 T。题图为示意图，只用于表达尺寸和几何关系，由于参数变化，其形态会有所变化。

【注意】

重合、相切、对称等几何关系。

【问题】

1. 请问 P1 至 P2 距离是多少?
2. 请问绿色面面积是多少?
3. 请问模型体积是多少?

（与标准答案相对误差在 ±0.5%）

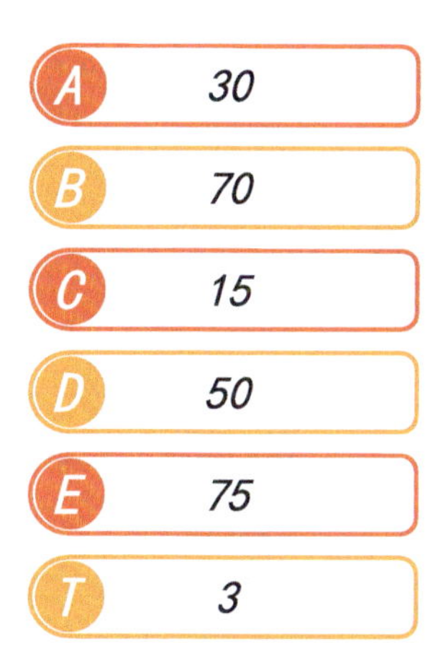

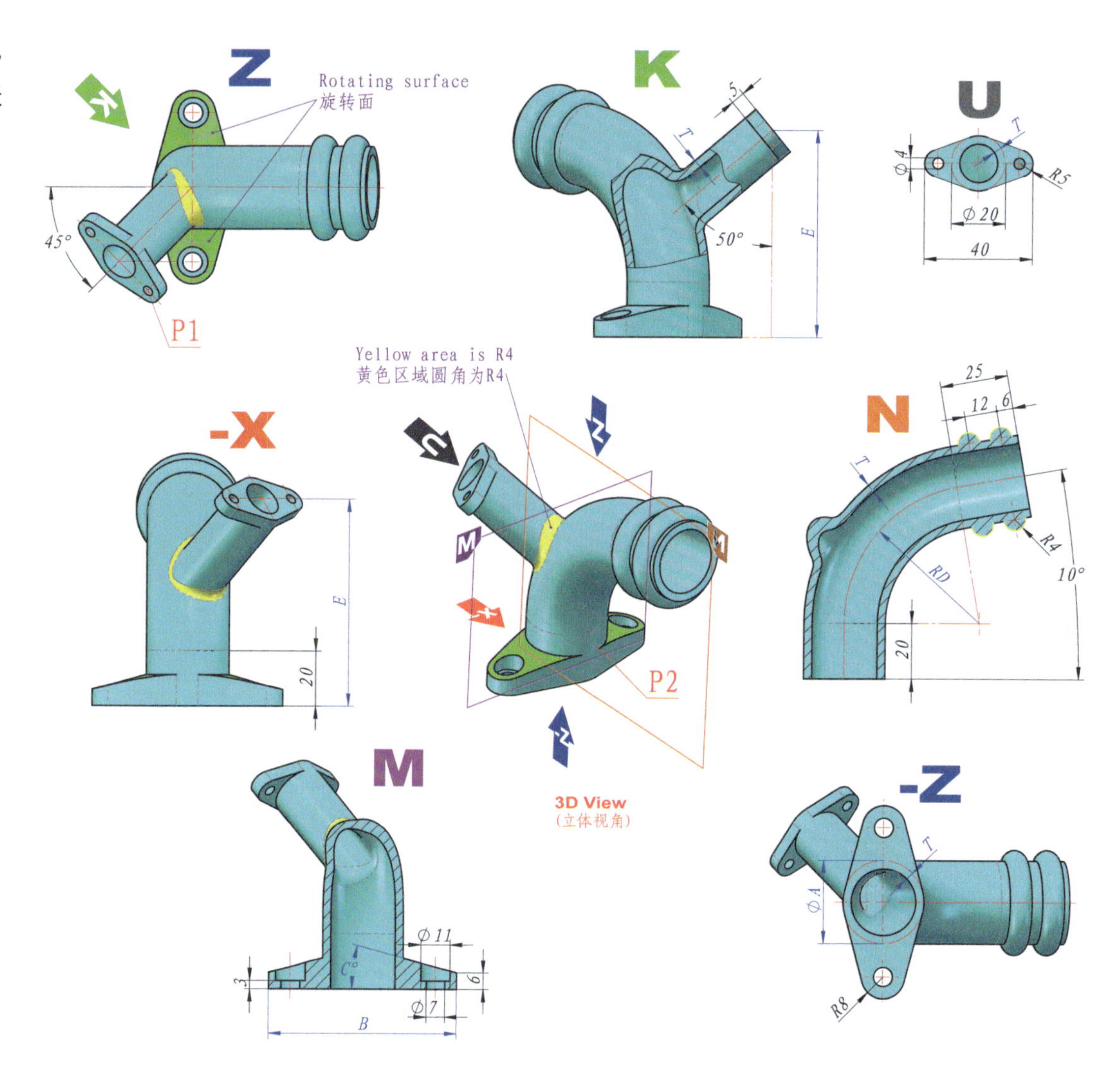

5-5: 构建三维模型，模型中的厚度均为T。题图为示意图，只用于表达尺寸和几何关系，由于参数变化，其形态会有所变化。

【注意】

重合、相切、对称等几何关系。

【问题】

请问模型体积是多少？

（与标准答案相对误差在 ±0.5%）

A	80
B	35
C	20
D	30
E	40
T	2

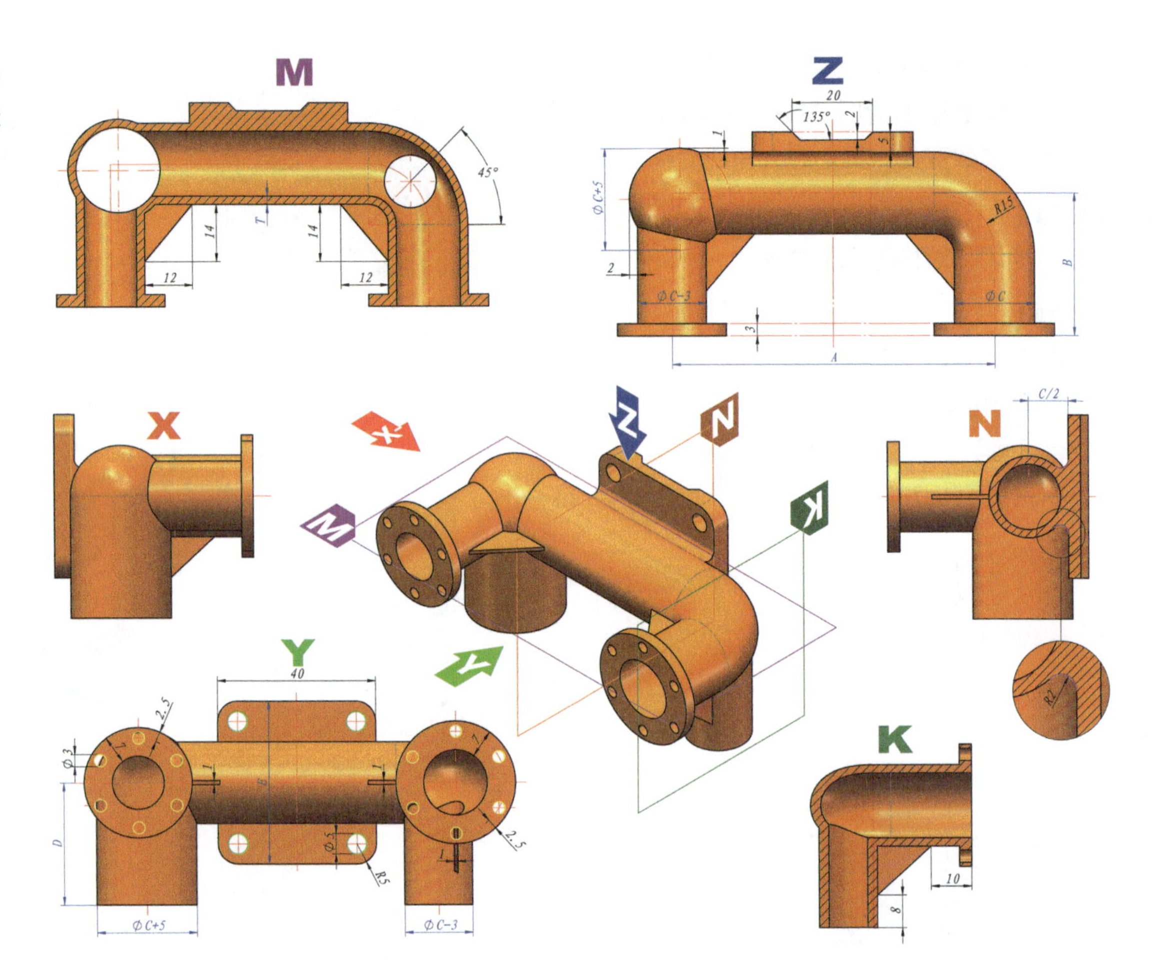

5-6: 构建三维模型，模型中的厚度均为 T。题图为示意图，只用于表达尺寸和几何关系，由于参数变化，其形态会有所变化。

【注意】

重合、相切、对称等几何关系。

【问题】

请问模型体积是多少？

（与标准答案相对误差在 ±0.5%）

A	32
B	25
C	72
D	32
E	128
F	16
T	2.5

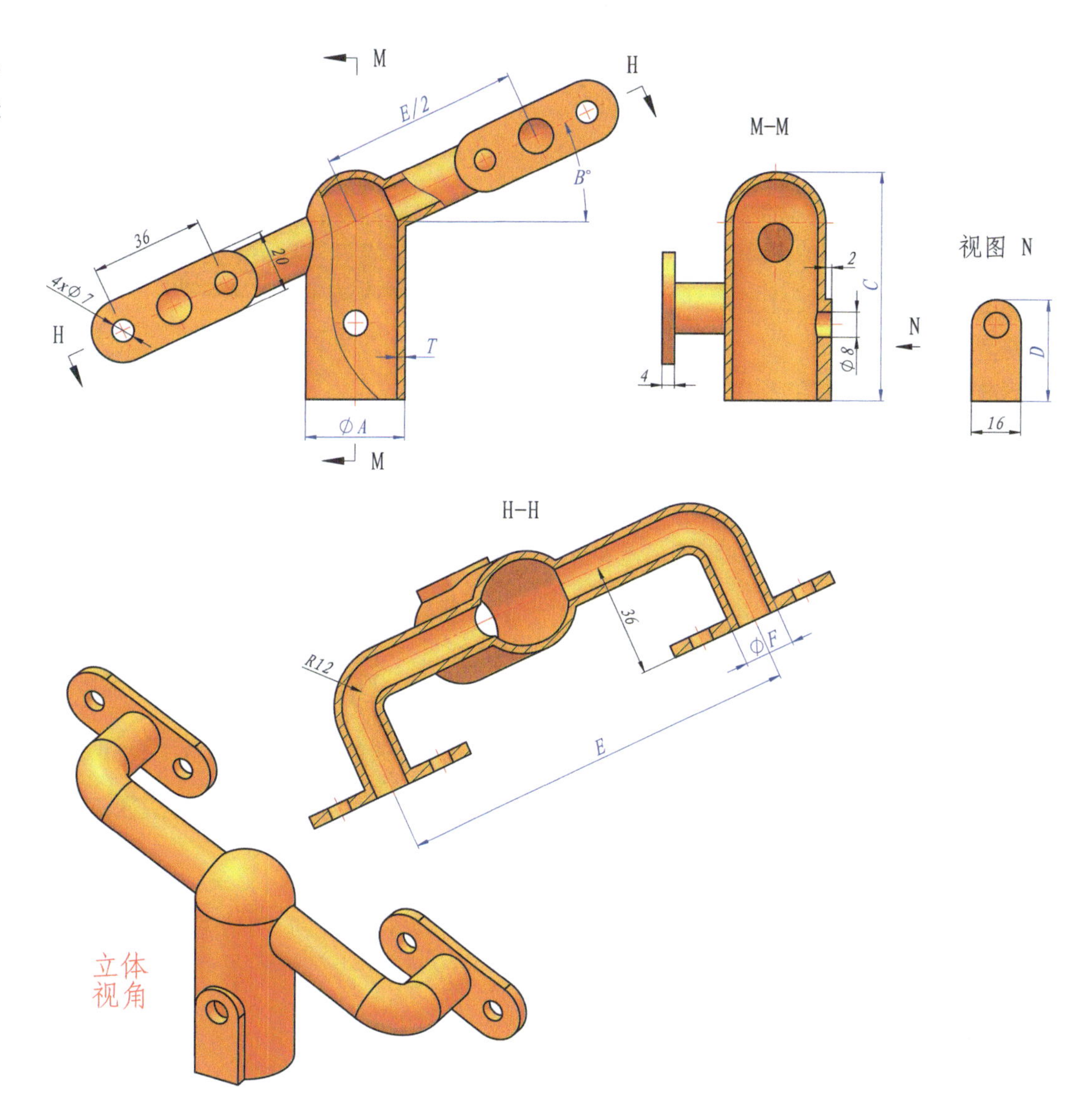

5-7： 构建三维模型。题图为示意图，只用于表达尺寸和几何关系，由于参数变化，其形态会有所变化。

【注意】

重合、相切、对称等几何关系。

【问题】

请问模型体积是多少？

（与标准答案相对误差在 ±0.5%）

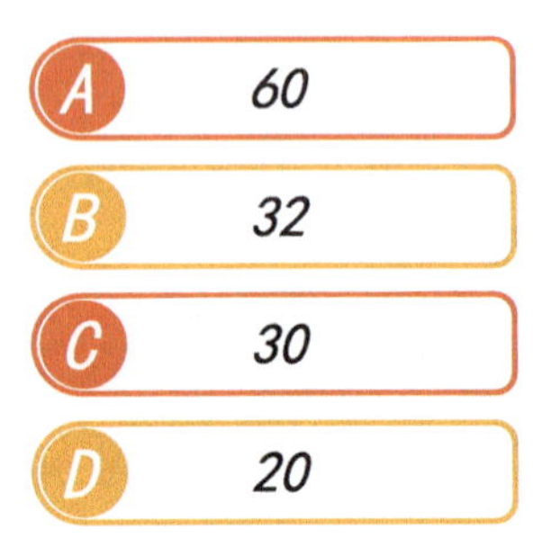

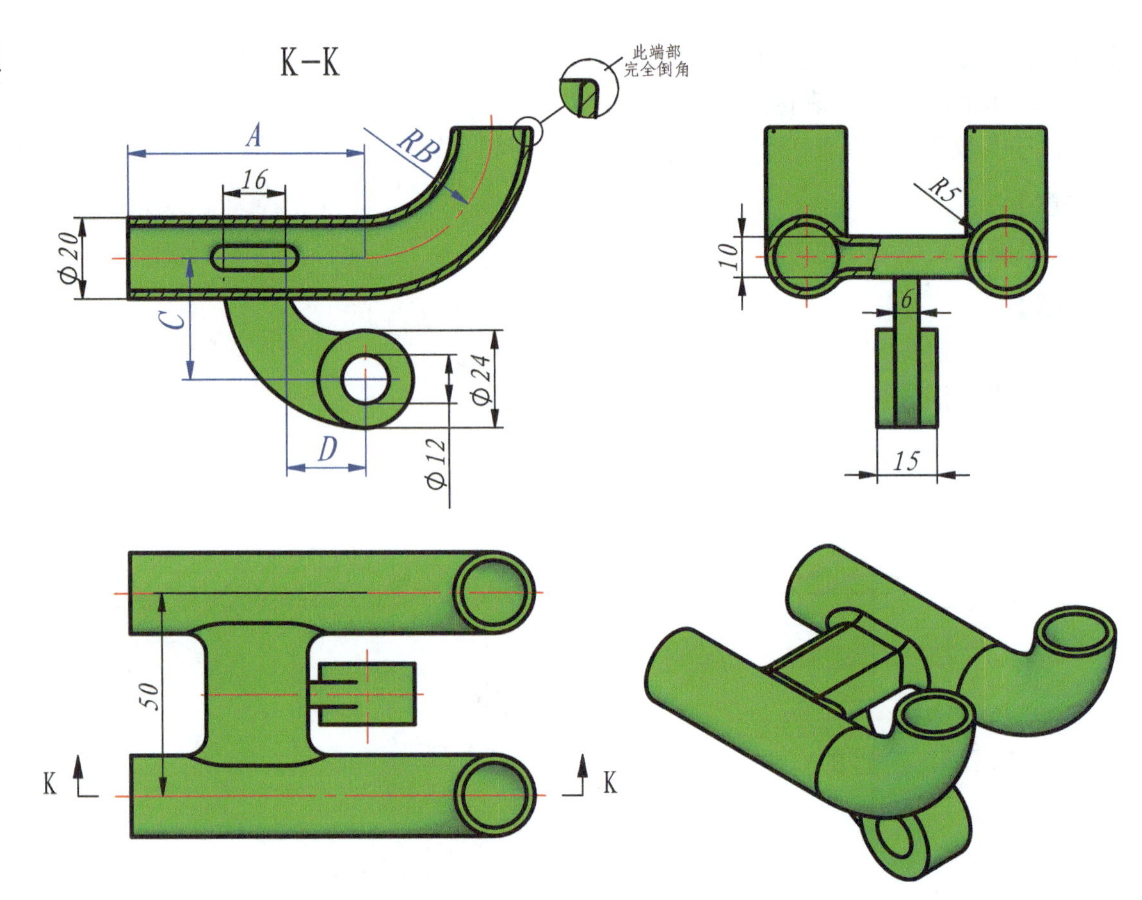

5-8: 构建三维模型，模型中的厚度均为 T。题图为示意图，只用于表达尺寸和几何关系，由于参数变化，其形态会有所变化。

【注意】

重合、相切、对称等几何关系。

【问题】

请问模型体积是多少?

（与标准答案相对误差在 ±0.5%）

A	45
B	92
C	40
D	5
E	30
T	3

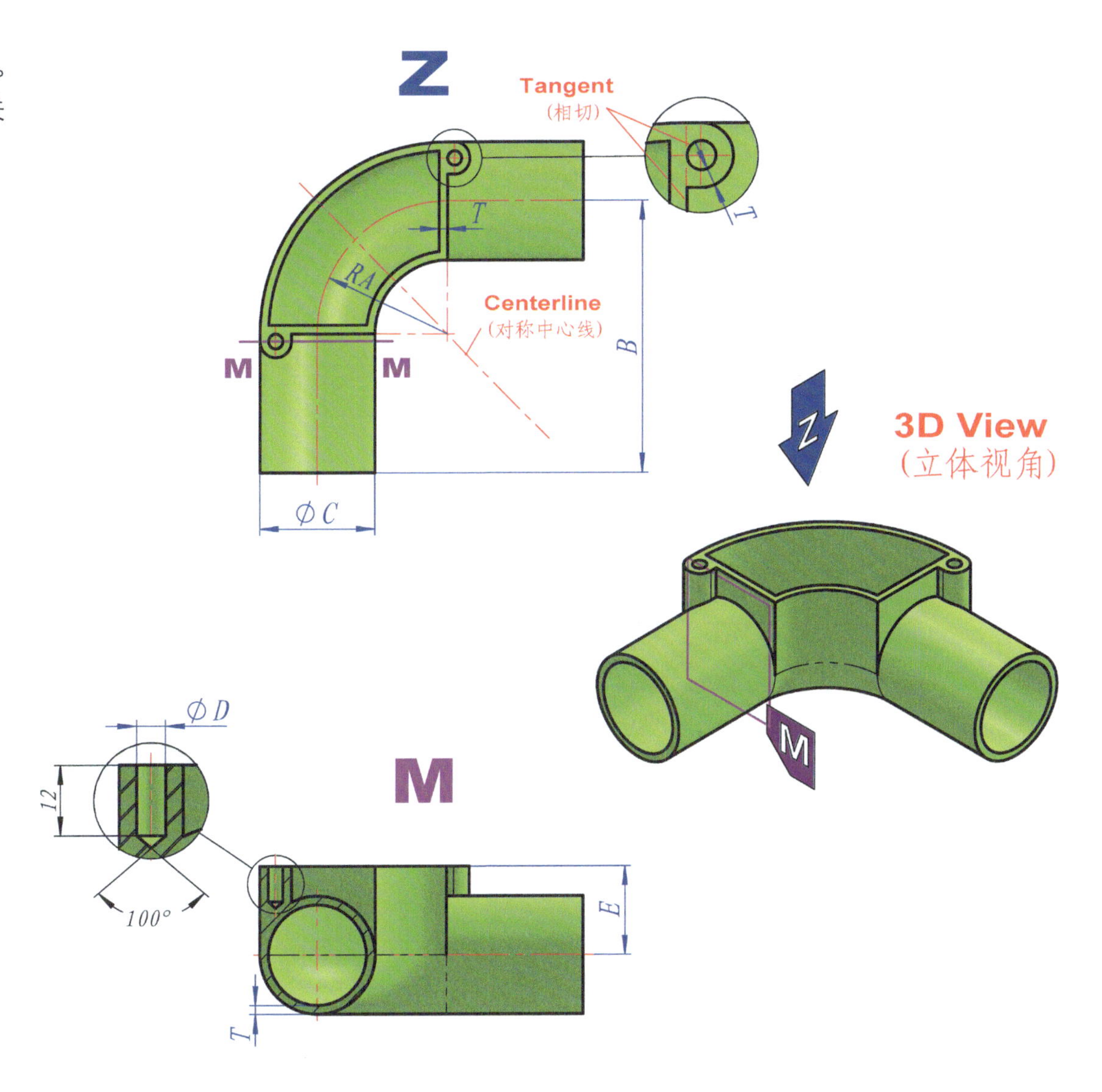

5-9： 构建三维模型。题图为示意图，只用于表达尺寸和几何关系，由于参数变化，其形态会有所变化。

【注意】

重合、相切、对称等几何关系。

【问题】

请问模型体积是多少？

（与标准答案相对误差在 ±0.5%）

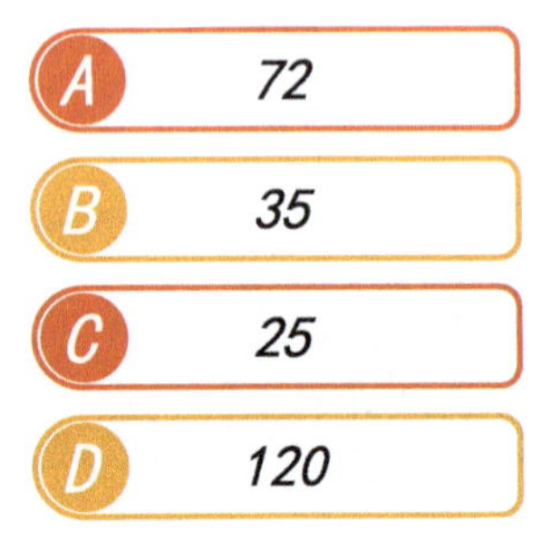

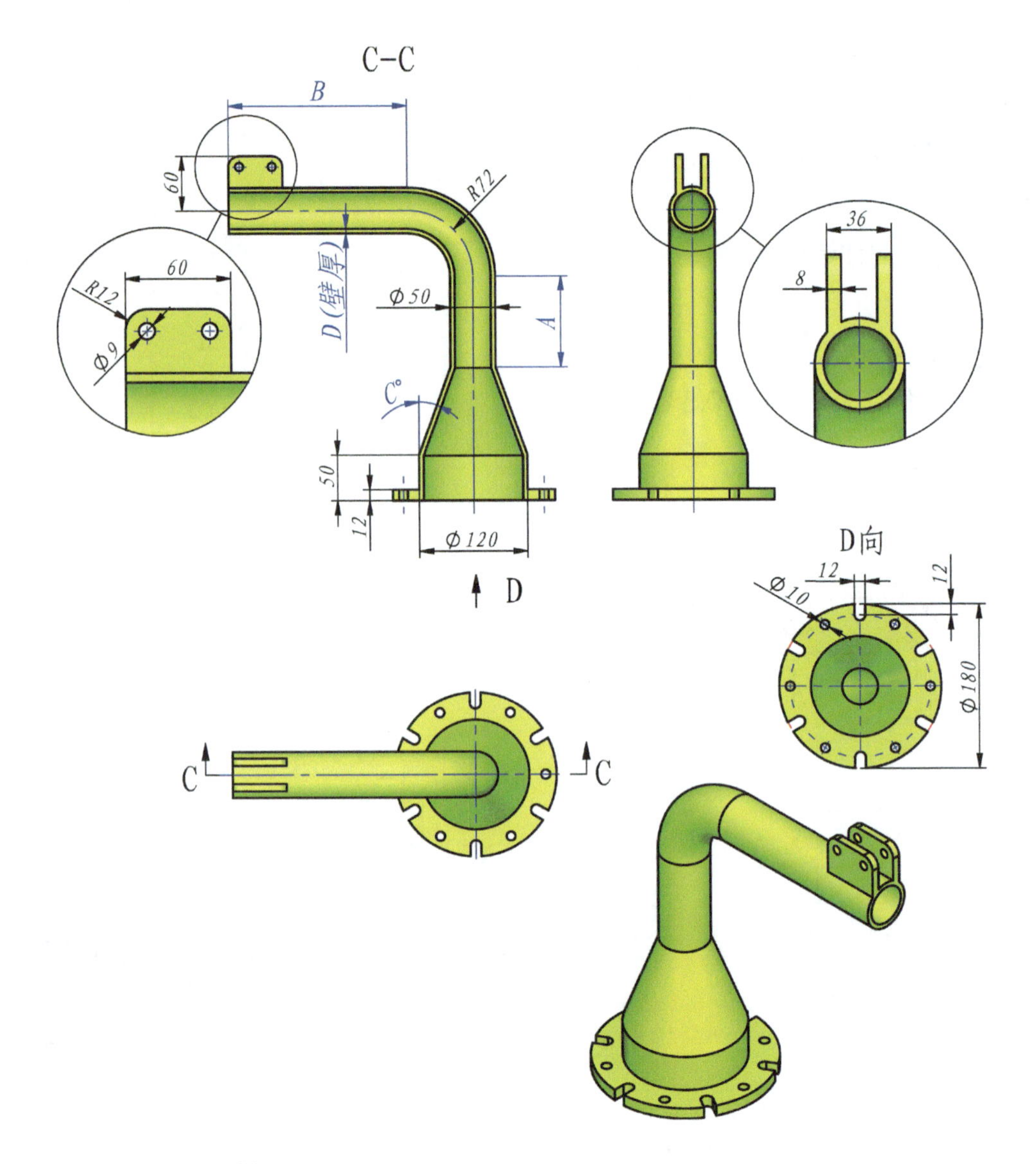

5-10： 构建三维模型。题图为示意图，只用于表达尺寸和几何关系，由于参数变化，其形态会有所变化。

【注意】

重合、相切、对称等几何关系。

【问题】

请问模型体积是多少？

（与标准答案相对误差在 ±0.5%）

- A 120
- B 36
- C 45
- D 100

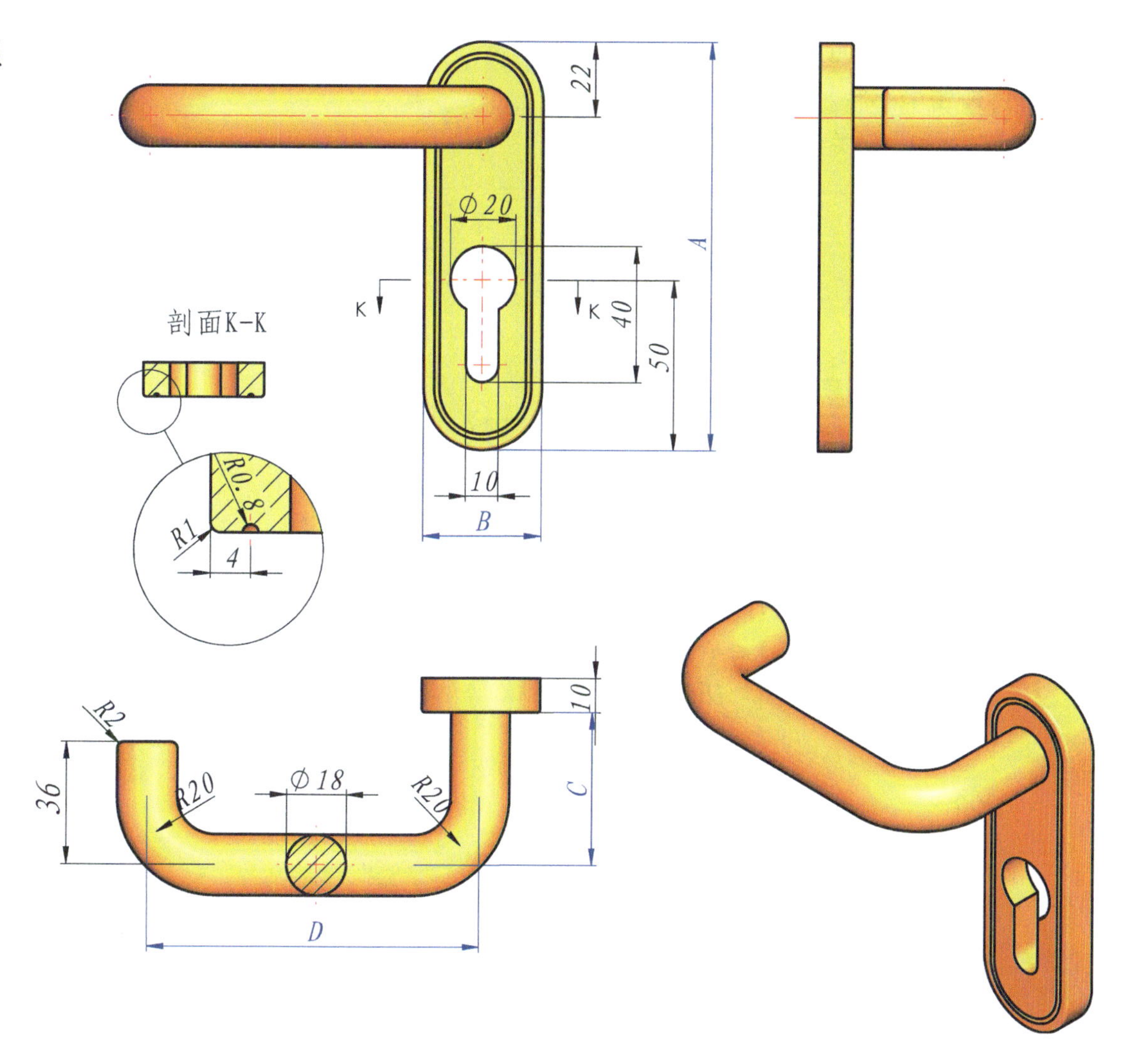

5-11： 构建三维模型，P1 至 P3 之间的连线穿过弯管中心线。题图为示意图，只用于表达尺寸和几何关系，由于参数变化，其形态会有所变化。

【注意】

重合、相切、对称等几何关系。

【问题】

1. 请问 P1 至 P3 距离是多少?
2. 请问 P2 至 P3 距离是多少?
3. 请问模型体积是多少?
4. 请问 G=Ga，P2 至 P3 距离是多少?
5. 请问 G=Gb，体积是多少?

（与标准答案相对误差在 ±0.5%）

A	180
B	120
C	120
D	200
E	50
F	200
G	102
H	32
Ga	80
Gb	148

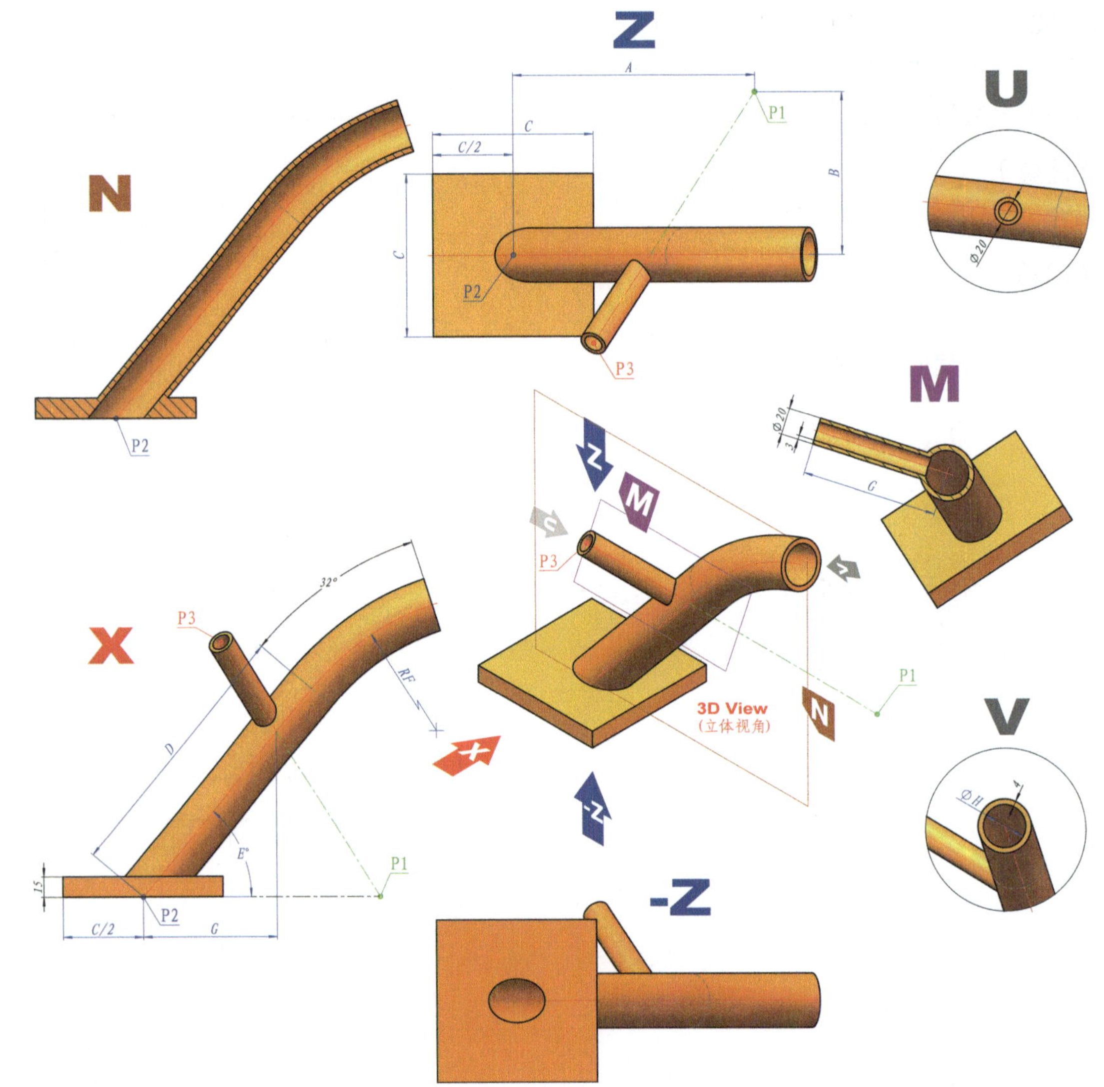

5-12：构建三维模型。题图为示意图，只用于表达尺寸和几何关系，由于参数变化，其形态会有所变化。

【注意】

重合、相切、对称等几何关系。

【问题】

请问模型体积是多少？

（与标准答案相对误差在 ±0.5%）

- A　100
- B　200
- C　20
- D　5

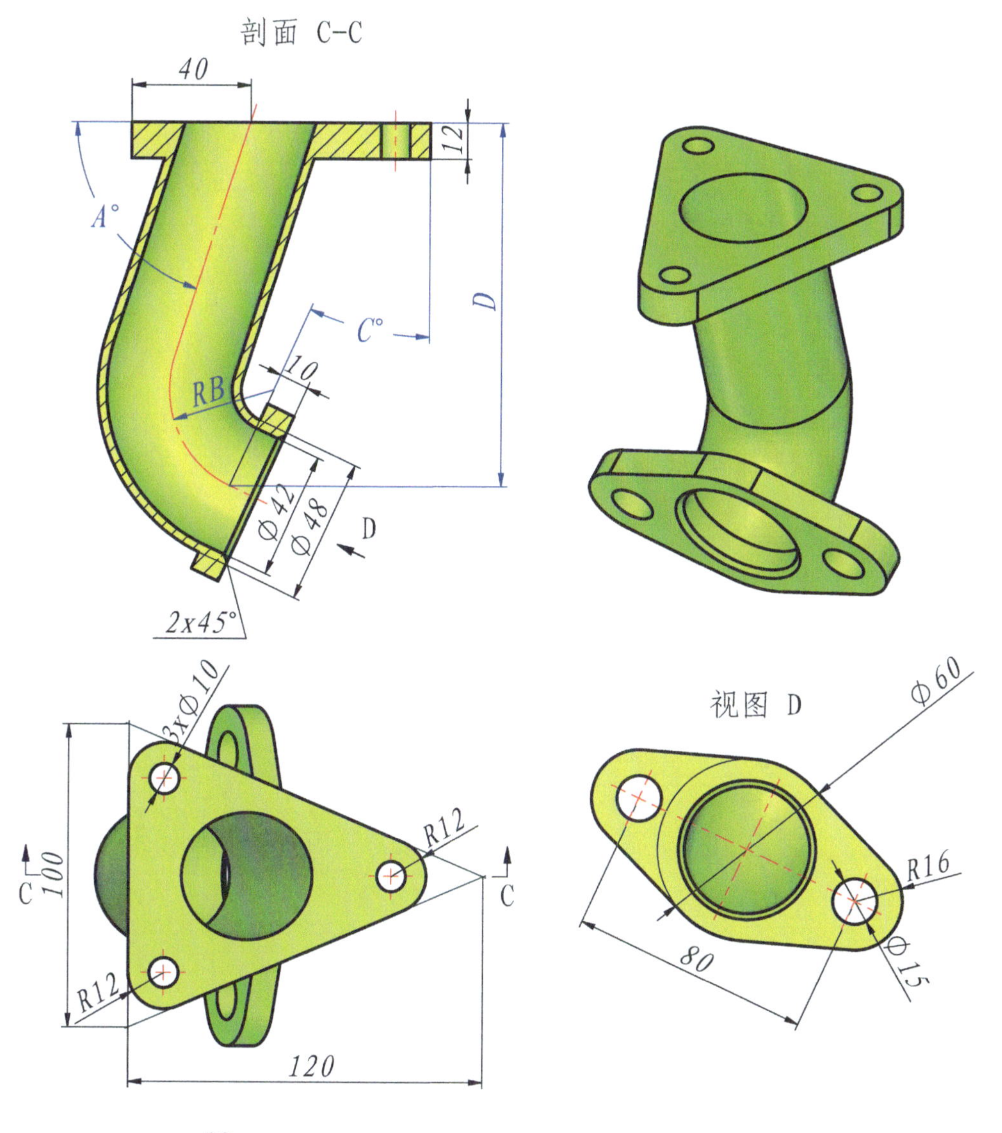

5-13： 构建三维模型。题图为示意图，只用于表达尺寸和几何关系，由于参数变化，其形态会有所变化。

【注意】

重合、相切、对称等几何关系。

【问题】

1. 请问 P1 至 P2 距离是多少？
2. 请问黄色面（共 5 个）面积是多少？
3. 请问模型体积是多少？

（与标准答案相对误差在 ±0.5%）

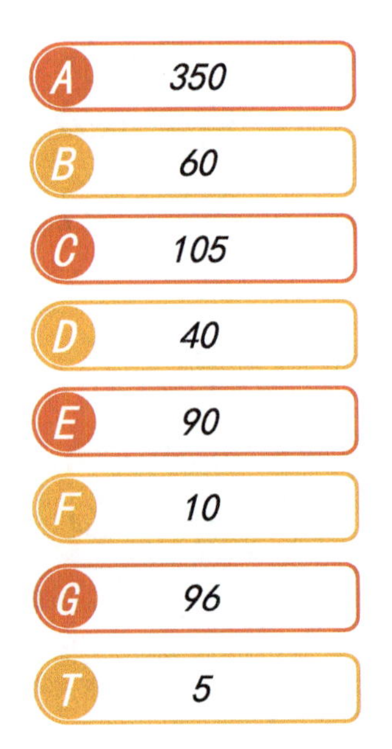

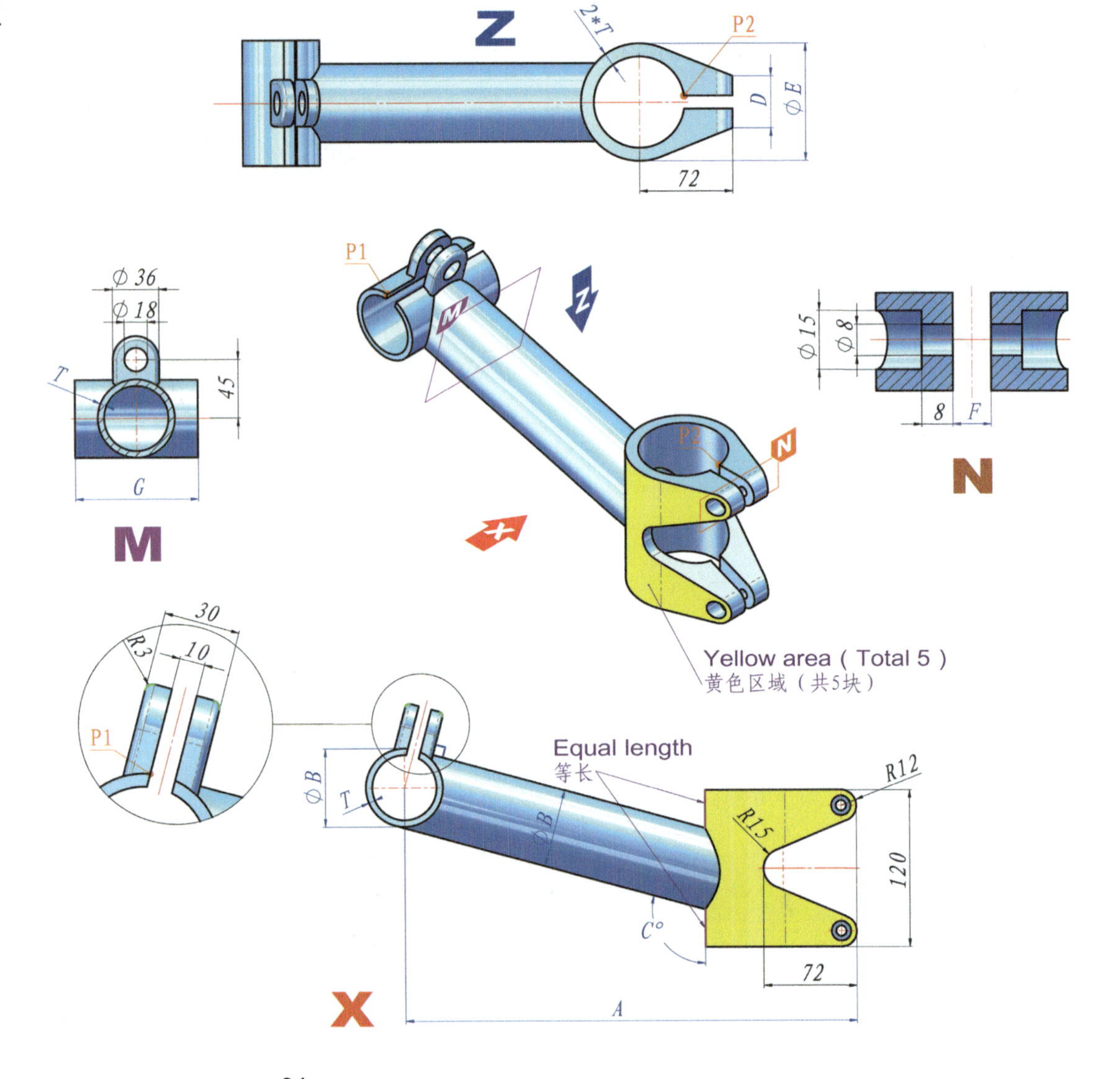

第6单元　覆盖（盖板）零件

6-1： 构建三维模型，未标注壁厚均为T。题图为示意图，只用于表达尺寸和几何关系，由于参数变化，其形态会有所变化。

【注意】

重合、相切、对称等几何关系。

【问题】

请问模型体积是多少?

（与标准答案相对误差在 ±0.5%）

A	5
B	10
C	12
D	8
E	80
F	7
G	126
T	2

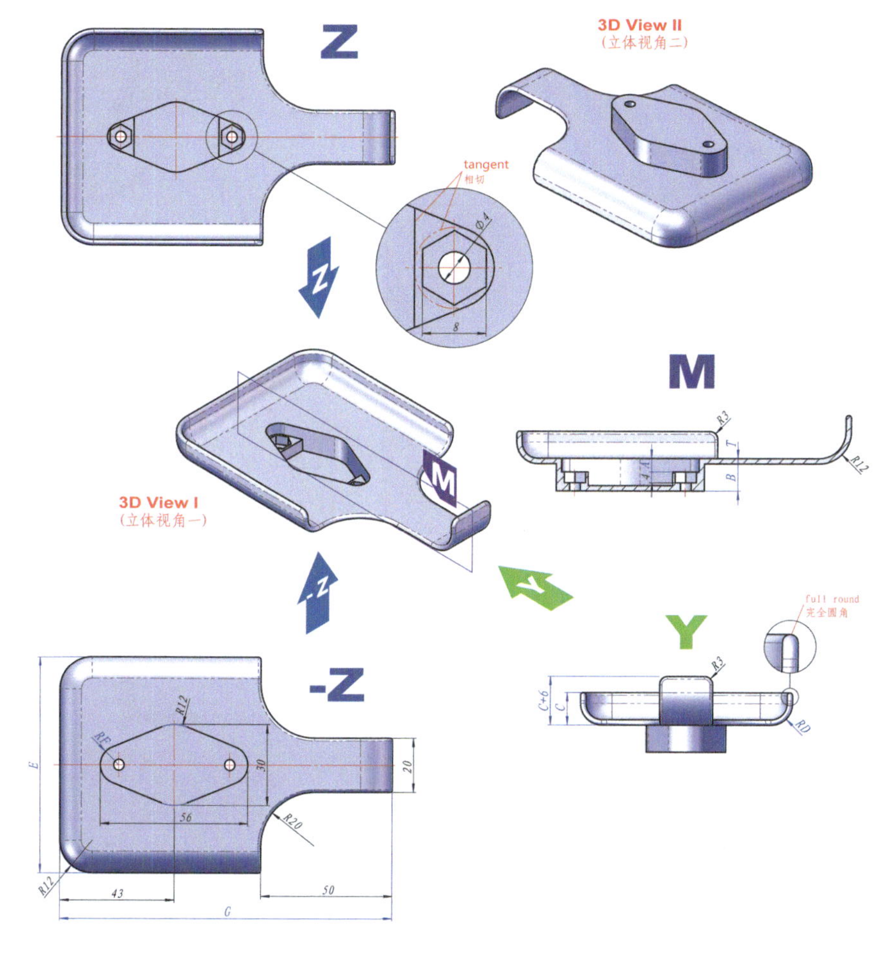

6-2： 构建三维模型，未标注壁厚均为 T。题图为示意图，只用于表达尺寸和几何关系，由于参数变化，其形态会有所变化。

【注意】

重合、相切、对称等几何关系。

【问题】

请问模型体积是多少？

（与标准答案相对误差在 ±0.5%）

A	95
B	72
C	60
D	22
E	72
F	120
T	3

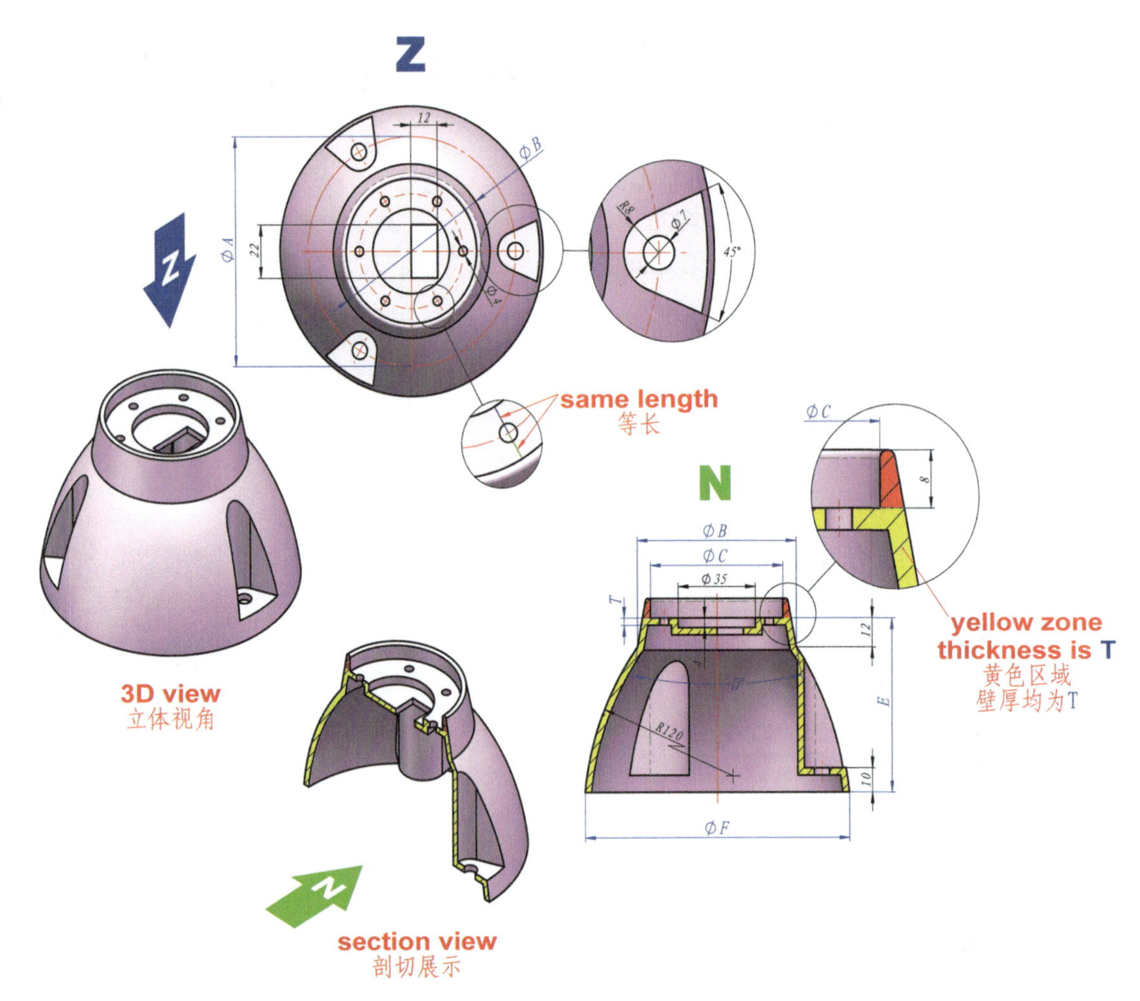

6-3： 构建三维模型，未标注壁厚均为 T。题图为示意图，只用于表达尺寸和几何关系，由于参数变化，其形态会有所变化。

【注意】

重合、相切、对称等几何关系。

【问题】

请问模型体积是多少？

（与标准答案相对误差在 ±0.5%）

参数	值
A	30
B	25
C	128
D	9
E	96
F	7
T	2

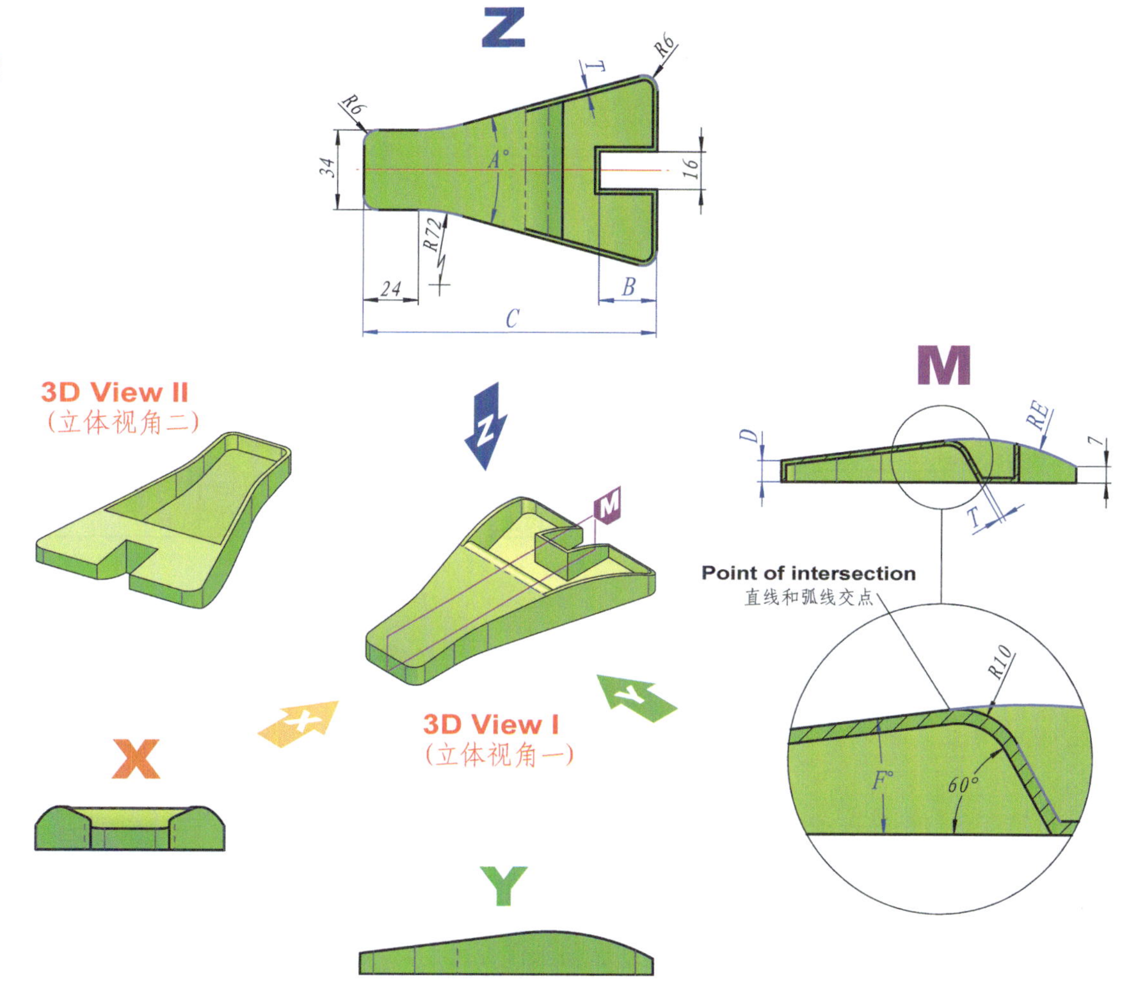

6-4： 构建三维模型，未标注壁厚均为 T。题图为示意图，只用于表达尺寸和几何关系，由于参数变化，其形态会有所变化。

【注意】

重合、相切、对称等几何关系。

【问题】

请问模型体积是多少?

（与标准答案相对误差在 ±0.5%）

A	24
B	25
C	20
D	20
E	36
F	20
T	1. 2

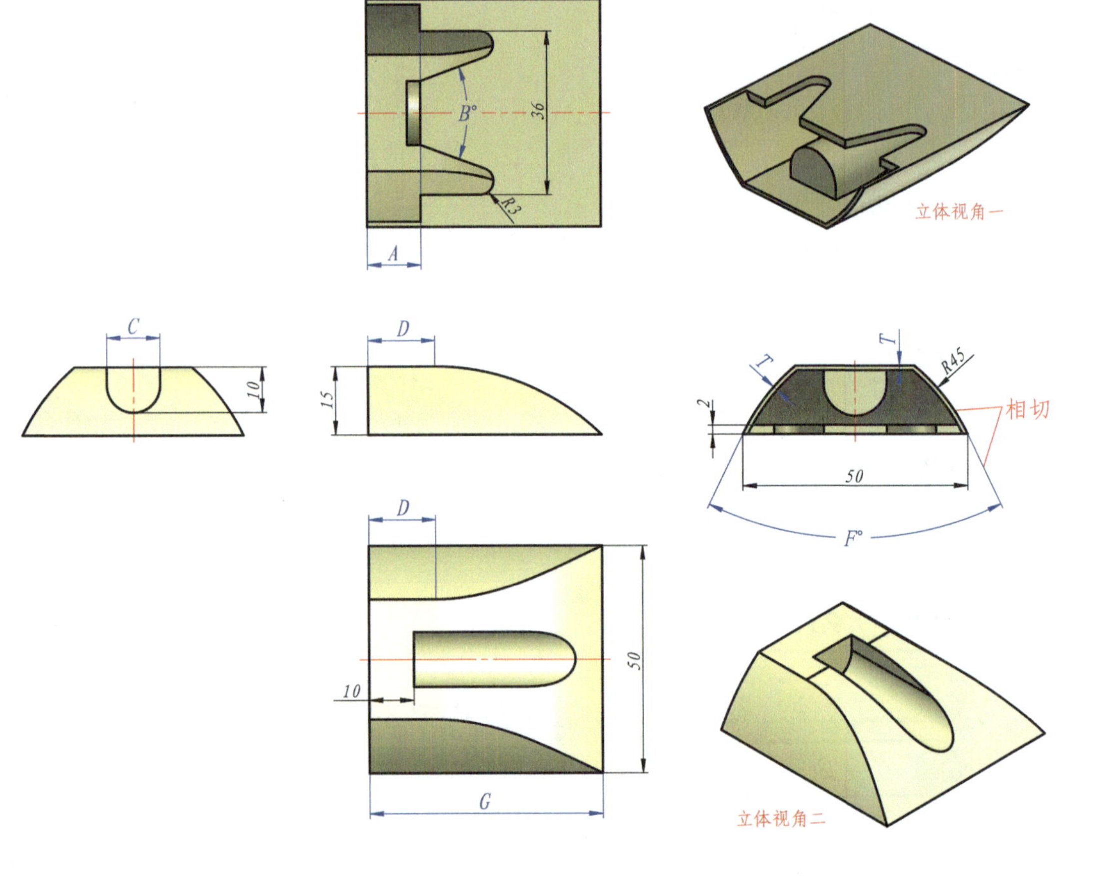

6-5：构建三维模型，未标注区域厚度均为 T。未标注壁厚均为 T。题图为示意图，只用于表达尺寸和几何关系，由于参数变化，其形态会有所变化。

【注意】

重合、相切、对称等几何关系。

【问题】

1. 请问 P1 至 P2 距离是多少?
2. 请问模型体积是多少?

（与标准答案相对误差在 ±0.5%）

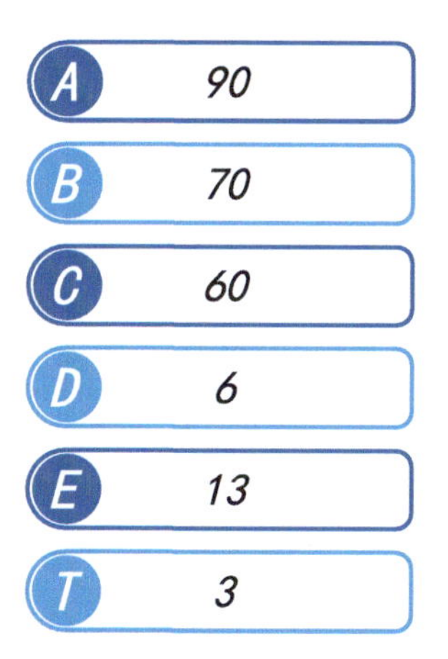

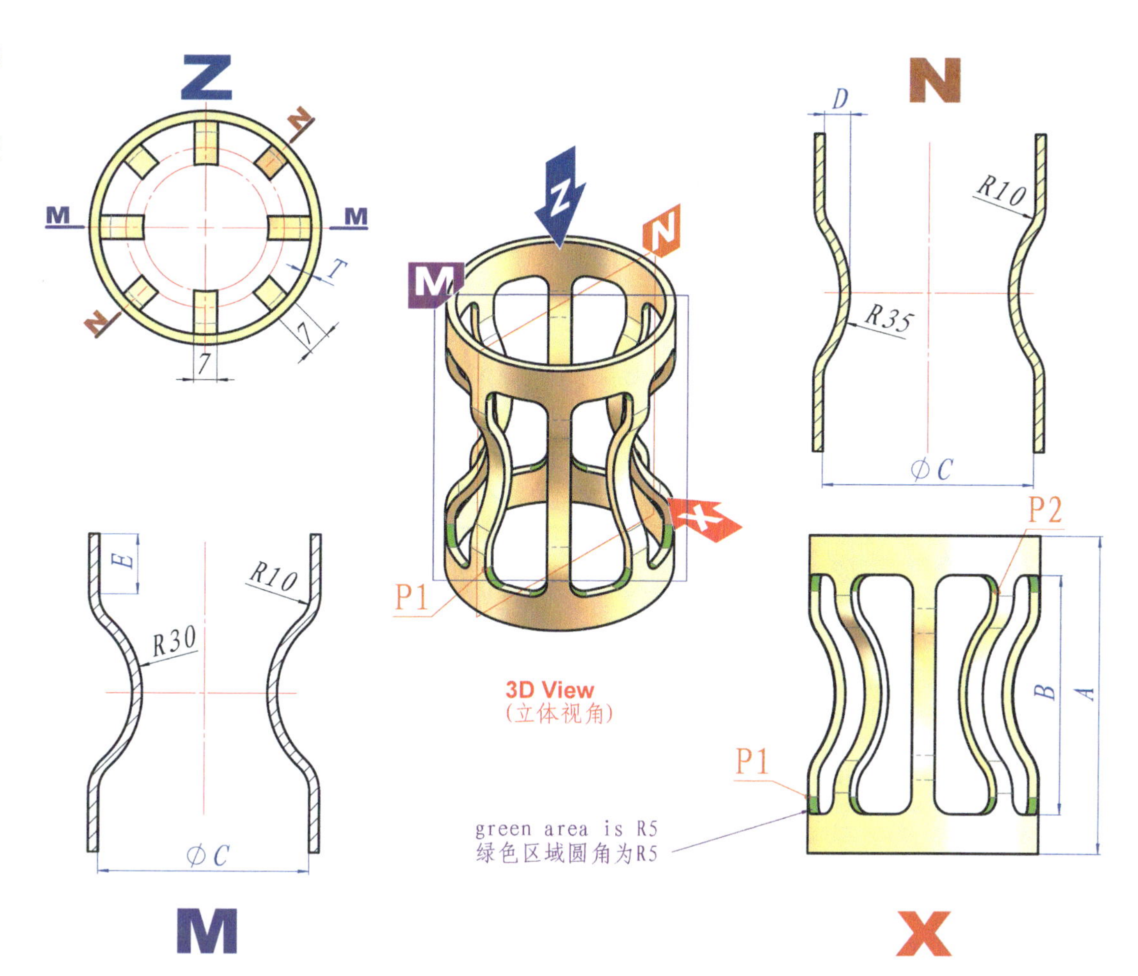

6-6： 构建三维模型，除标注厚度为 2 的区域外，厚度均为 T。未标注壁厚均为 T。题图为示意图，只用于表达尺寸和几何关系，由于参数变化，其形态会有所变化。

【注意】

重合、相切、对称等几何关系。

【问题】

1. 请问 P1 至 P2 距离是多少?
2. 请问模型体积是多少?

（与标准答案相对误差在 ±0.5%）

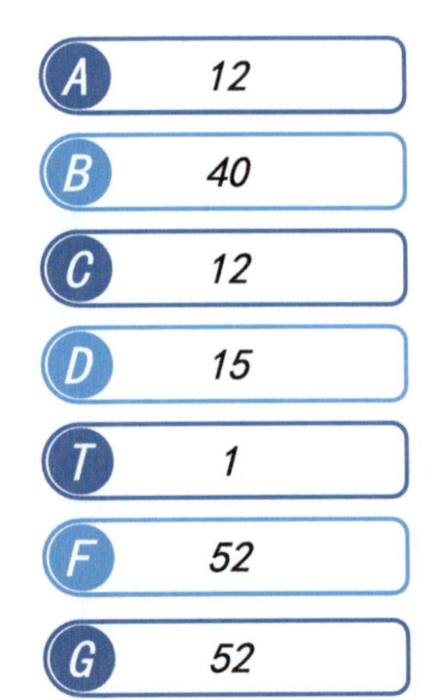

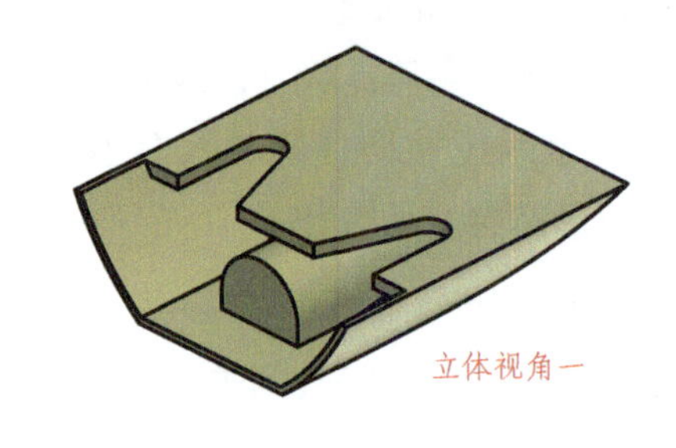

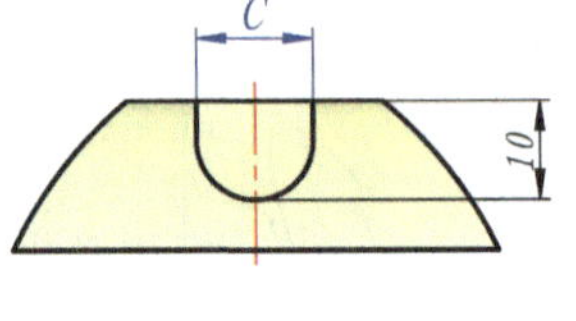
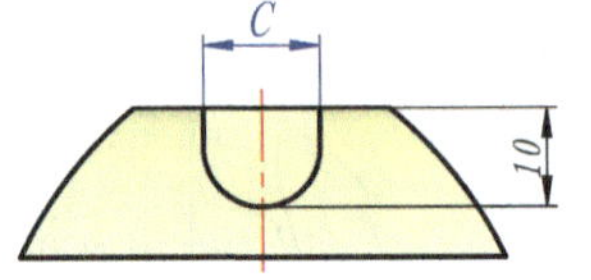

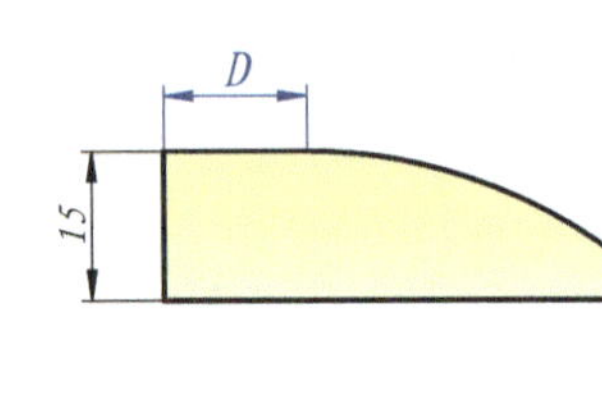

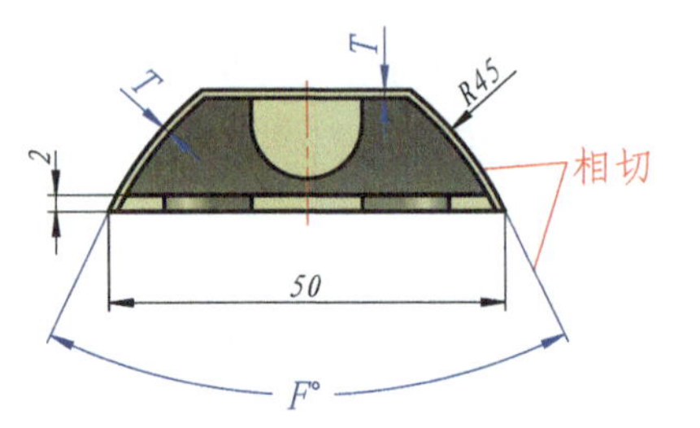

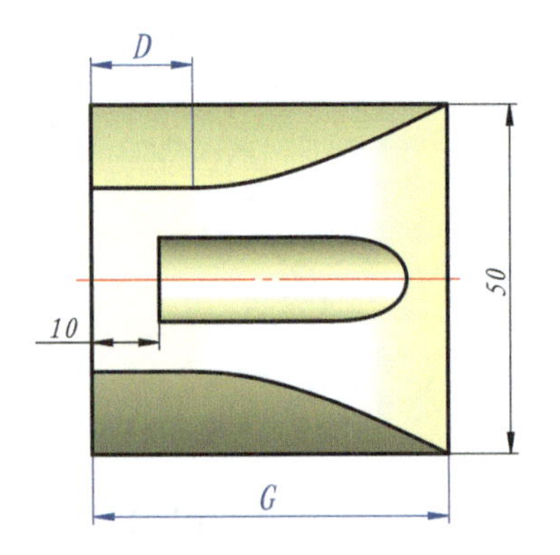

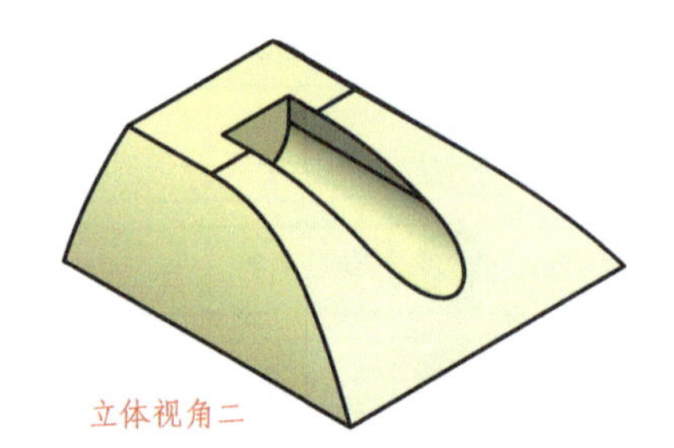

6-7： 构建三维模型。未注壁厚均为 T。题图为示意图，只用于表达尺寸和几何关系，由于参数变化，其形态会有所变化。

【注意】

重合、相切、对称等几何关系。

【问题】

1. 请问区域一面积是多少?
2. 请问模型体积是多少?

（与标准答案相对误差在 ±0.5%）

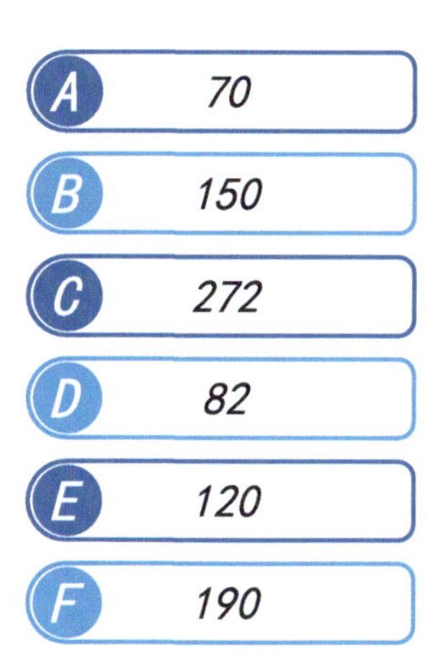

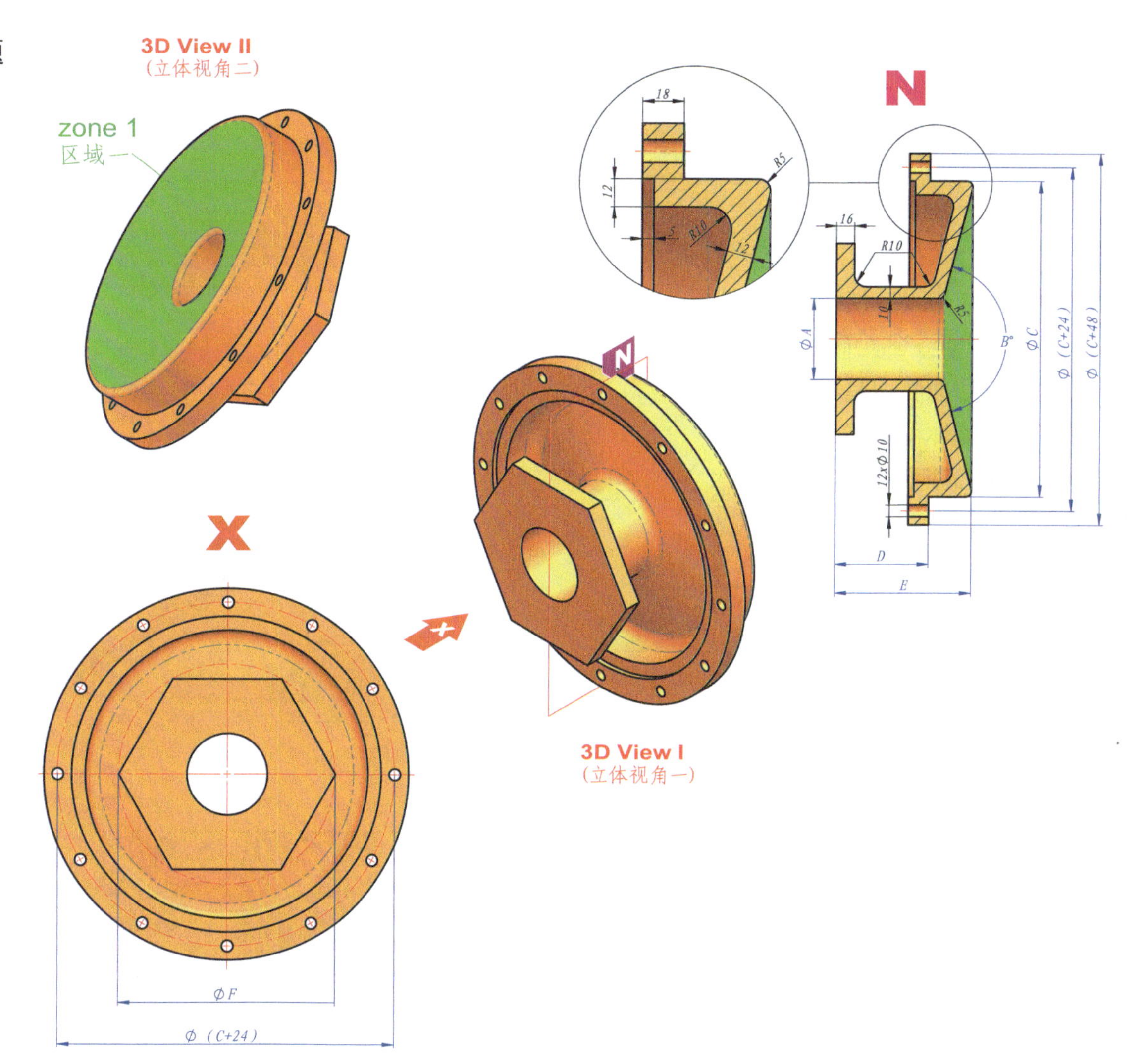

6-8： 构建三维模型。未标注壁厚均为 T。题图为示意图，只用于表达尺寸和几何关系，由于参数变化，其形态会有所变化。

【注意】

重合、相切、对称等几何关系。

【问题】

1. 请问 P1 至 P2 距离是多少?
2. 请问绿色面面积是多少?
3. 请问模型体积是多少?

（与标准答案相对误差在 ±0.5%）

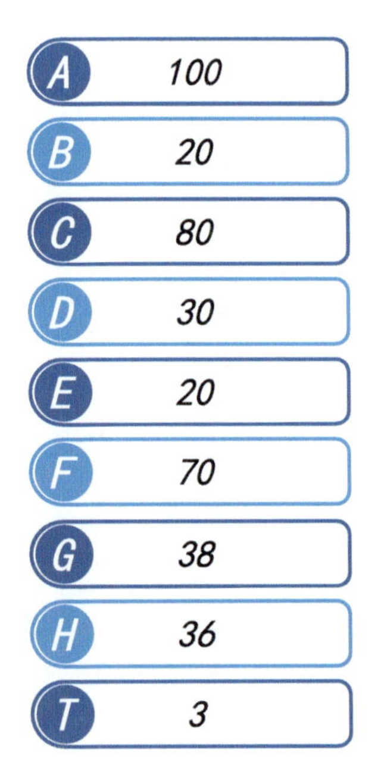

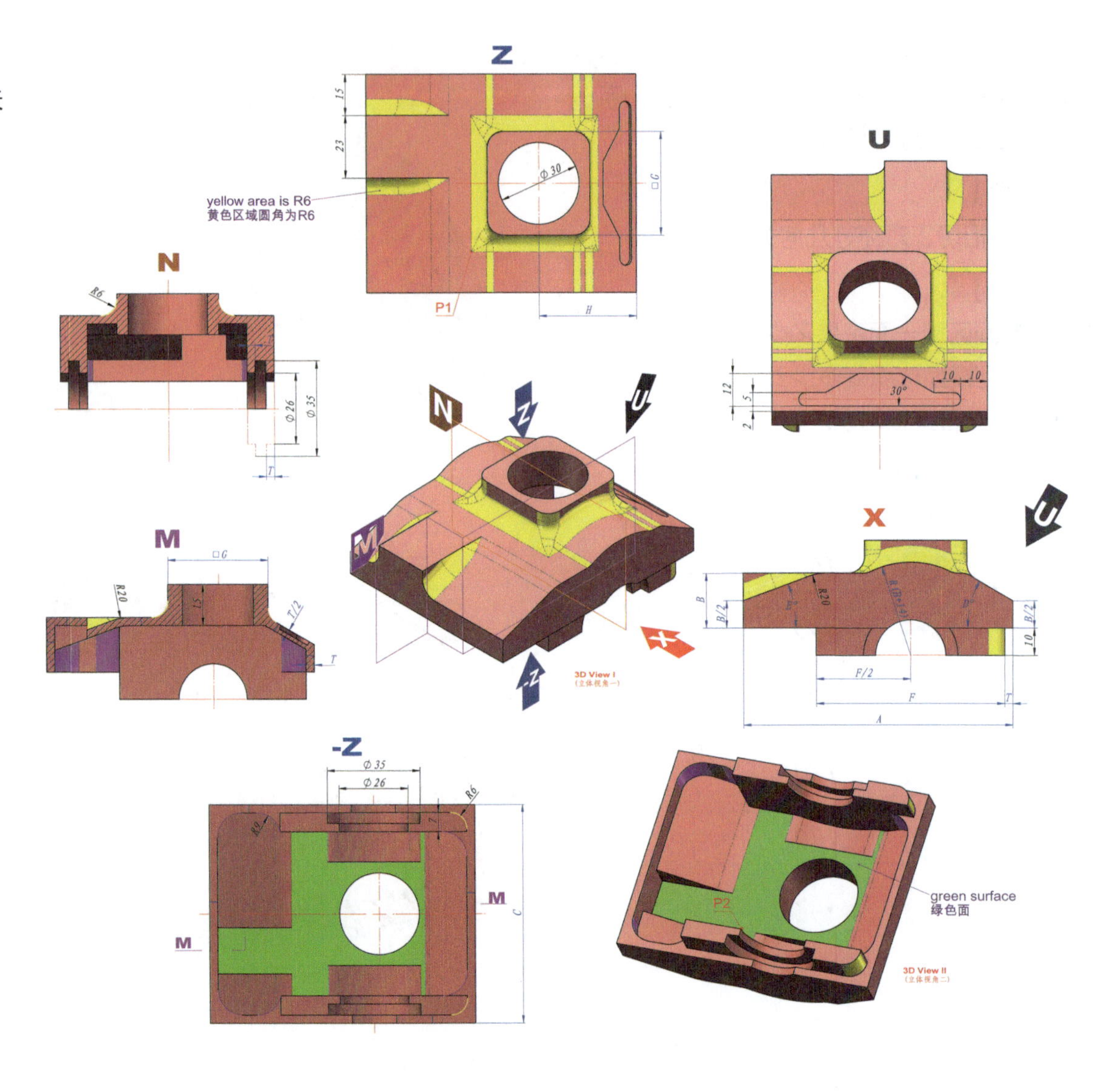

6-9： 构建三维模型。未标注壁厚均为 T。题图为示意图，只用于表达尺寸和几何关系，由于参数变化，其形态会有所变化。

【注意】

重合、相切、对称等几何关系。

【问题】

1. 请问区域一面积是多少?
2. 请问区域二面积是多少?
3. 请问模型体积是多少?

（与标准答案相对误差在 ±0.5%）

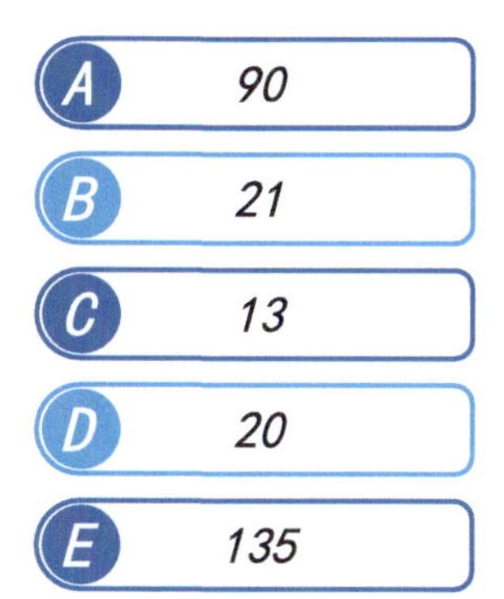

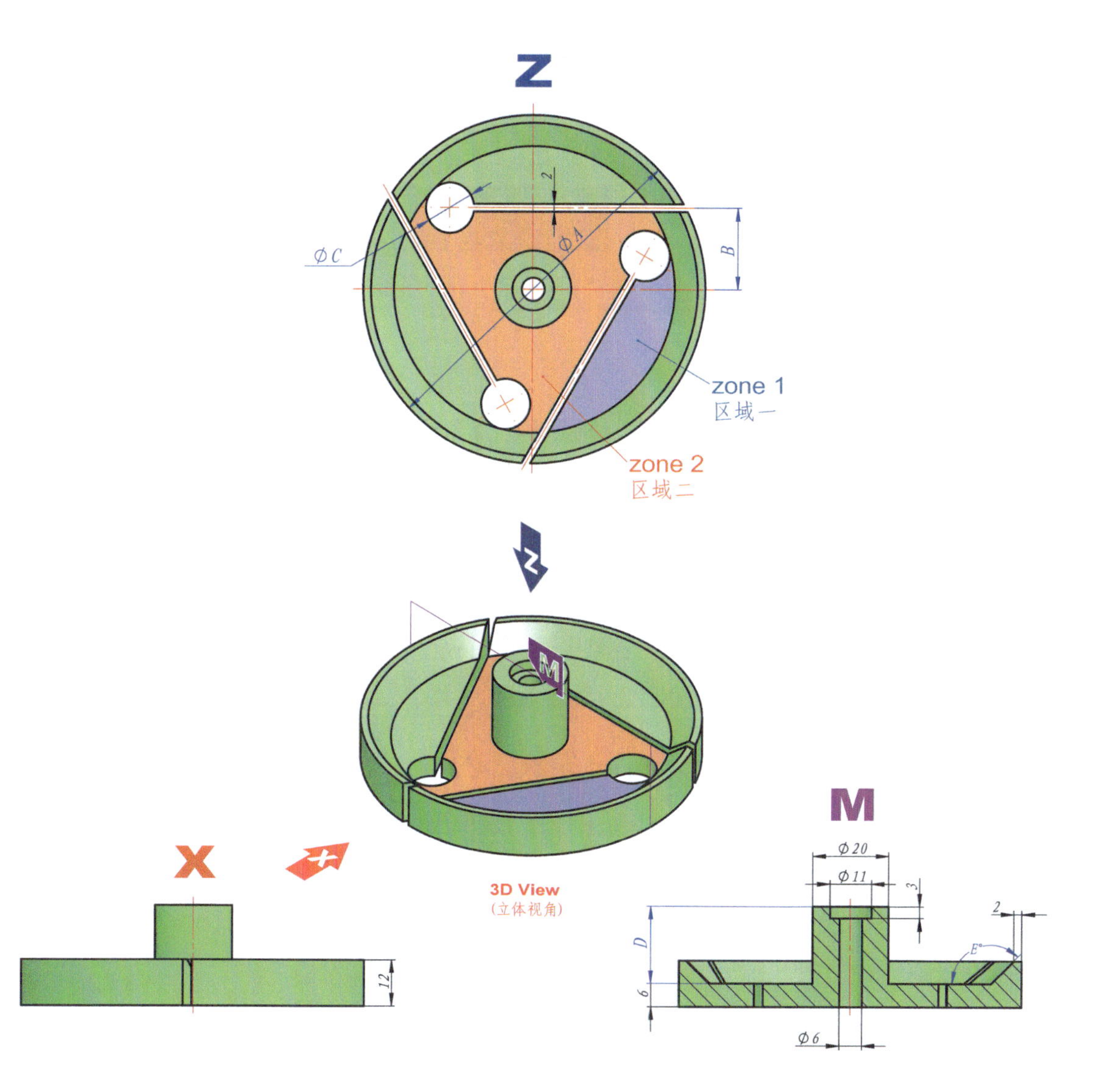

6-10： 构建三维模型。题图为示意图，只用于表达尺寸和几何关系，由于参数变化，其形态会有所变化。

【注意】

重合、相切、对称等几何关系。

【问题】

请问模型体积是多少？

（与标准答案相对误差在 ±0.5%）

- A　110
- B　30
- C　72
- D　60
- E　1.5

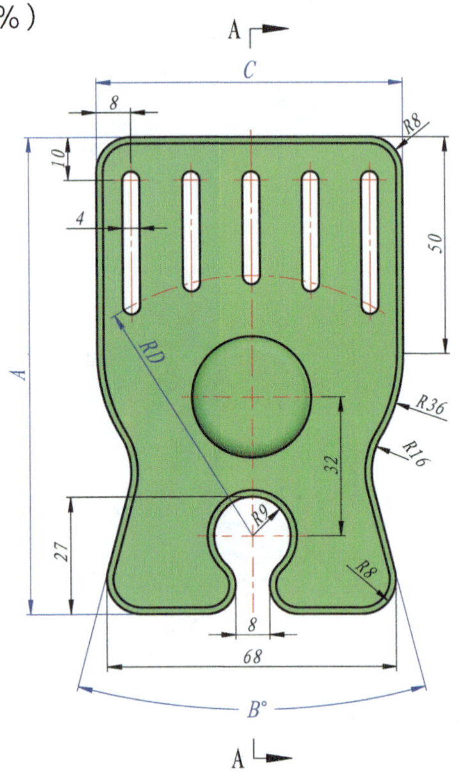

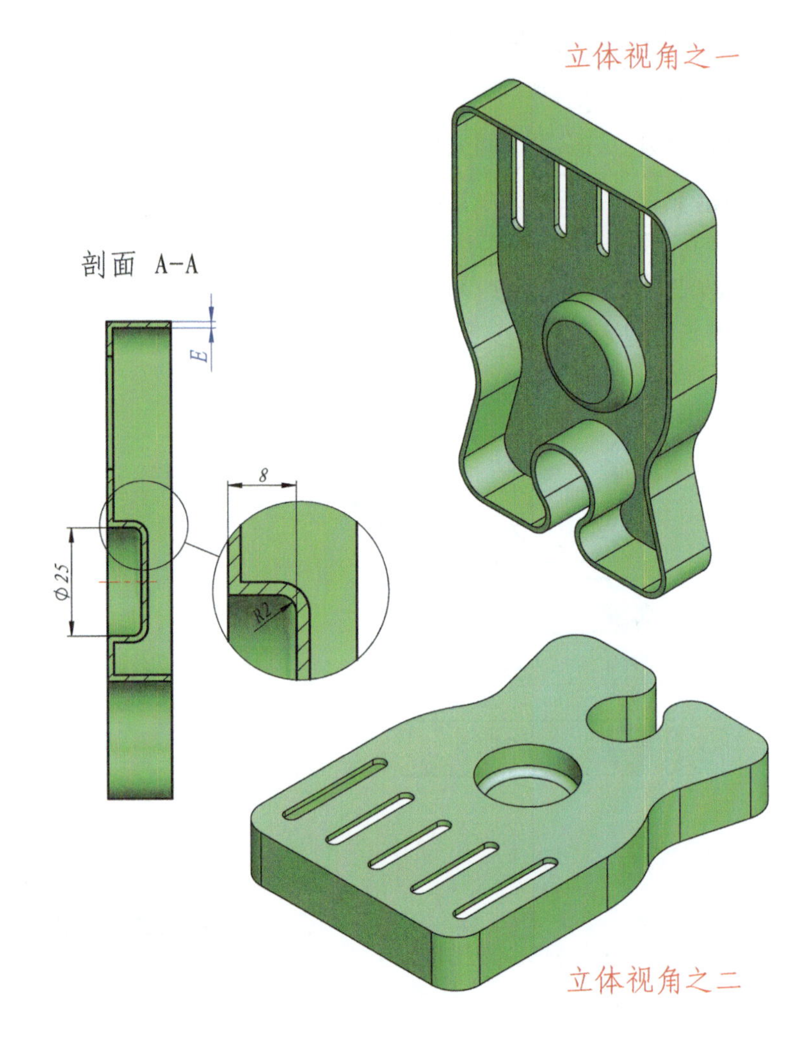

6-11： 构建三维模型，未标注厚度均为 T。题图为示意图，只用于表达尺寸和几何关系，由于参数变化，其形态会有所变化。

【注意】

重合、相切、对称等几何关系。

【问题】

请问模型体积是多少？

（与标准答案相对误差在 ±0.5%）

- A　22

- B　45
- C　12
- D　45
- E　32
- F　190
- G　14
- T　2

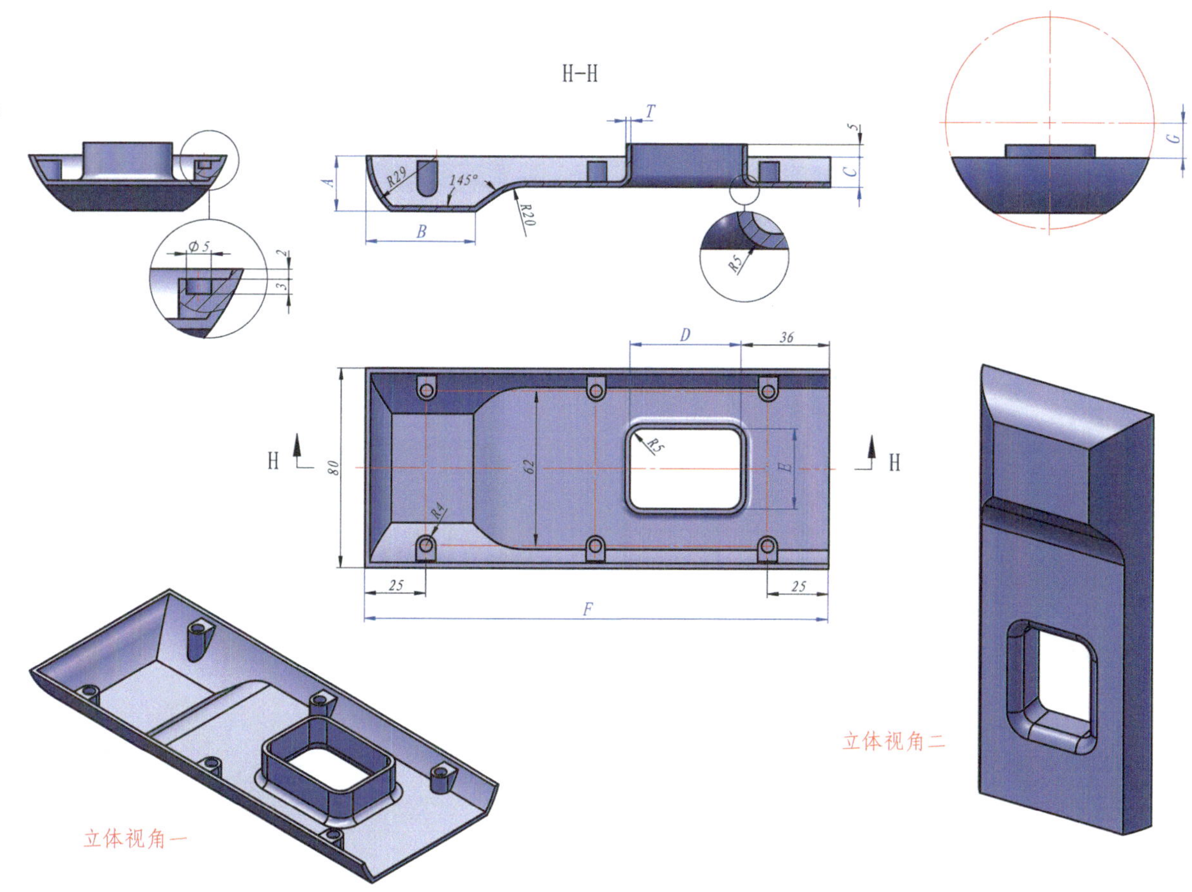

6-12：构建三维模型。题图为示意图，只用于表达尺寸和几何关系，由于参数变化，其形态会有所变化。

【注意】

重合、相切、对称等几何关系。

【问题】

请问模型体积是多少？

（与标准答案相对误差在 ±0.5%）

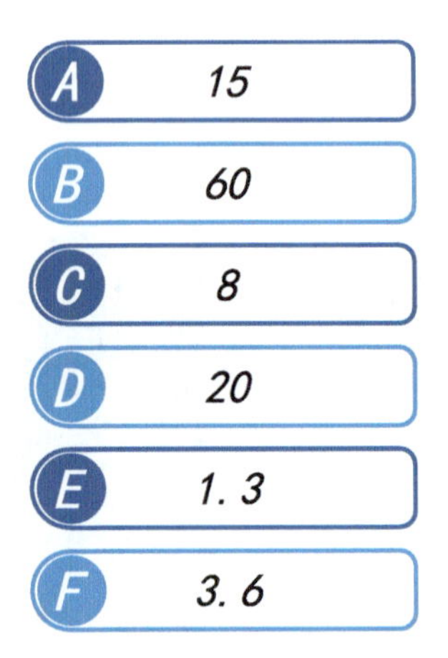

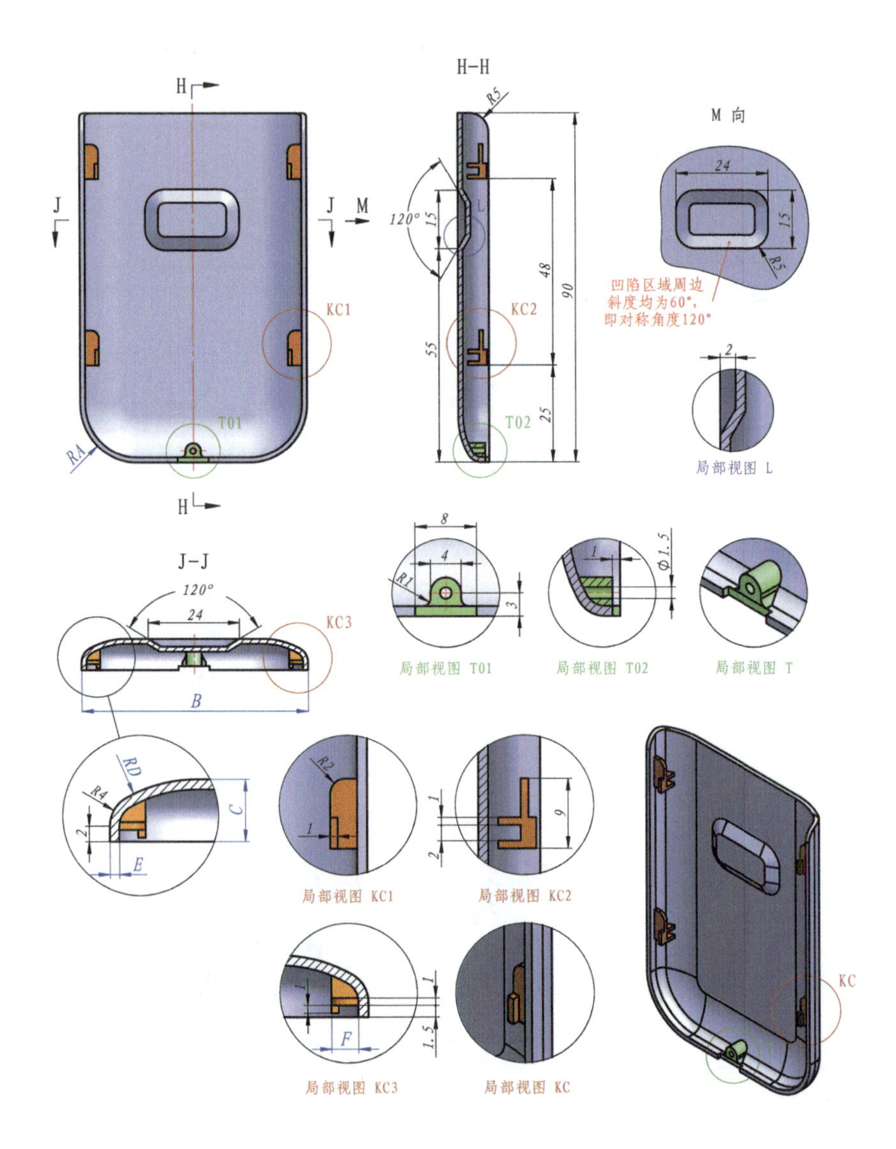

6-13: 构建三维模型，模型中壁厚均为 T。题图为示意图，只用于表达尺寸和几何关系，由于参数变化，其形态会有所变化。

【注意】

重合、相切、对称等几何关系。

【问题】

请问模型体积是多少?

（与标准答案相对误差在 ±0.5%）

A	8
B	66
C	12
D	50
E	56
T	1. 2

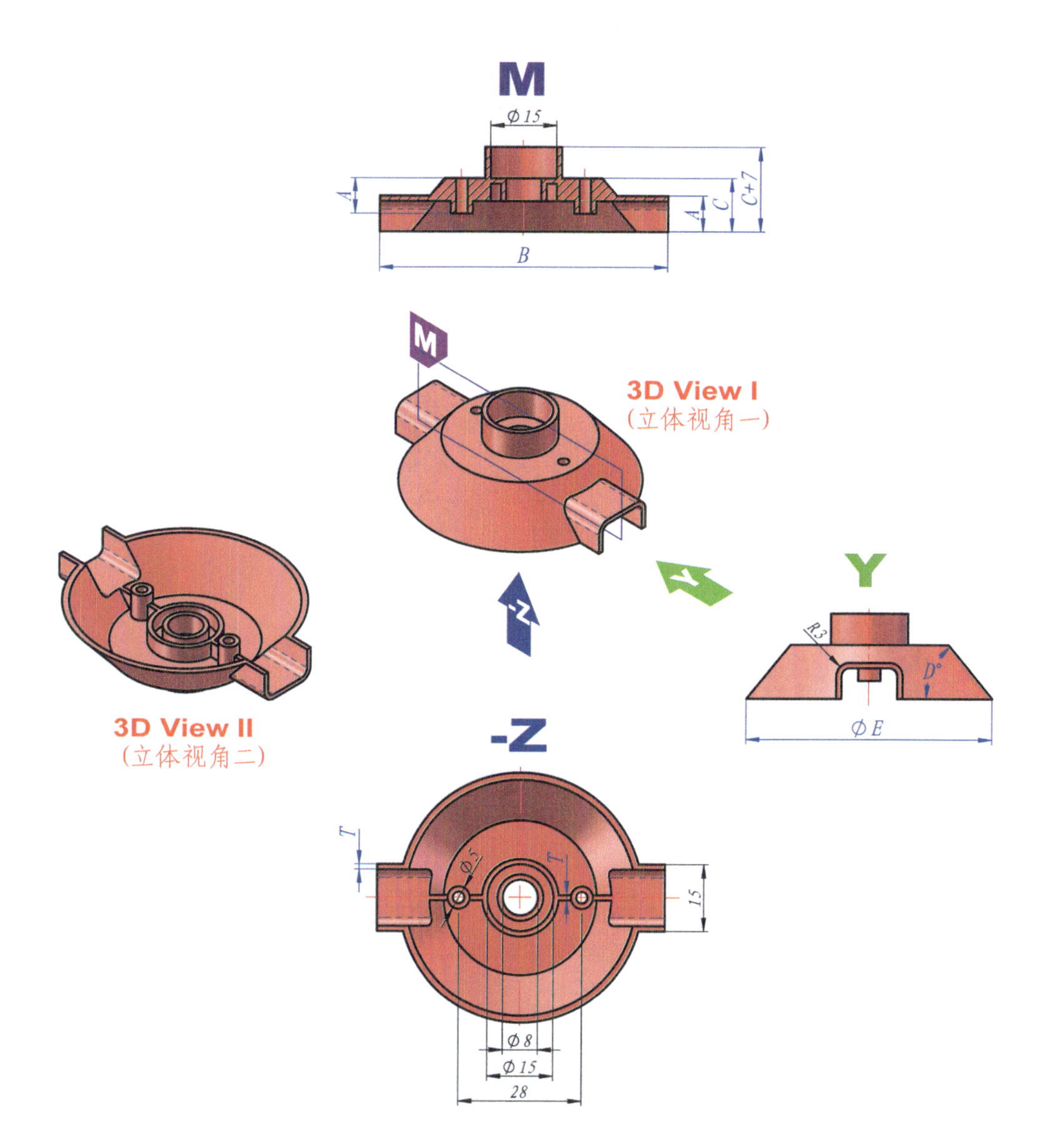

第 7 单元　过渡件或连接件

7-1: 构建三维模型，模型中的厚度均为 T。题图为示意图，只用于表达尺寸和几何关系，由于参数变化，其形态会有所变化。

【注意】

重合、相切、对称等几何关系。

【问题】

请问模型体积是多少?

（与标准答案相对误差在 ±0.5%）

A	37
B	30
C	80
D	24
E	15
F	8
T	3

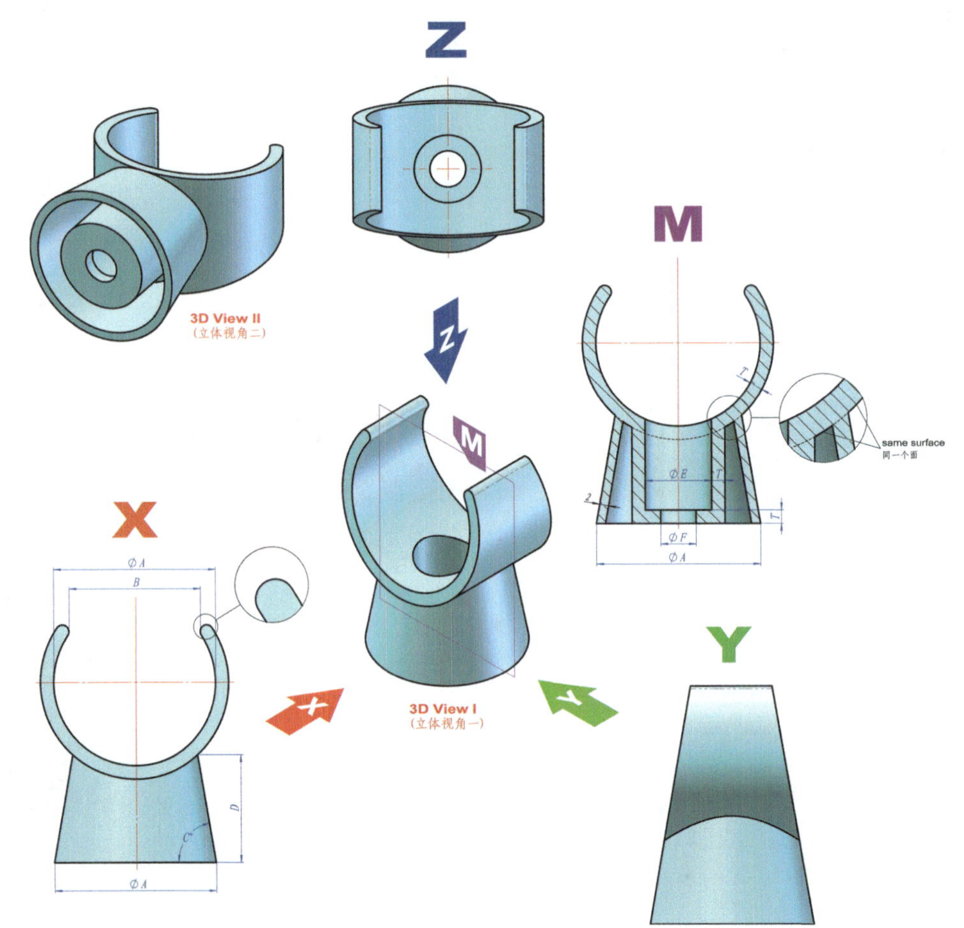

7-2：构建三维模型，其中绿色部分的壁厚均为 G。题图为示意图，只用于表达尺寸和几何关系，由于参数变化，其形态会有所变化。

【注意】

重合、相切、对称等几何关系。

【问题】

请问模型体积是多少?

（与标准答案相对误差在 ±0.5%）

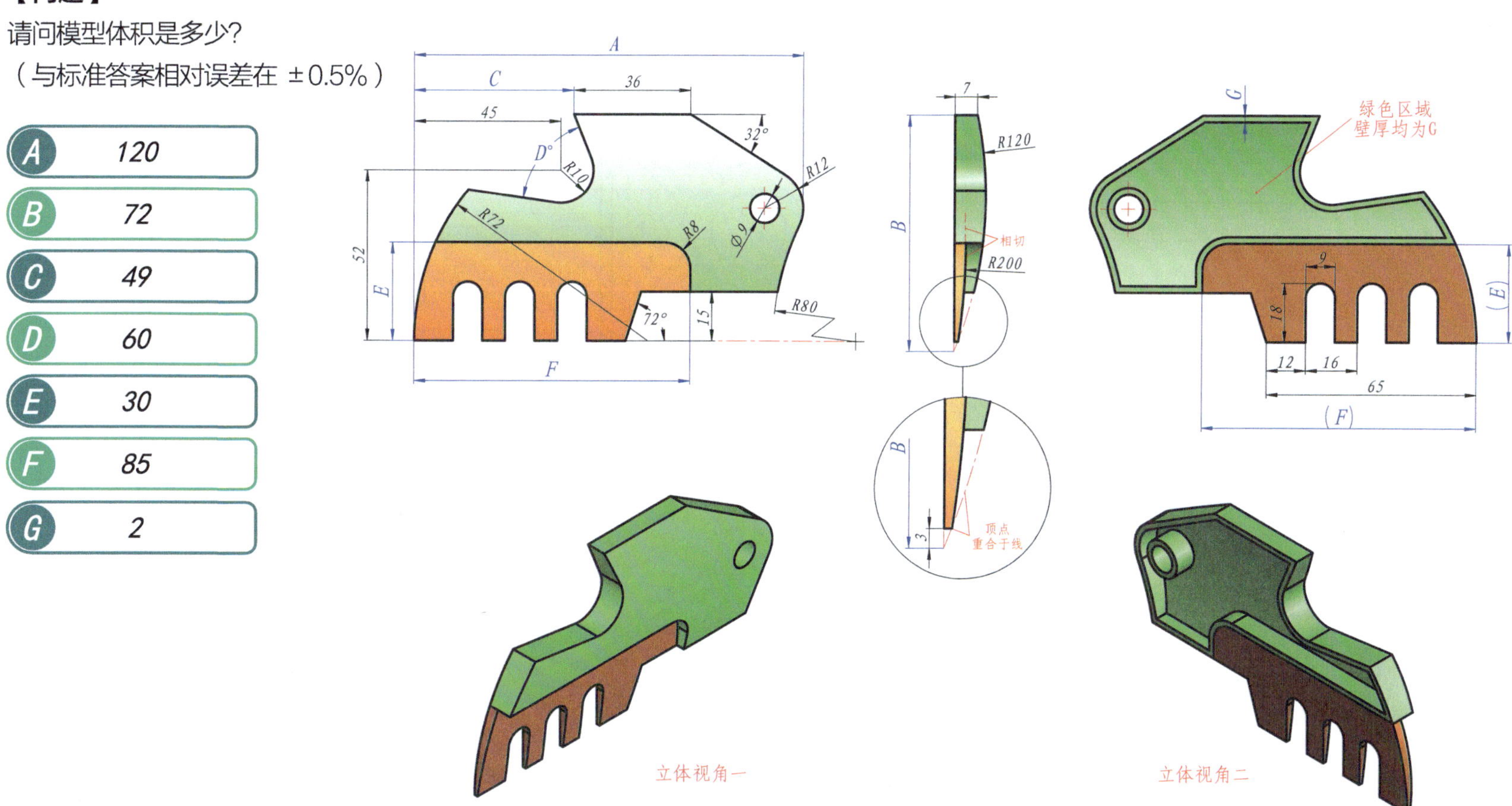

7-3： 构建三维模型，绿色短线长度相等，均为 G。除筋板厚度为 F 外，其余壁厚均为 T。题图为示意图，只用于表达尺寸和几何关系，由于参数变化，其形态会有所变化。

【注意】

重合、相切、对称等几何关系。

【问题】

请问模型体积是多少？

（与标准答案相对误差在 ±0.5%）

A	12
B	20
C	16
D	80
E	30
F	1.5
G	3
T	1

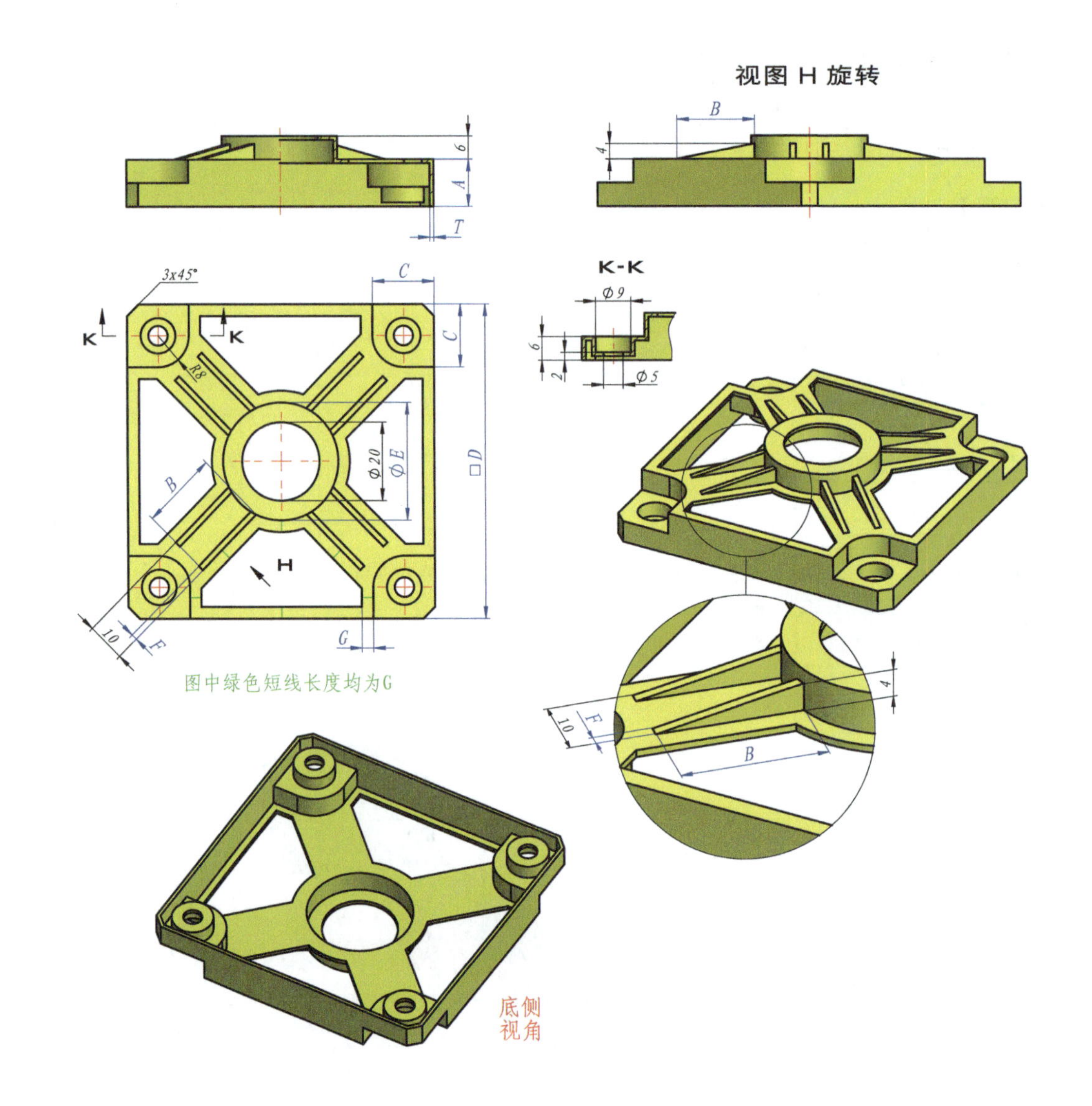

7-4: 构建三维模型，其中零件 1 为壳体，零件 2 为内腔体。内腔体完全充盈壳体的内腔空间。题图为示意图，只用于表达尺寸和几何关系，由于参数变化，其形态会有所变化。

【注意】

重合、相切、对称等几何关系。

【问题】

请问零件 1 体积是多少？

（与标准答案相对误差在 ±0.5%）

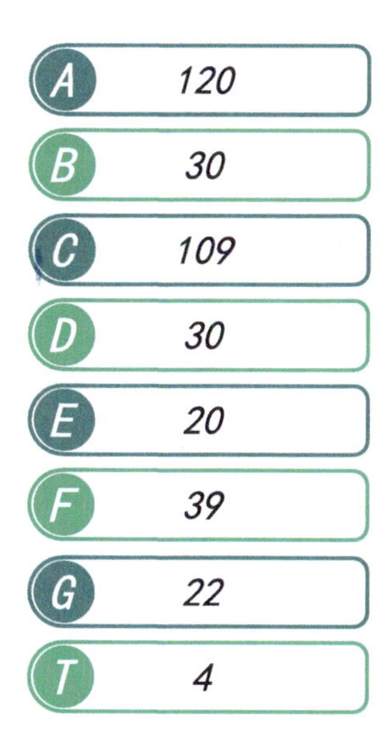

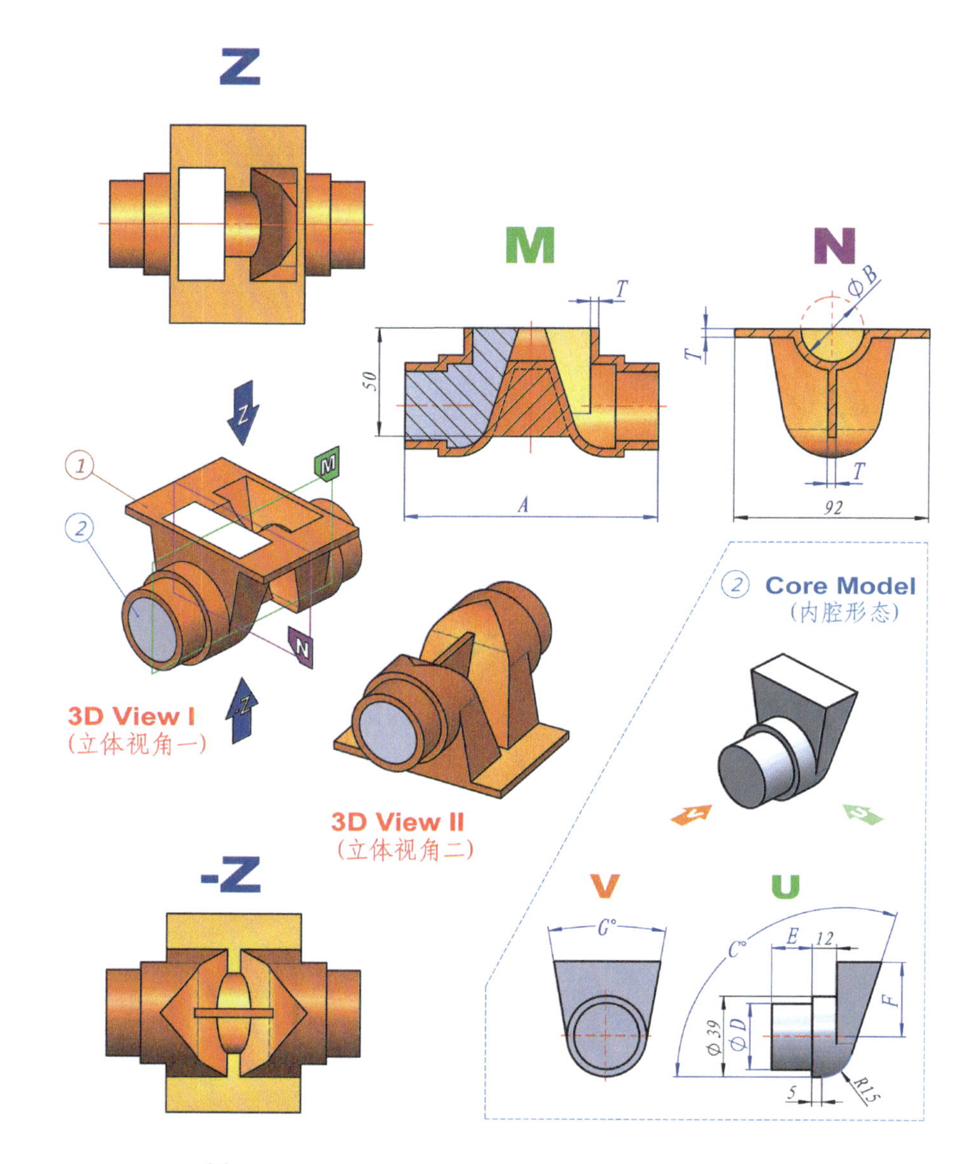

7-5：构建三维模型，其中不同颜色只表示模型中的不同区域，并非装配。题图为示意图，只用于表达尺寸和几何关系，由于参数变化，其形态会有所变化。

【注意】

重合、相切、对称等几何关系。

【问题】

请问模型体积是多少？

（与标准答案相对误差在 ±0.5%）

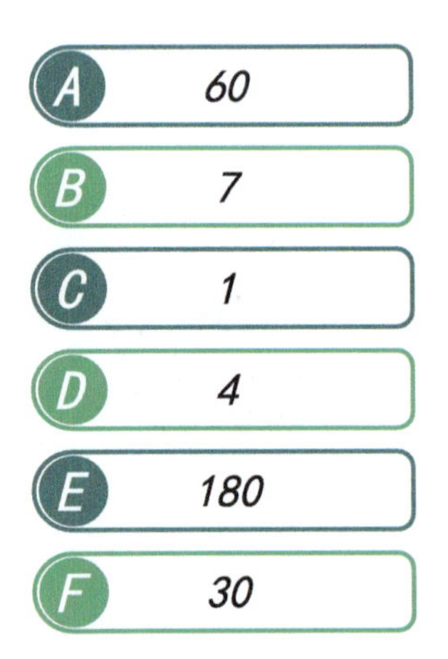

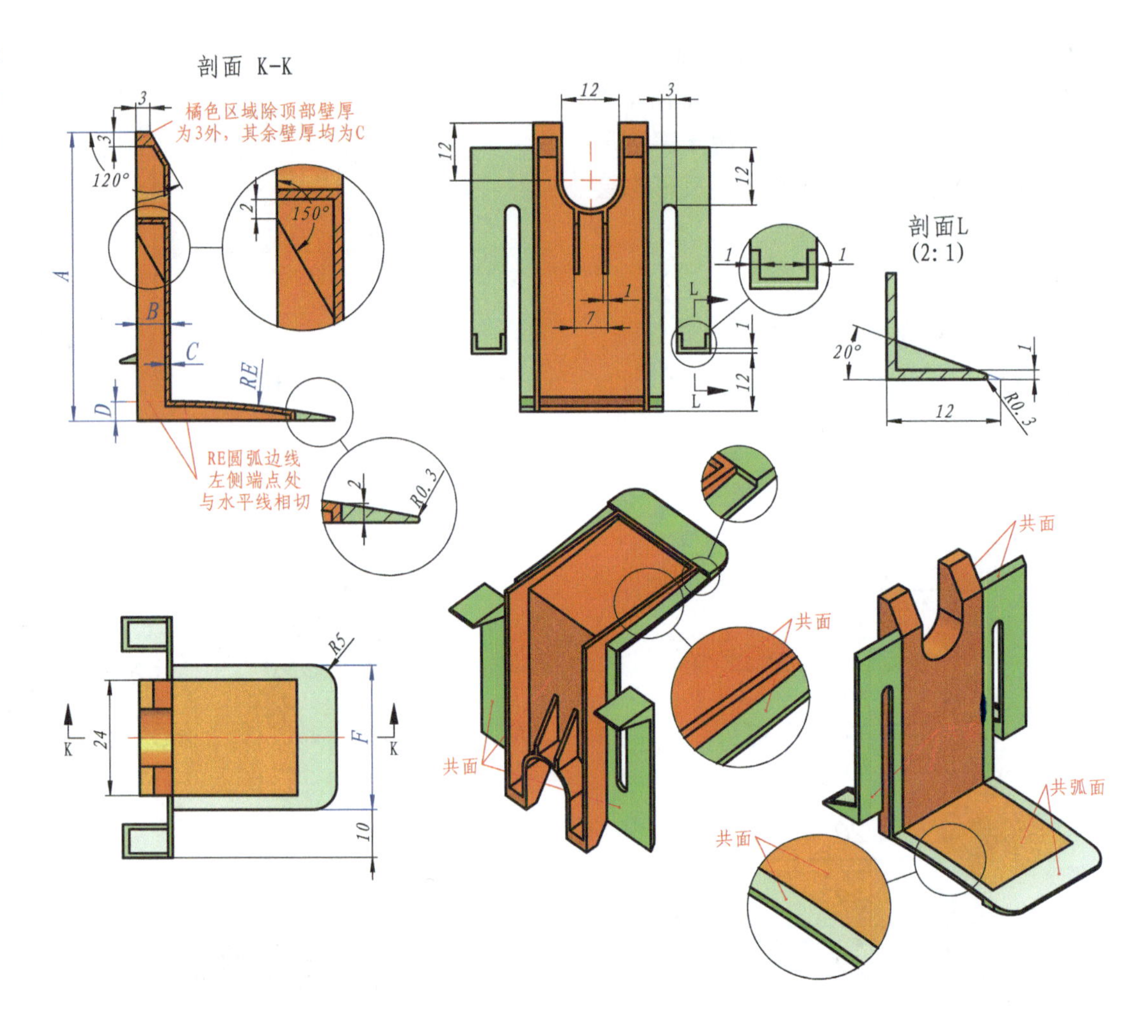

7-6： 构建三维模型，未标注厚度均为 T。题图为示意图，只用于表达尺寸和几何关系，由于参数变化，其形态会有所变化。

【注意】

重合、相切、对称等几何关系。

【问题】

请问模型体积是多少？

（与标准答案相对误差在 ±0.5%）

A	36
B	32
C	24
D	24
E	16
F	32
T	2

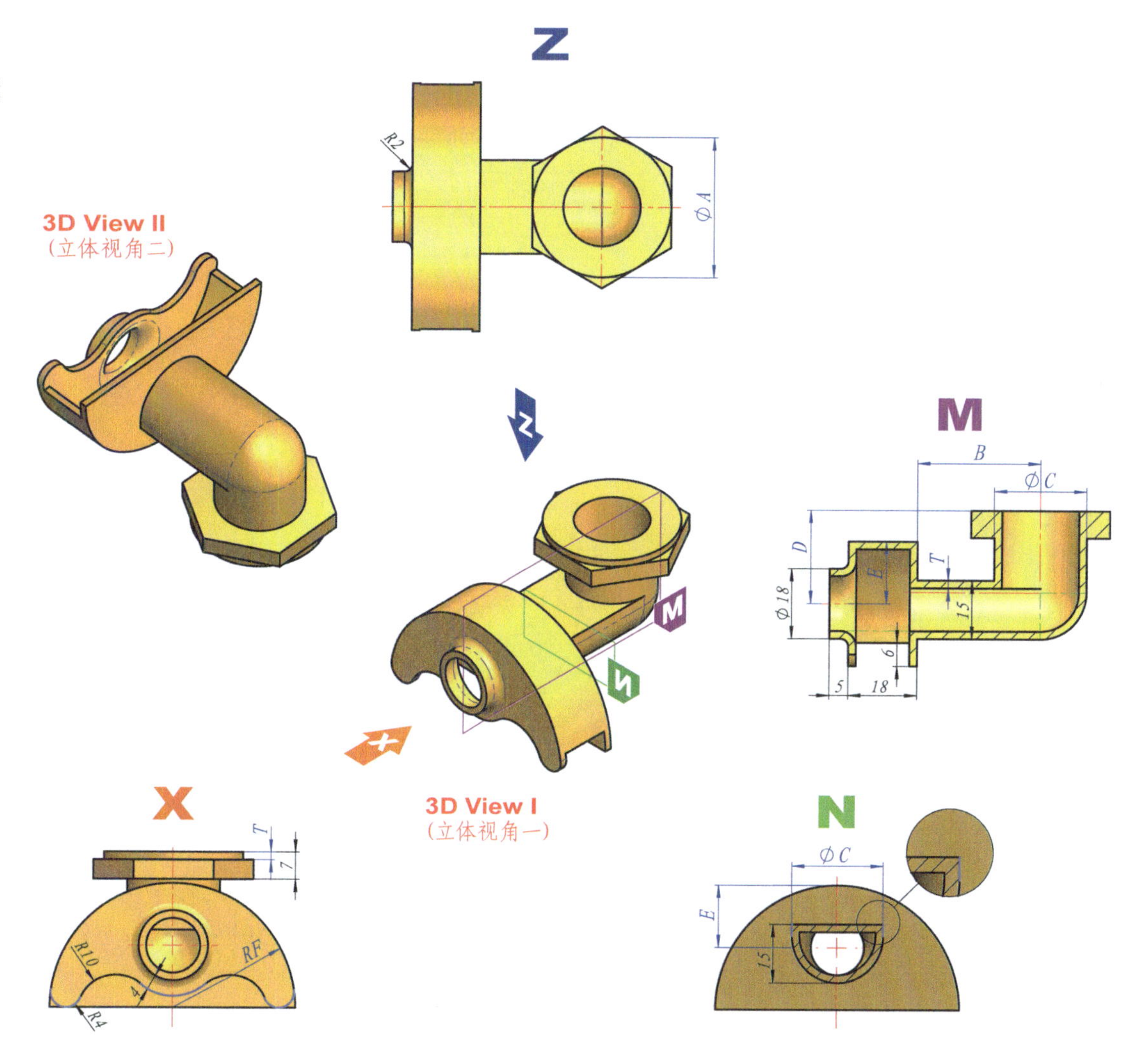

7-7： 构建三维模型。题图为示意图，只用于表达尺寸和几何关系，由于参数变化，其形态会有所变化。

【注意】

重合、相切、对称等几何关系。

【问题】

请问模型体积是多少？

（与标准答案相对误差在 ±0.5%）

A	20
B	15
C	60
D	20
E	40
F	90
G	30

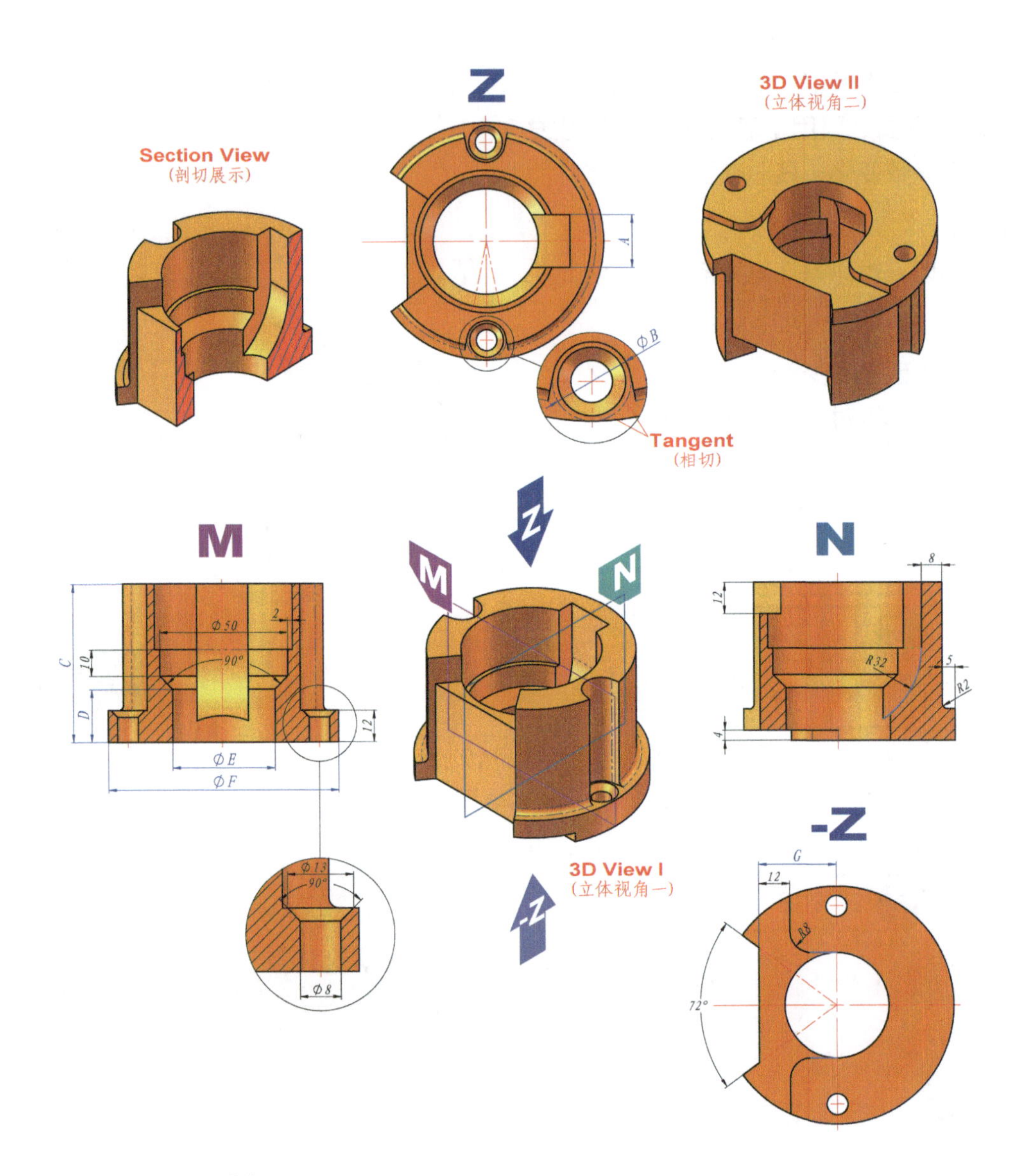

7-8： 构建三维模型。题图为示意图，只用于表达尺寸和几何关系，由于参数变化，其形态会有所变化。

【注意】

重合、相切、对称等几何关系。

【问题】

1. 请问绿色面面积是多少?
2. 请问模型体积是多少?

（与标准答案相对误差在 ±0.5%）

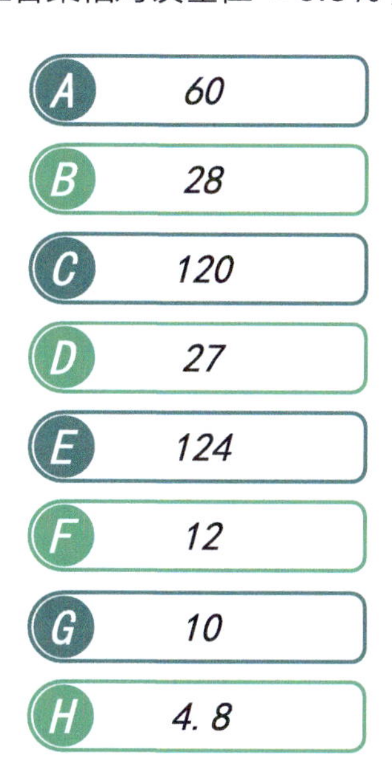

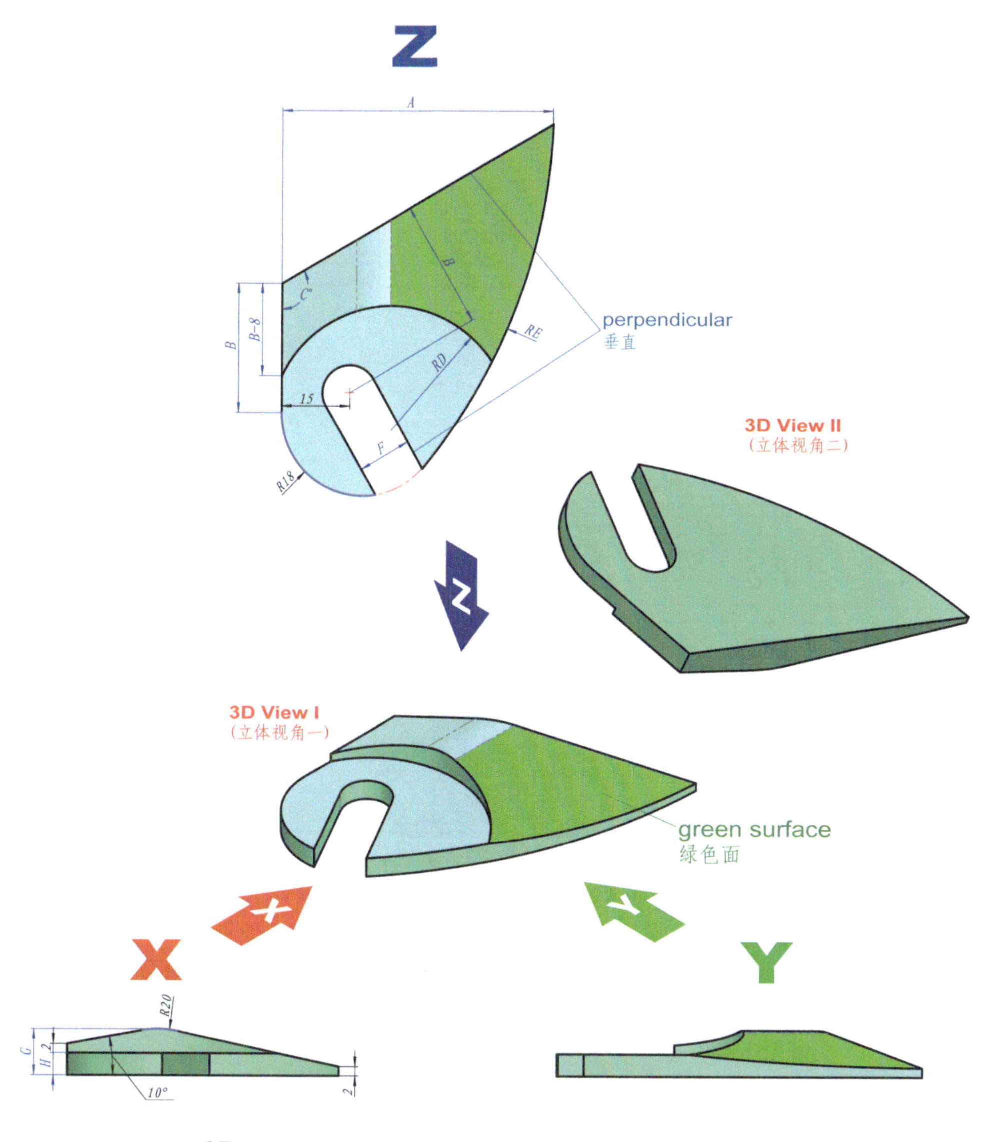

7-9： 构建三维模型，同色短线等长、同色圆弧等径（黑色除外）。题图为示意图，只用于表达尺寸和几何关系，由于参数变化，其形态会有所变化。

【注意】

重合、相切、对称等几何关系。

【问题】

请问模型体积是多少?

（与标准答案相对误差在 ±0.5%）

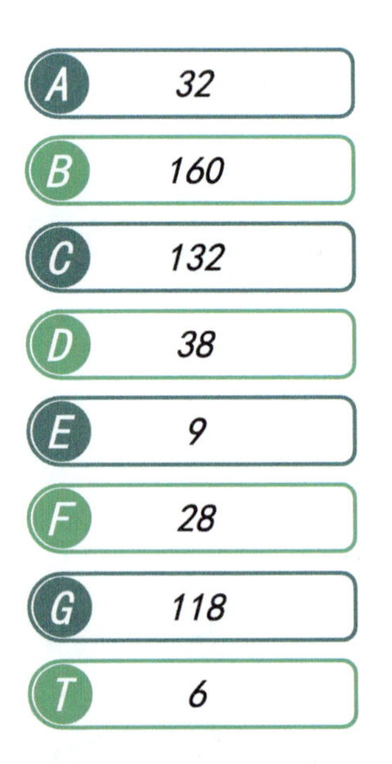

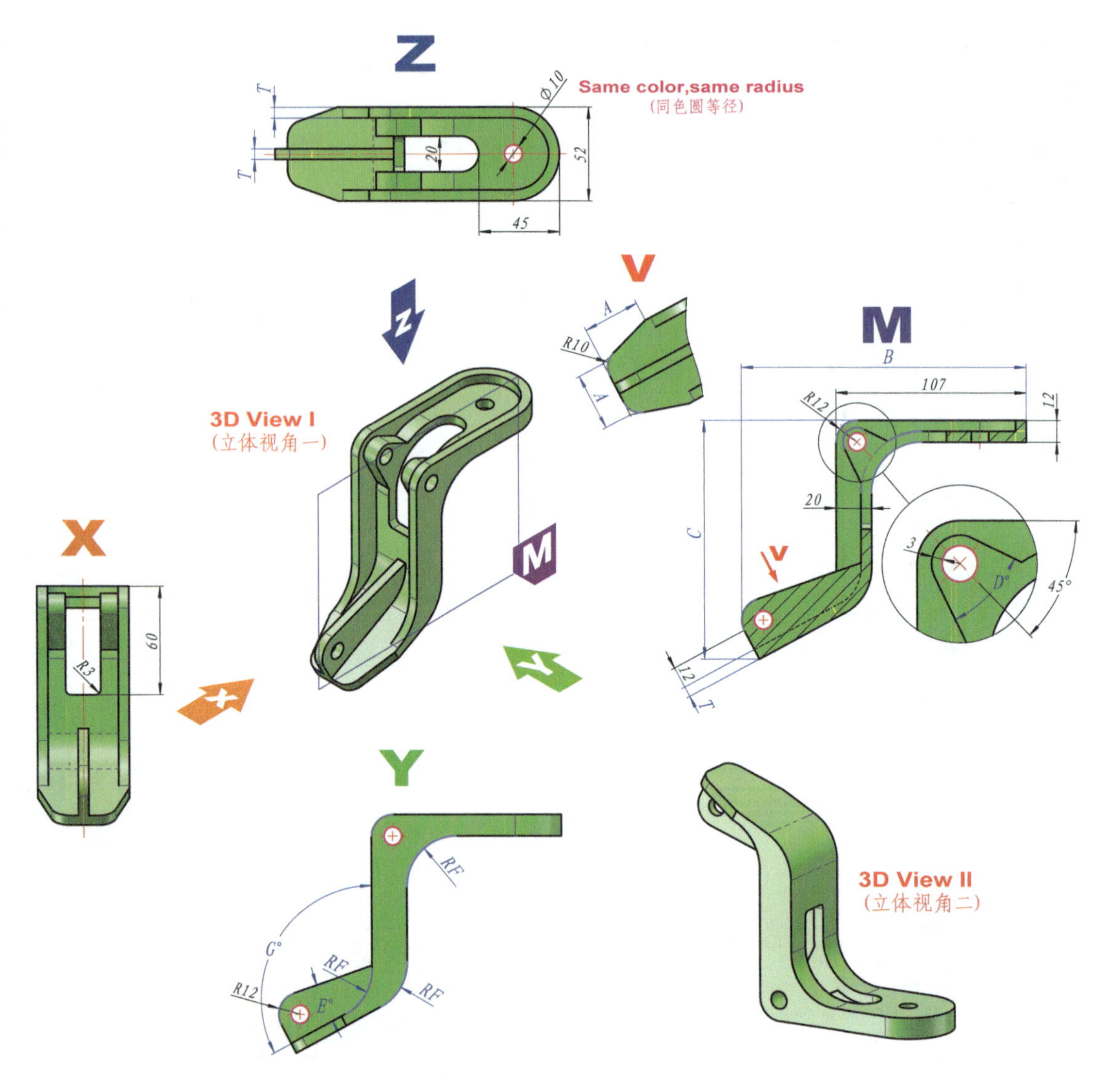

7-10： 构建三维模型。题图为示意图，只用于表达尺寸和几何关系，由于参数变化，其形态会有所变化。

【注意】

重合、相切、对称等几何关系。

【问题】

请问模型体积是多少?

（与标准答案相对误差在 ±0.5%）

A	45
B	96
C	95
D	108
E	8
F	45

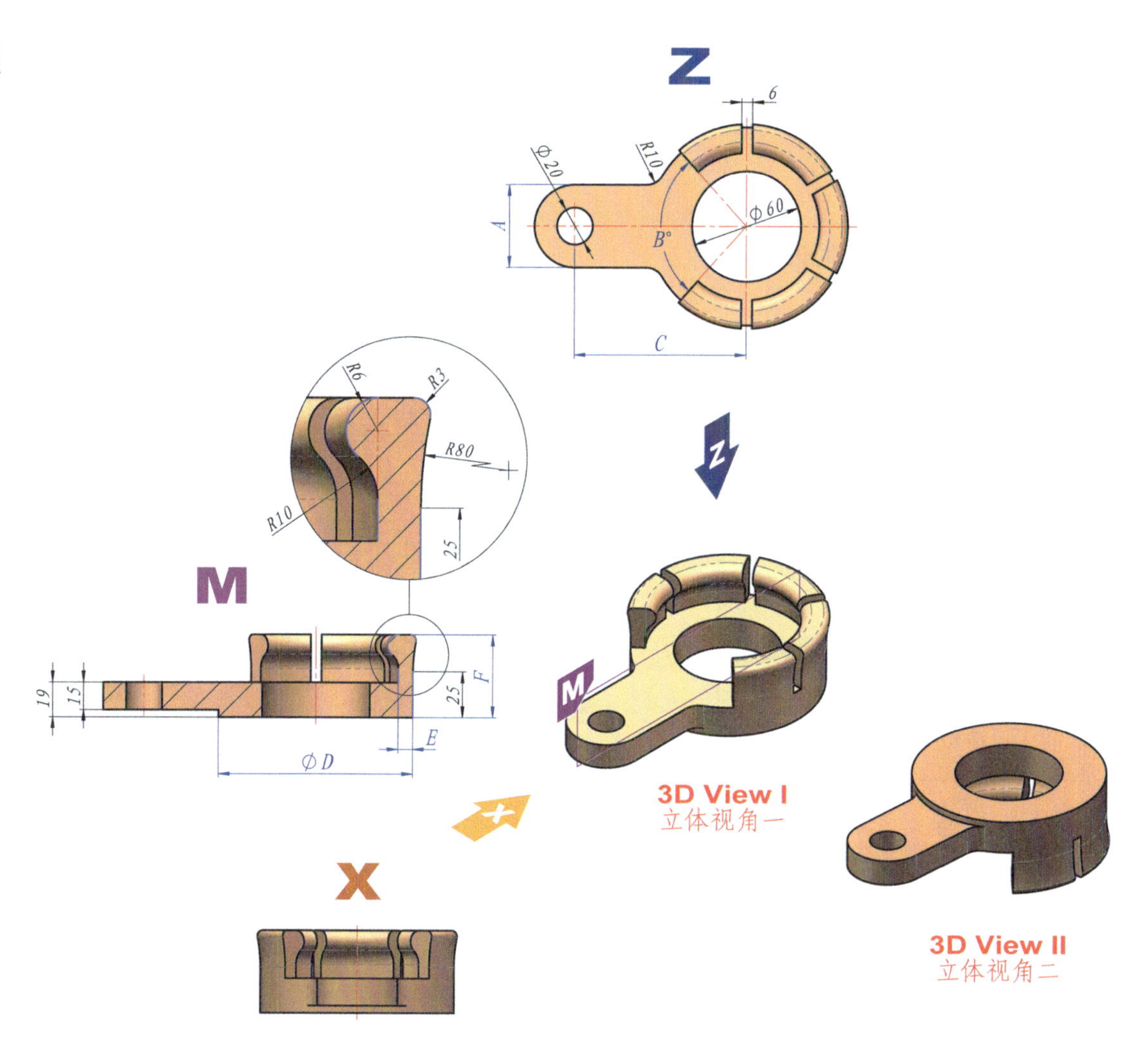

7-11：构建三维模型。题图为示意图，只用于表达尺寸和几何关系，由于参数变化，其形态会有所变化。

【注意】

重合、相切、对称等几何关系。

【问题】

请问模型体积是多少?

（与标准答案相对误差在 ±0.5%）

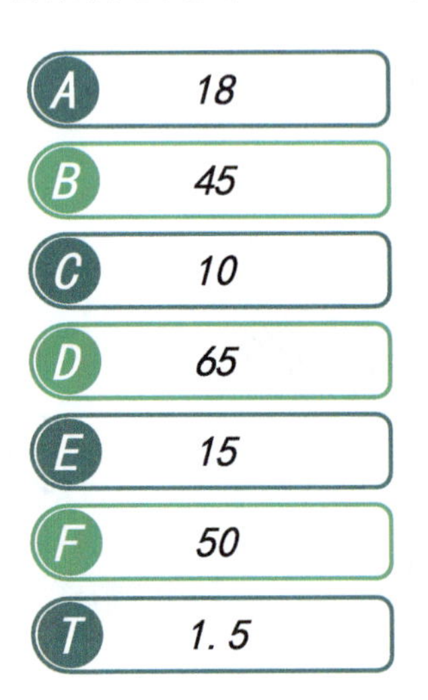

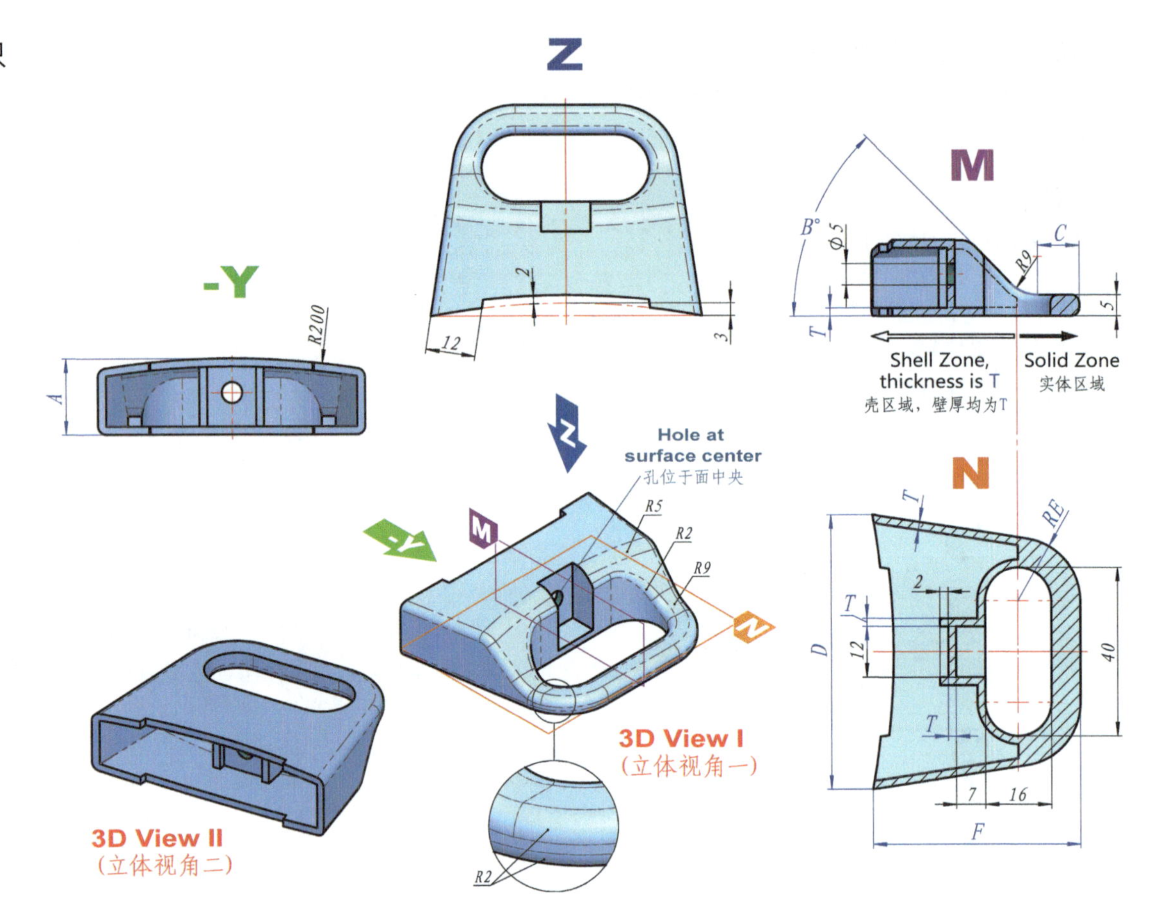

7-12：构建三维模型。题图为示意图，只用于表达尺寸和几何关系，由于参数变化，其形态会有所变化。

【注意】

重合、相切、对称等几何关系。

【问题】

1. 请问 P1 至 P2 距离是多少？
2. 请问模型体积是多少？

（与标准答案相对误差在 ±0.5%）

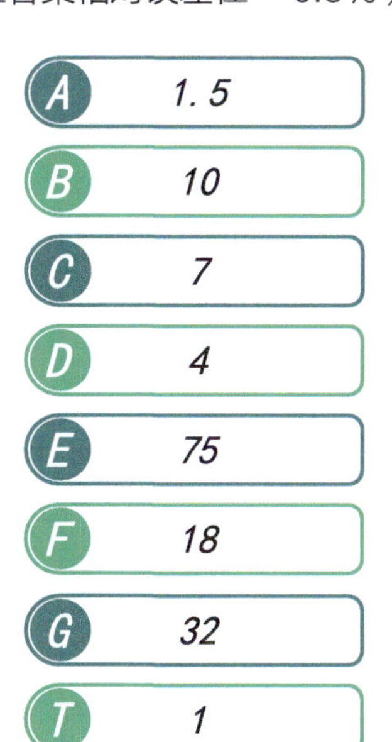

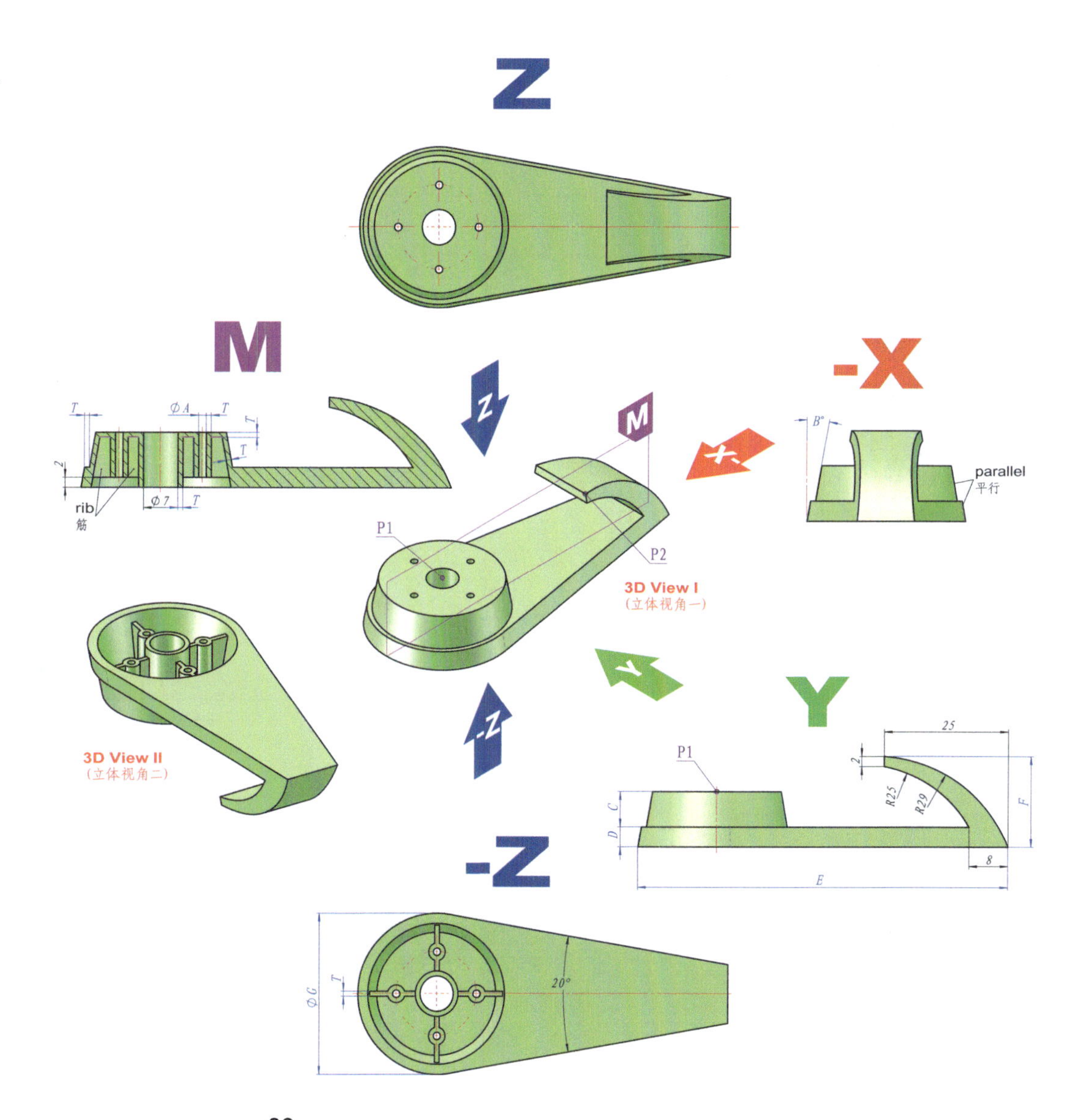

7-13： 构建三维模型。题图为示意图，只用于表达尺寸和几何关系，由于参数变化，其形态会有所变化。

【注意】

重合、相切、对称等几何关系。

【问题】

请问模型体积是多少？

（与标准答案相对误差在 ±0.5%）

A	72
B	70
C	22
D	82
E	227
F	102

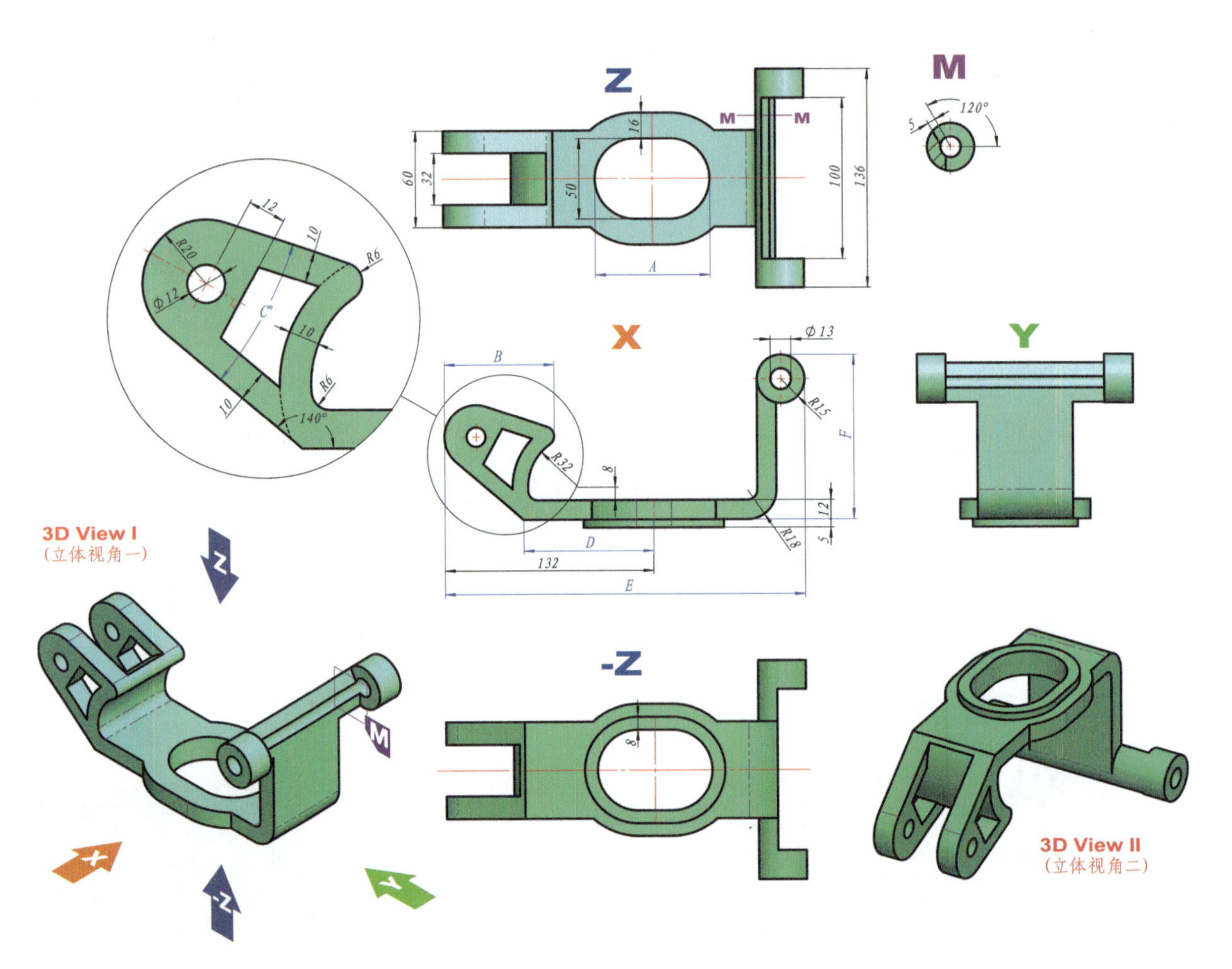

第 8 单元　支座类零件

8-1： 构建三维模型。题图为示意图，只用于表达尺寸和几何关系，由于参数变化，其形态会有所变化。

【注意】

重合、相切、对称等几何关系。

【问题】

1. 请问 P1 至 P2 距离是多少?
2. 请问蓝色面面积是多少?
3. 请问绿色面面积是多少?
4. 请问模型体积是多少?

（与标准答案相对误差在 ±0.5%）

A	150
B	40
C	20
D	150
E	40
F	20

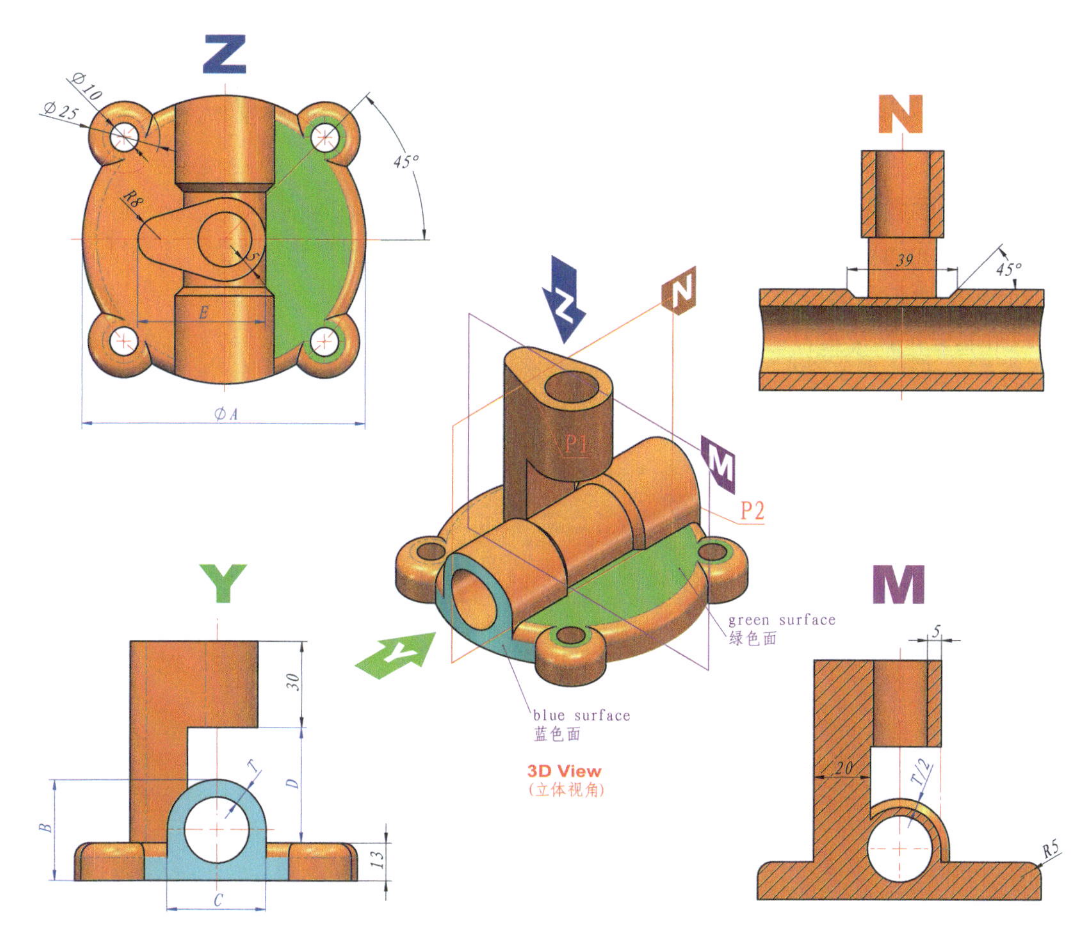

8-2: 构建三维模型，未标注厚度均为 T（如图中绿色面对应的区域）。题图为示意图，只用于表达尺寸和几何关系，由于参数变化，其形态会有所变化。

【注意】

重合、相切、对称等几何关系。

【问题】

1. 请问灰色面面积是多少？
2. 请问蓝色面面积是多少？
3. 请问模型体积是多少？

（与标准答案相对误差在 ±0.5%）

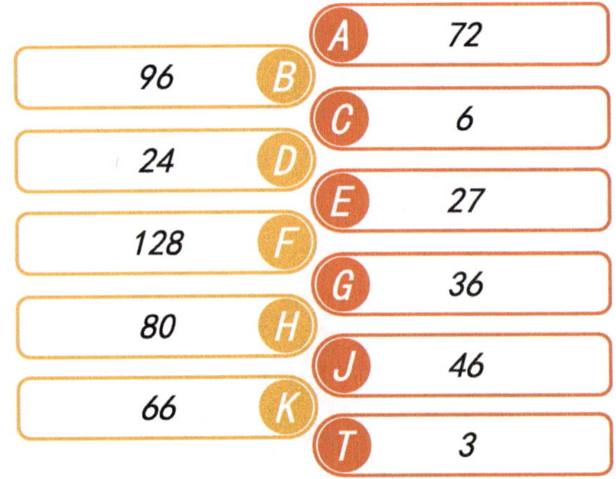

A	72
B	96
C	6
D	24
E	27
F	128
G	36
H	80
J	46
K	66
T	3

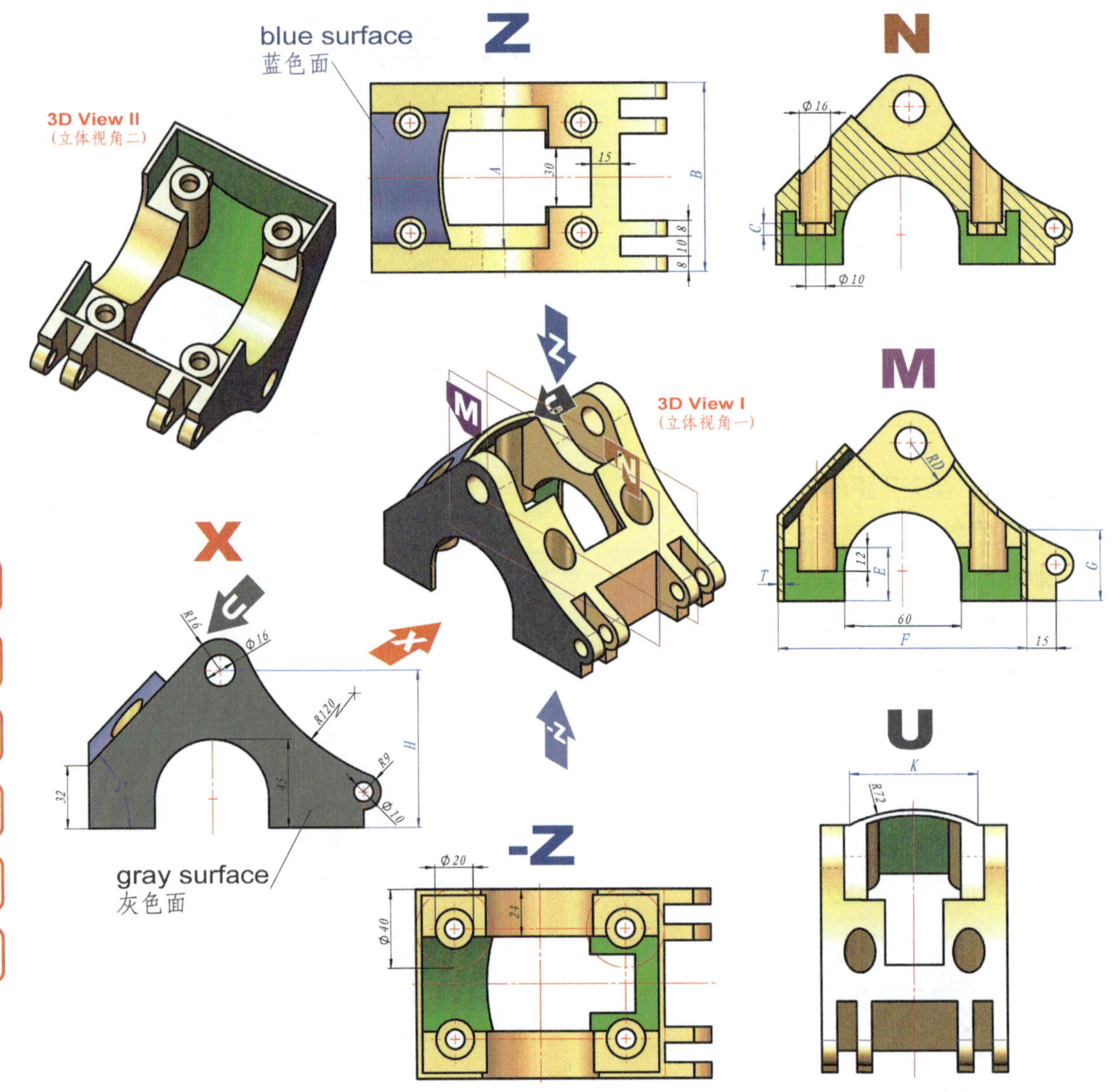

8-3：构建三维模型。题图为示意图，只用于表达尺寸和几何关系，由于参数变化，其形态会有所变化。

【注意】

重合、相切、对称等几何关系。

【问题】

请问模型体积是多少?

（与标准答案相对误差在 ±0.5%）

A	100
B	56
C	30
D	105
E	72
F	5
G	138
H	90

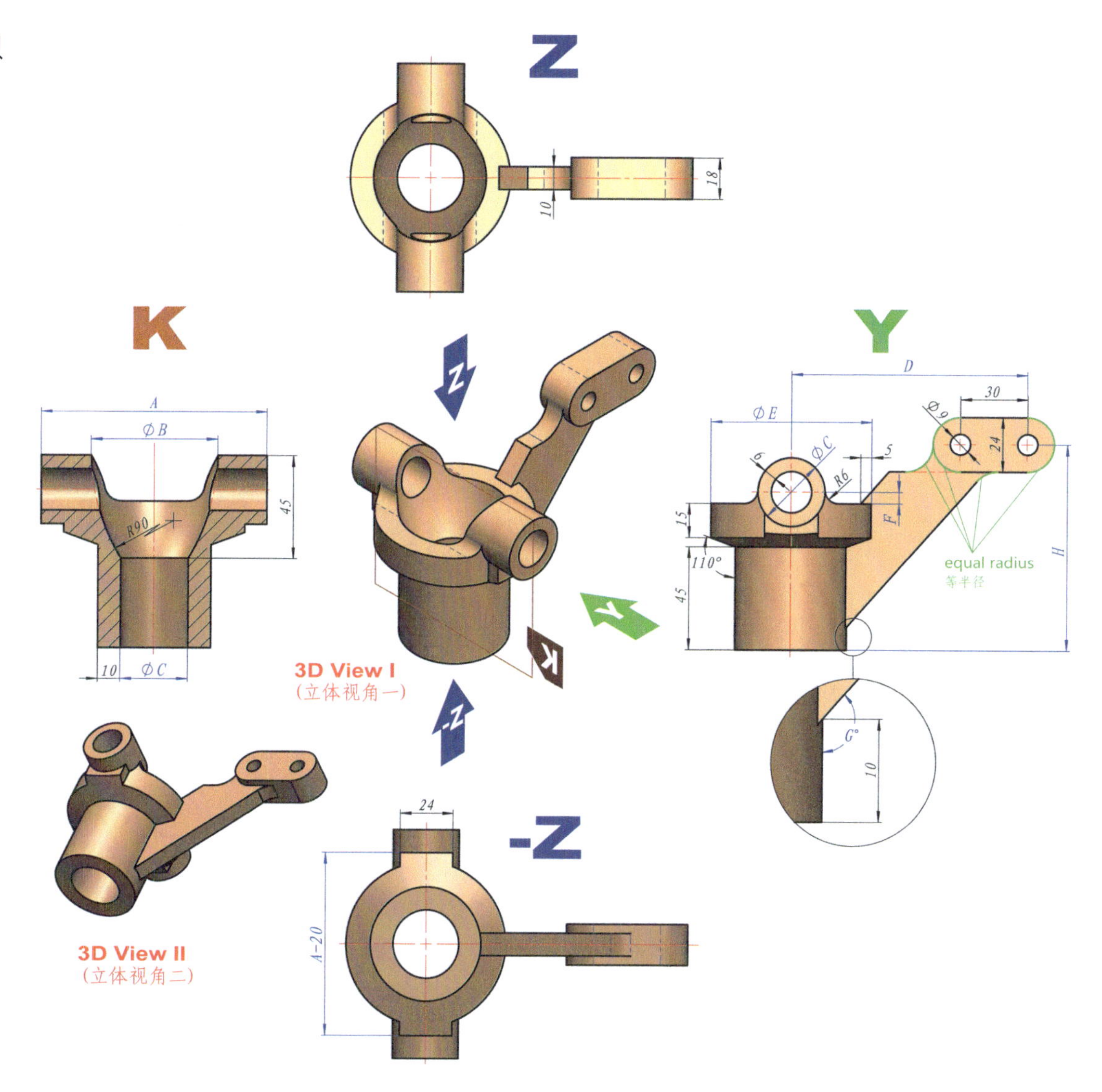

8-4：构建三维模型。题图为示意图，只用于表达尺寸和几何关系，由于参数变化，其形态会有所变化。

【注意】

重合、相切、对称等几何关系。

【问题】

请问模型体积是多少？

（与标准答案相对误差在 ±0.5%）

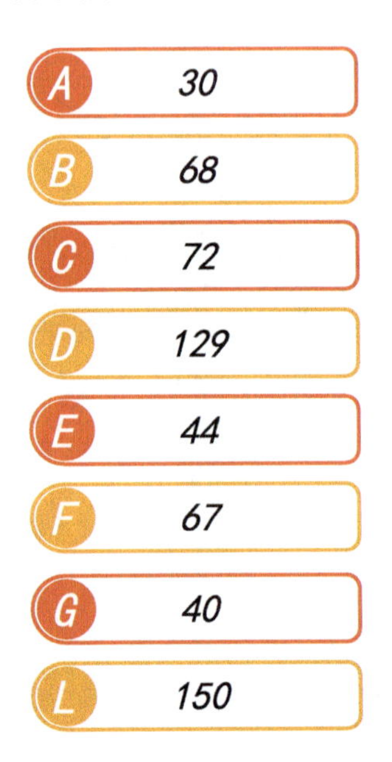

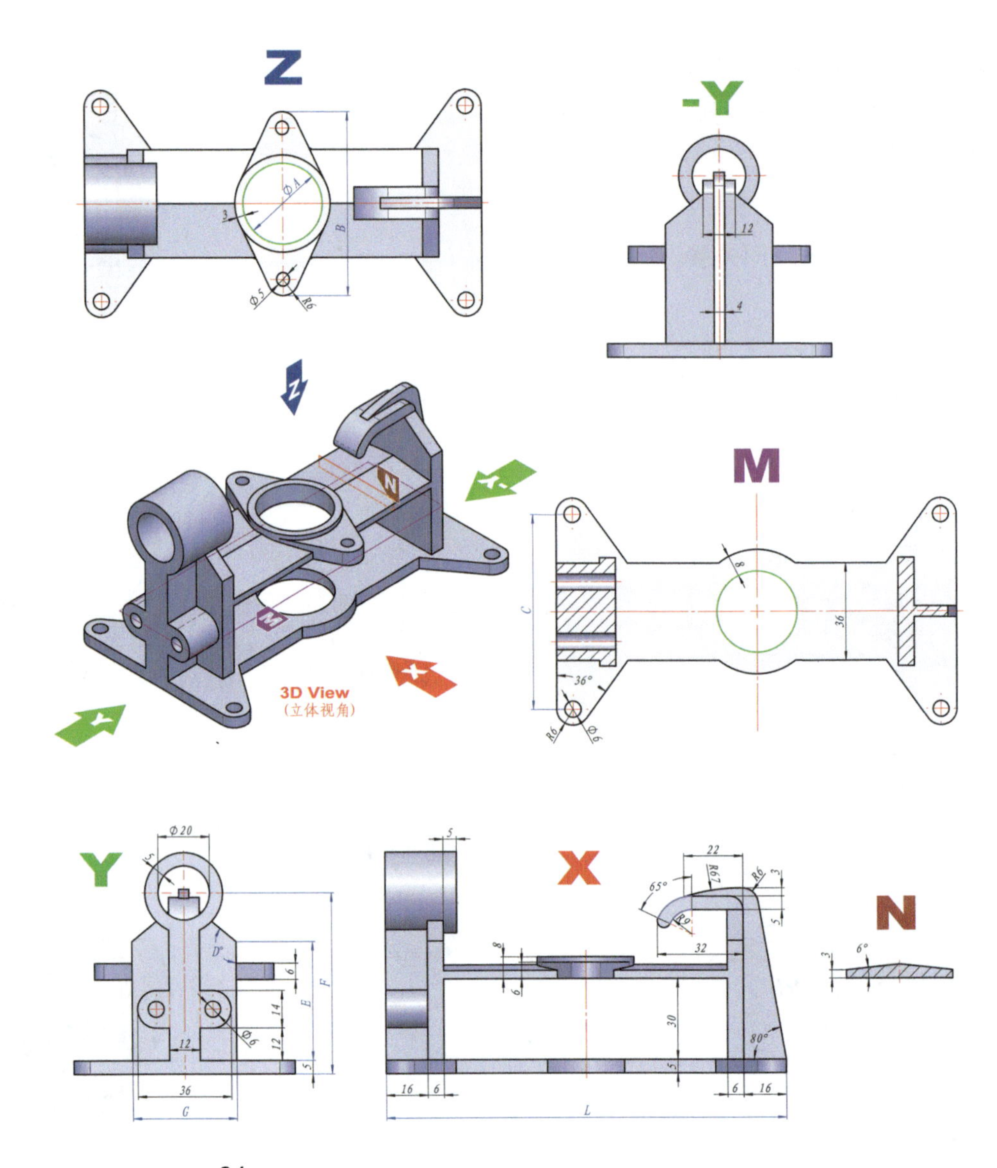

8-5: 构建三维模型，未标注壁厚均为 T，P4 是相切点。题图为示意图，只用于表达尺寸和几何关系，由于参数变化，其形态会有所变化。

【注意】

重合、相切、对称等几何关系。

【问题】

1. 请问 P1 至 P2 距离是多少?
2. 请问 P3 至 P4 距离是多少?
3. 请问模型体积是多少?

（与标准答案相对误差在 ±0.5%）

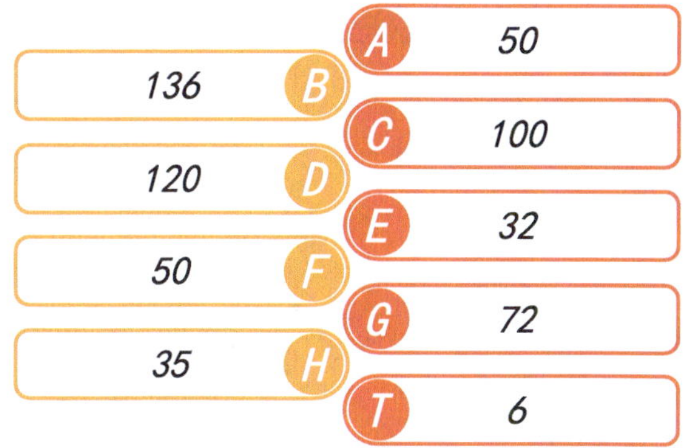

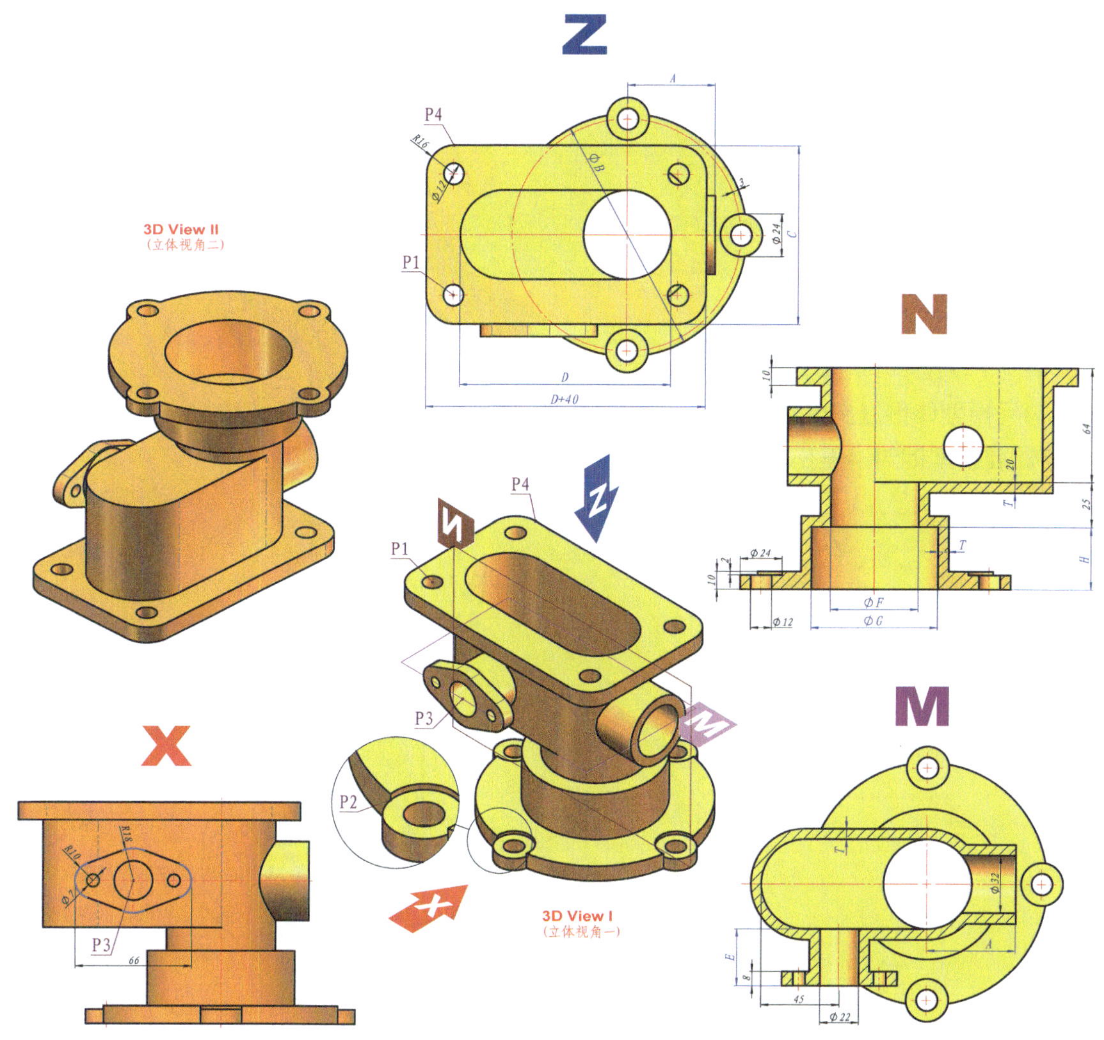

8-6： 构建三维模型。题图为示意图，只用于表达尺寸和几何关系，由于参数变化，其形态会有所变化。

【注意】

重合、相切、对称等几何关系。

【问题】

1. 请问 P1 至 P2 距离是多少?
2. 请问 P3 至 P4 距离是多少?
3. 请问模型体积是多少?

（与标准答案相对误差在 ±0.5%）

A 70

B 36

C 36

D 82

E 66

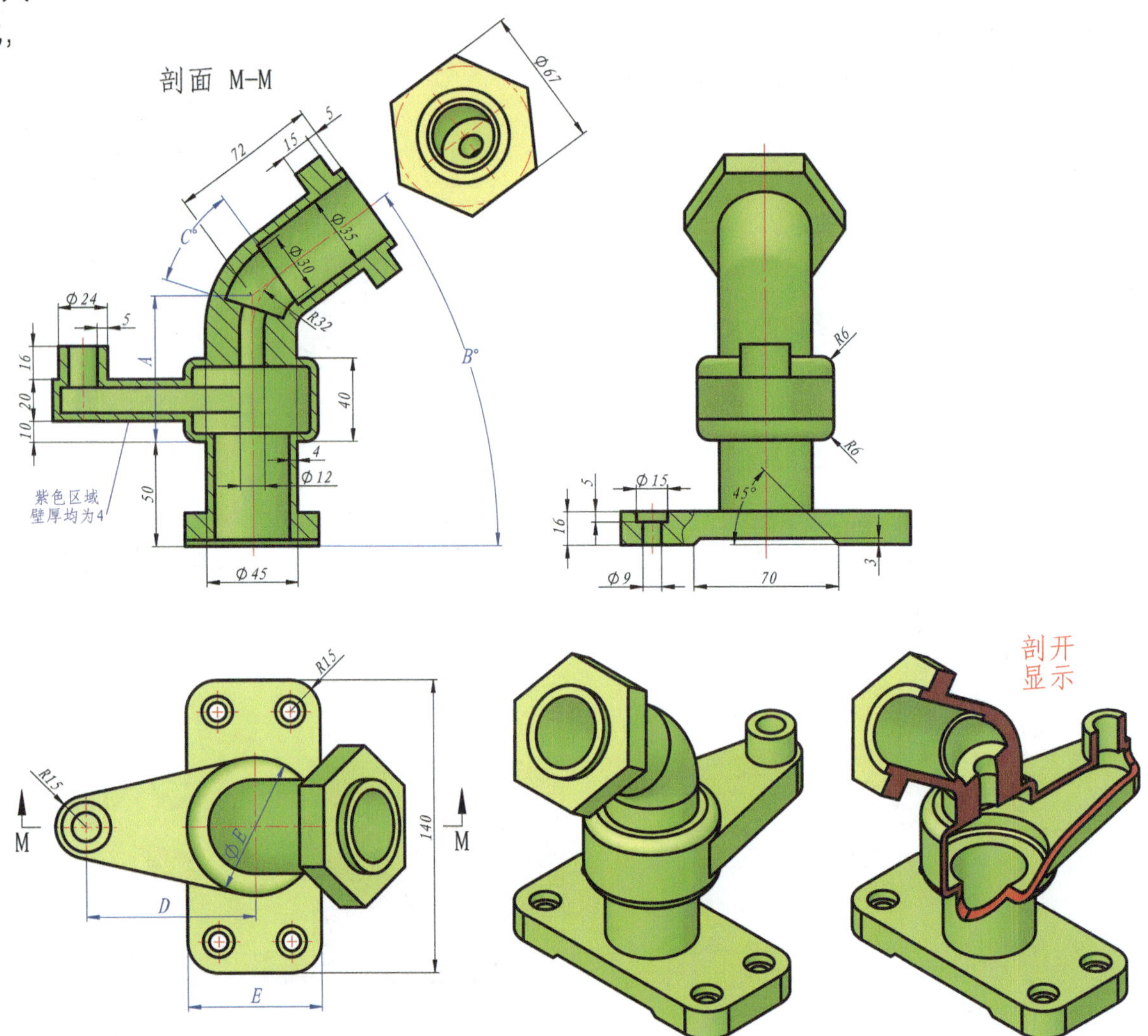

8-7： 构建三维模型，同色短线长度相等，内腔壁为等壁厚。题图为示意图，只用于表达尺寸和几何关系，由于参数变化，其形态会有所变化。

【注意】

重合、相切、对称等几何关系。

【问题】

1. 请问 P1 至 P2 距离是多少？
2. 请问绿色面面积是多少？
3. 请问模型体积是多少？

（与标准答案相对误差在 ±0.5%）

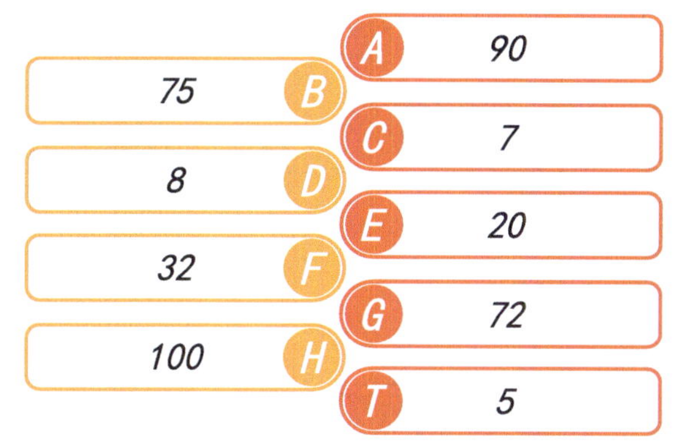

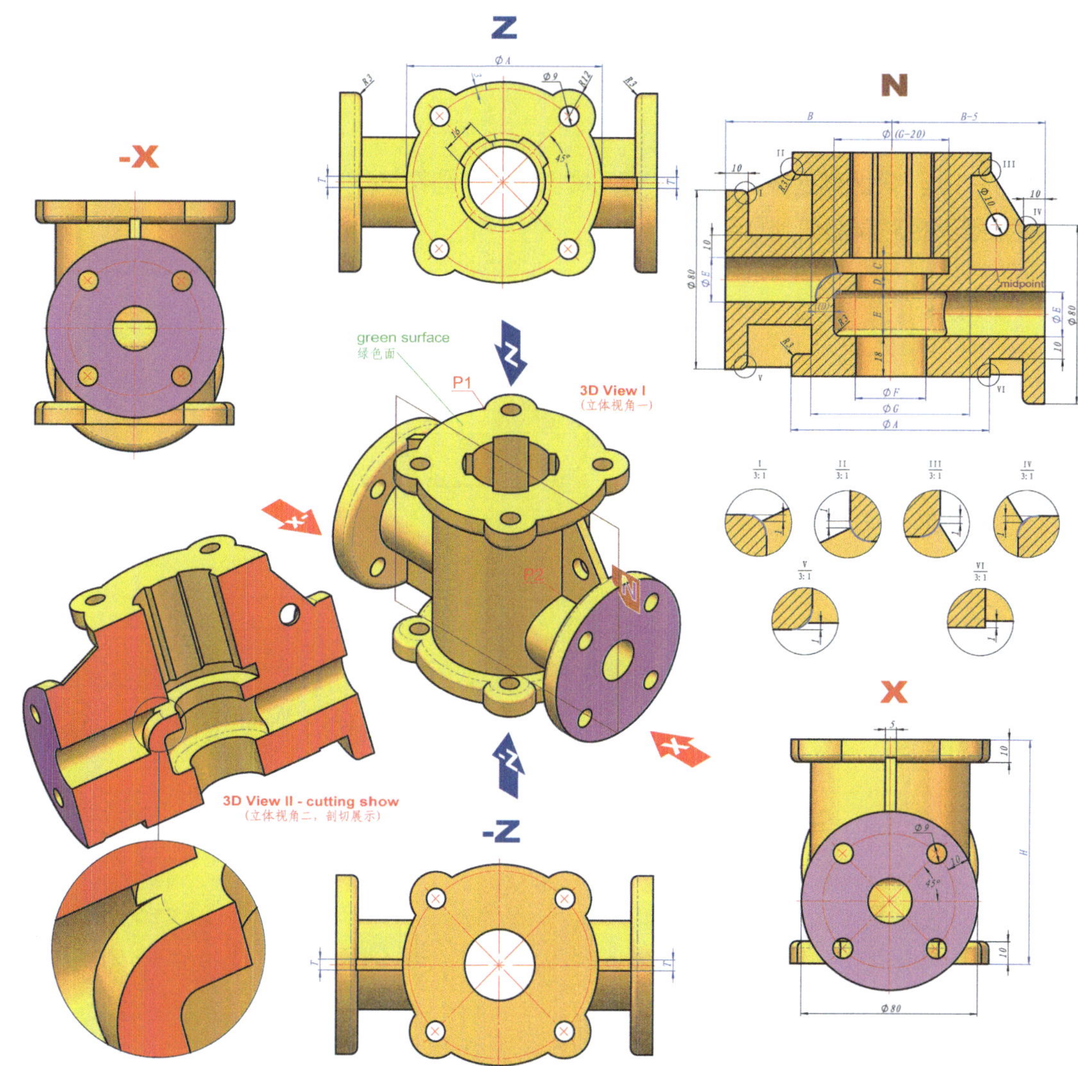

8-8: 构建三维模型，同色短线长度相等。题图为示意图，只用于表达尺寸和几何关系，由于参数变化，其形态会有所变化。

【注意】其中重合、相切、对称等几何关系。

【问题】

1. 请问 P1 至 P2 距离是多少？ 2. 请问橘色面面积是多少？ 3. 请问模型体积是多少？

（与标准答案相对误差在 ±0.5%）

- A 426
- B 196
- C 140
- D 172
- E 6
- F 302
- G 102

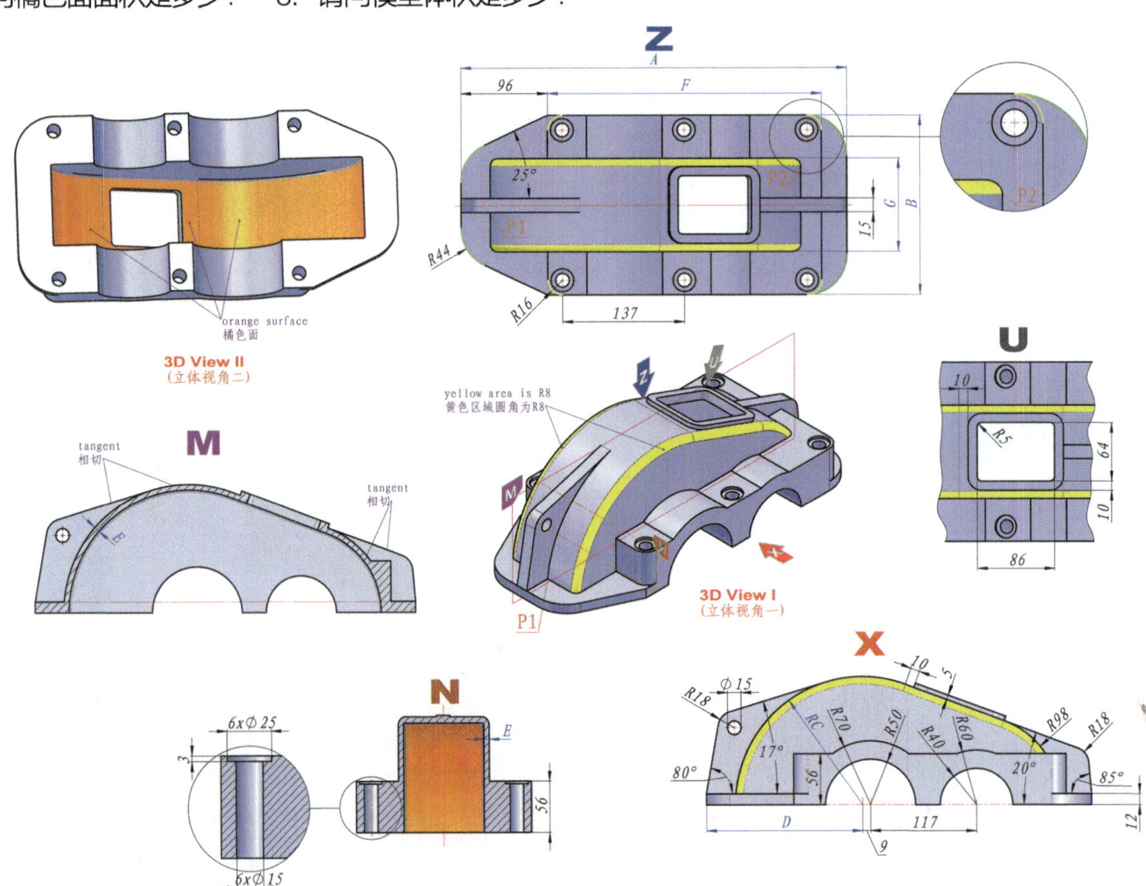

8-9: 构建三维模型，同色圆弧半径相等。题图为示意图，只用于表达尺寸和几何关系，由于参数变化，其形态会有所变化。

【注意】

重合、相切、对称等几何关系。

【问题】

1. 请问 P1 至 P2 距离是多少?
2. 请问橘色面面积是多少?
3. 请问模型体积是多少?

（与标准答案相对误差在 ±0.5%）

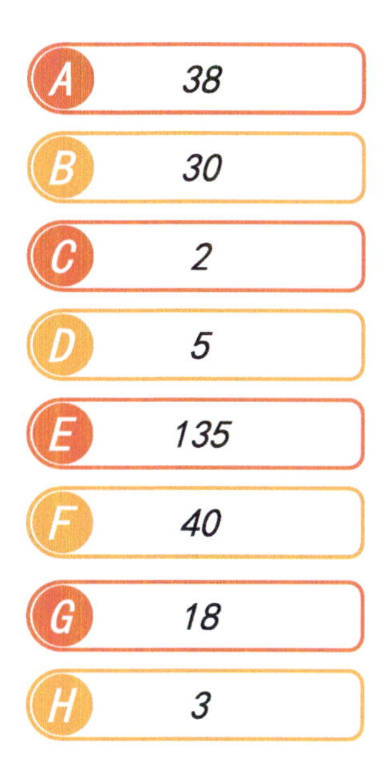

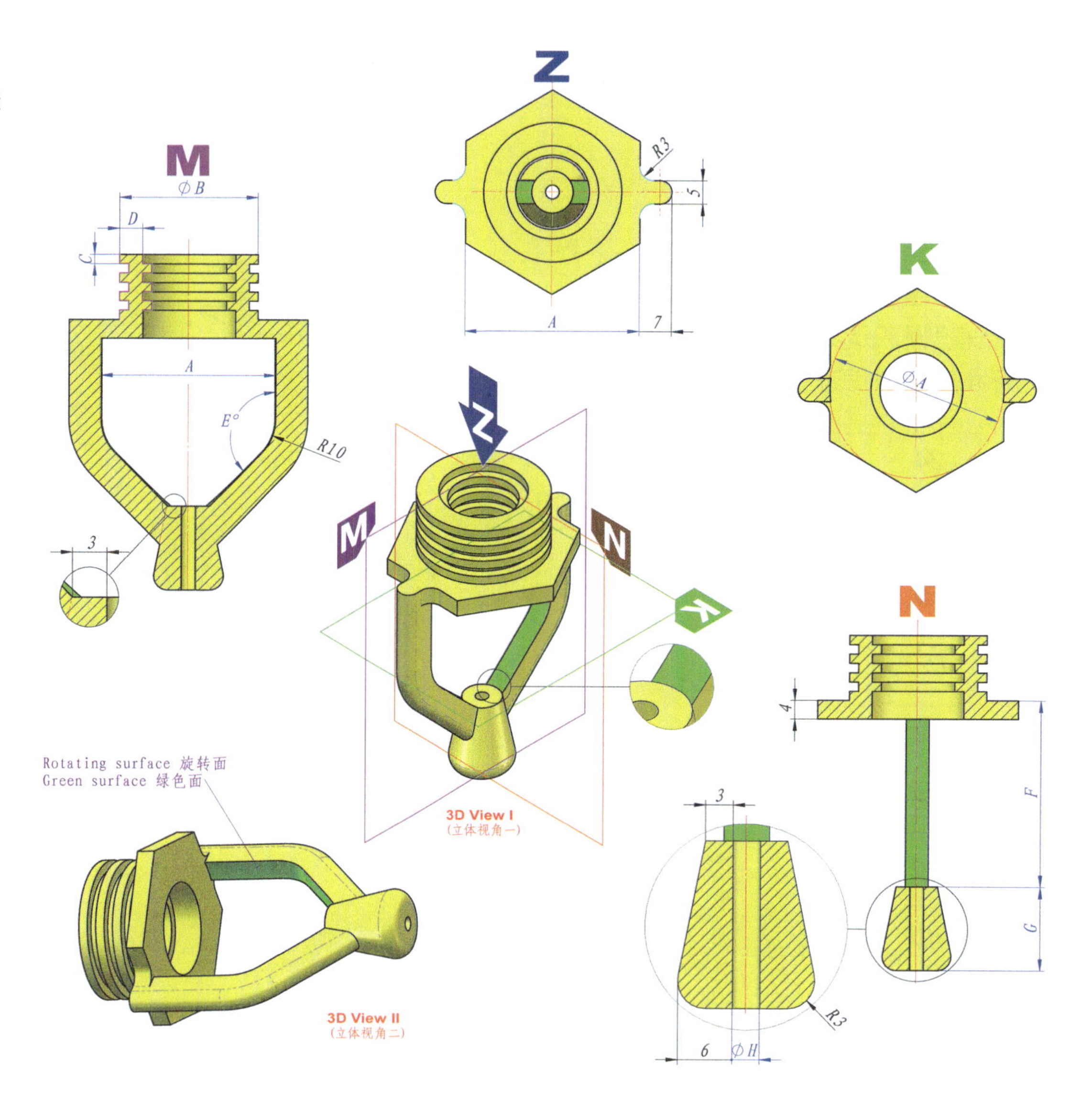

8-10： 构建三维模型。题图为示意图，只用于表达尺寸和几何关系，由于参数变化，其形态会有所变化。

【注意】

重合、相切、对称等几何关系。

【问题】

1. 请问 P1 至 P2 距离是多少?
2. 请问 P2 至 P3 距离是多少?
3. 请问模型体积是多少?

（与标准答案相对误差在 ±0.5%）

A	24
B	76
C	50
D	150
E	72
F	22
G	29
H	40

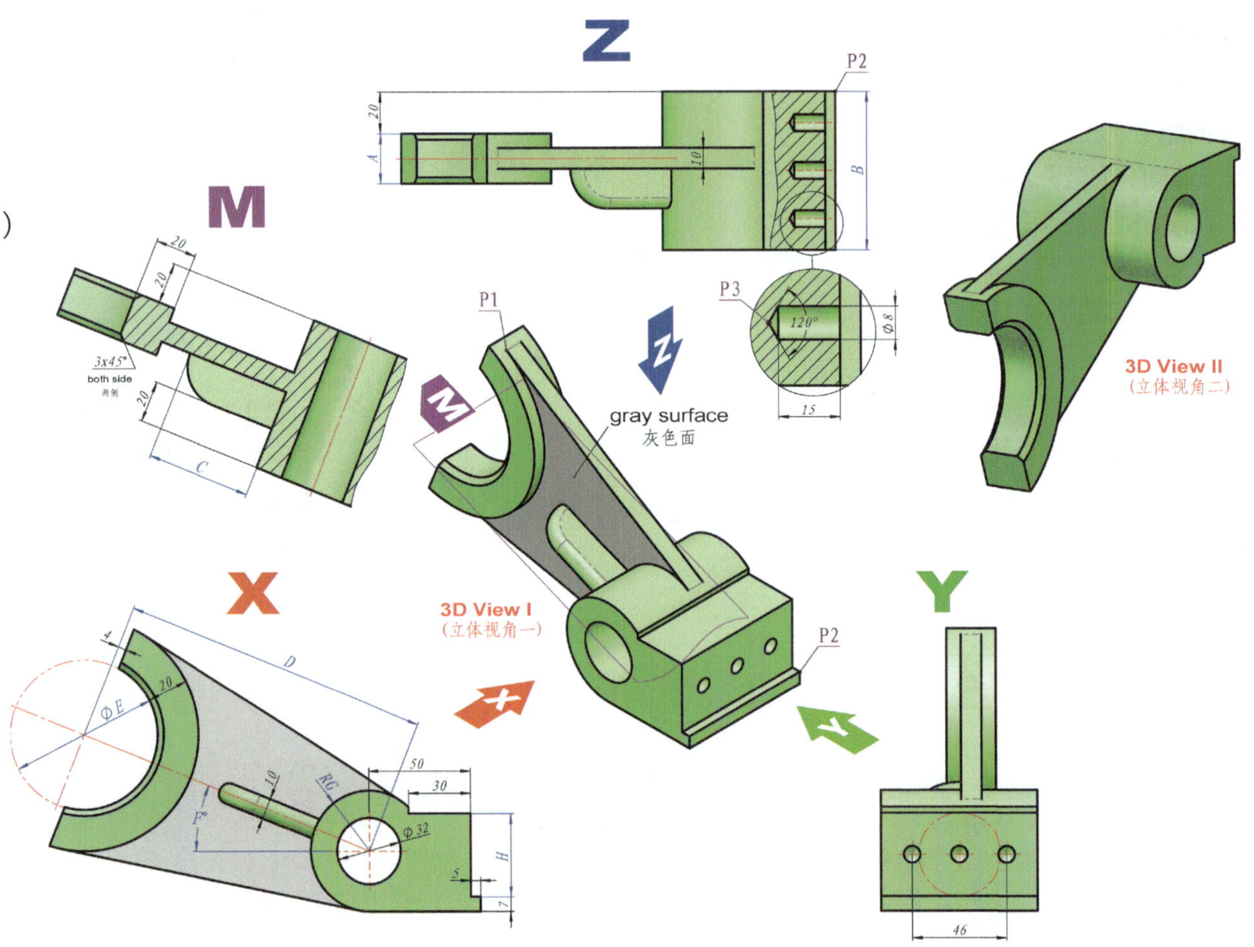

8-11： 构建三维模型。题图为示意图，用于表达尺寸和几何关系，由于参数变化其形态会有所变化。

【注意】

重合、相切、对称等几何关系。

【问题】

1. 请问 P1 至 P2 距离是多少?
2. 请问黄色面面积是多少?
3. 请问模型体积是多少?

（与标准答案相对误差在 ±0.5%）

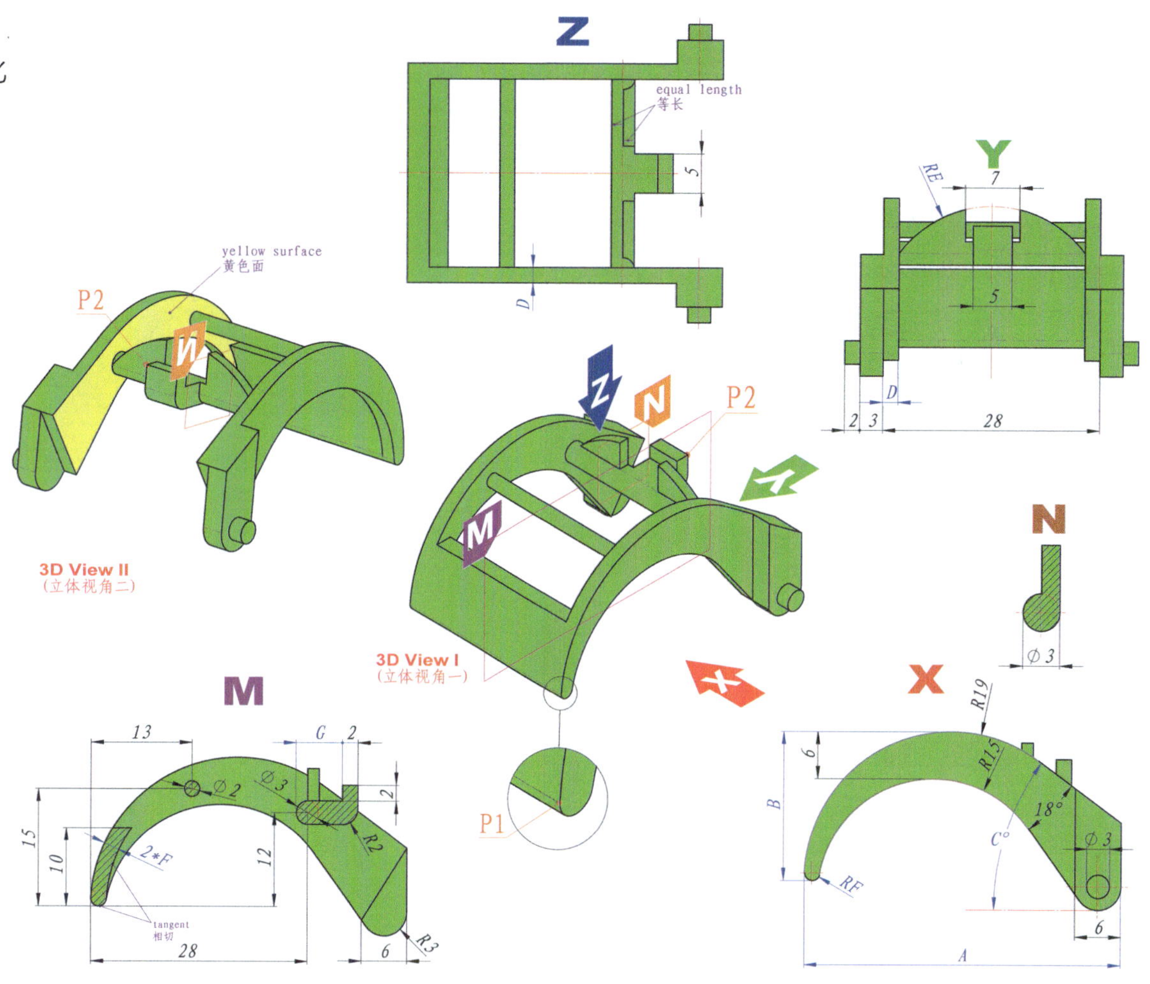

- A 41
- B 19
- C 36
- D 2
- E 15
- F 1
- G 6

8-12： 构建三维模型。题图为示意图，只用于表达尺寸和几何关系，由于参数变化，其形态会有所变化。

【注意】

重合、相切、对称等几何关系。

【问题】

1. 请问 P1 至 P2 距离是多少?
2. 请问黄色面面积是多少?
3. 请问模型体积是多少?

（与标准答案相对误差在 ±0.5%）

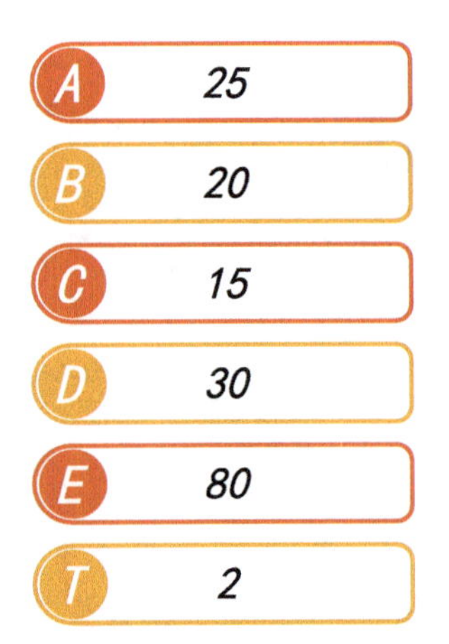

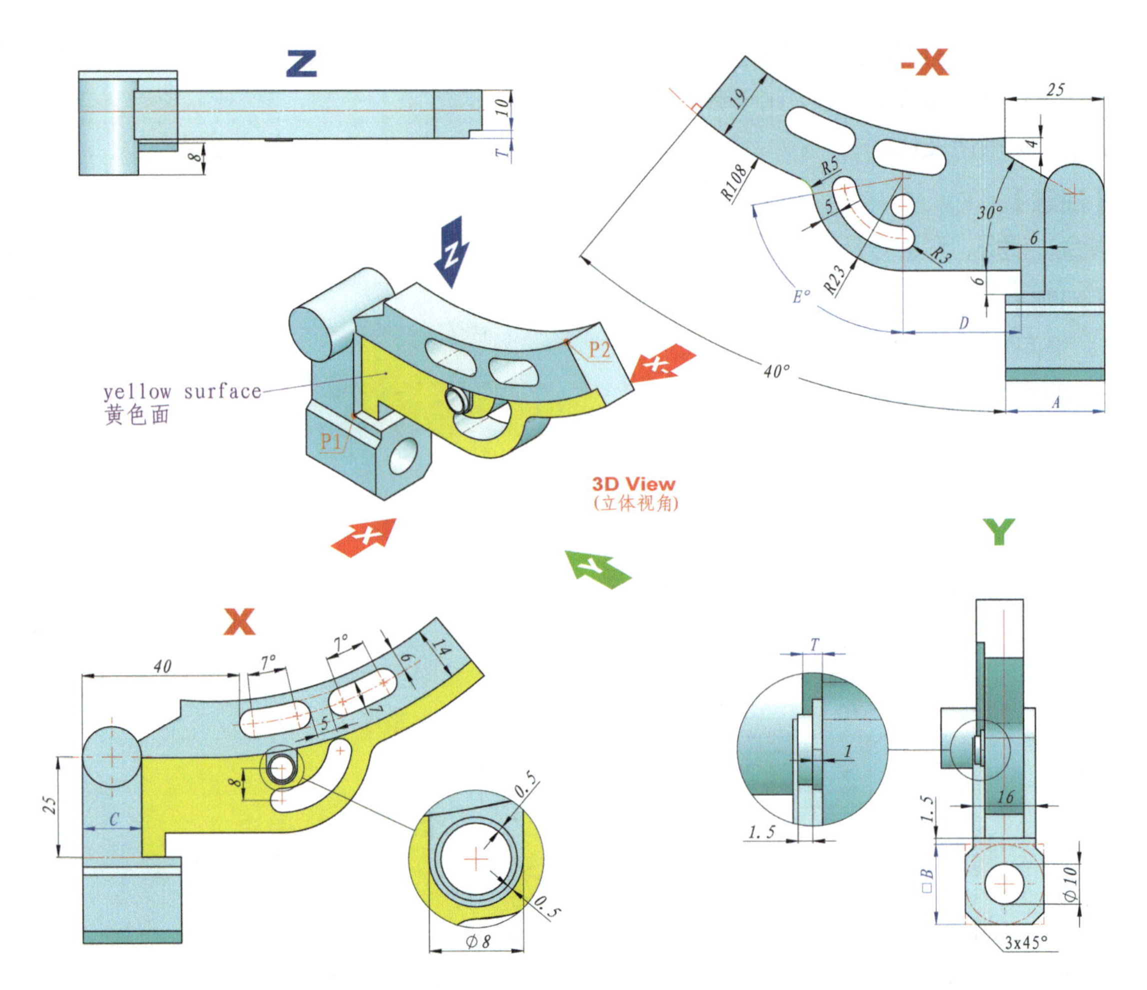

8-13: 构建三维模型。题图为示意图，只用于表达尺寸和几何关系，由于参数变化，其形态会有所变化。

【注意】

重合、相切、对称等几何关系。

【问题】

1. 请问 P1 至 P2 距离是多少？　2. 请问粉色面面积是多少？　3. 请问模型体积是多少？（与标准答案相对误差在 ±0.5%）

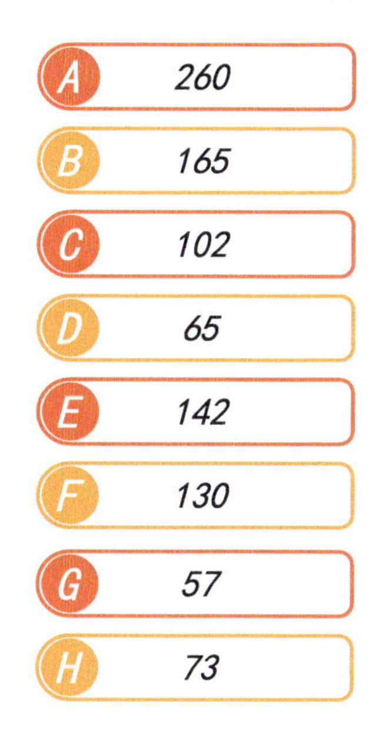

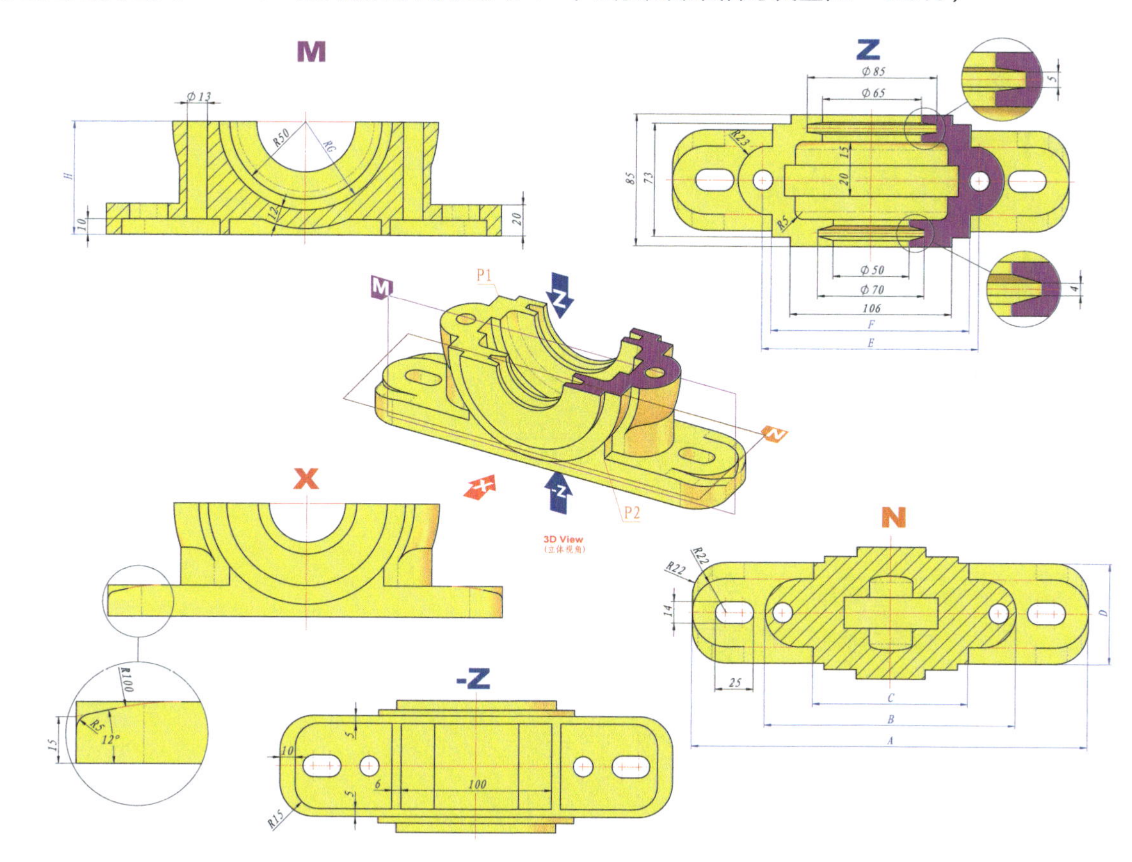

第 9 单元　异型过渡件

9-1： 构建三维模型，同色圆弧半径相等，未标注壁厚为 T。题图为示意图，只用于表达尺寸和几何关系，由于参数变化，其形态会有所变化。

【注意】

重合、相切、对称等几何关系。

【问题】

1. 请问图中 P1 至 P2 距离是多少?
2. 请问图中绿色区域面积是多少?
3. 请问模型体积是多少?

（与标准答案相对误差在 ±0.5%）

A	45
B	30
C	50
D	20
E	20
F	17
G	15
H	10
T	2

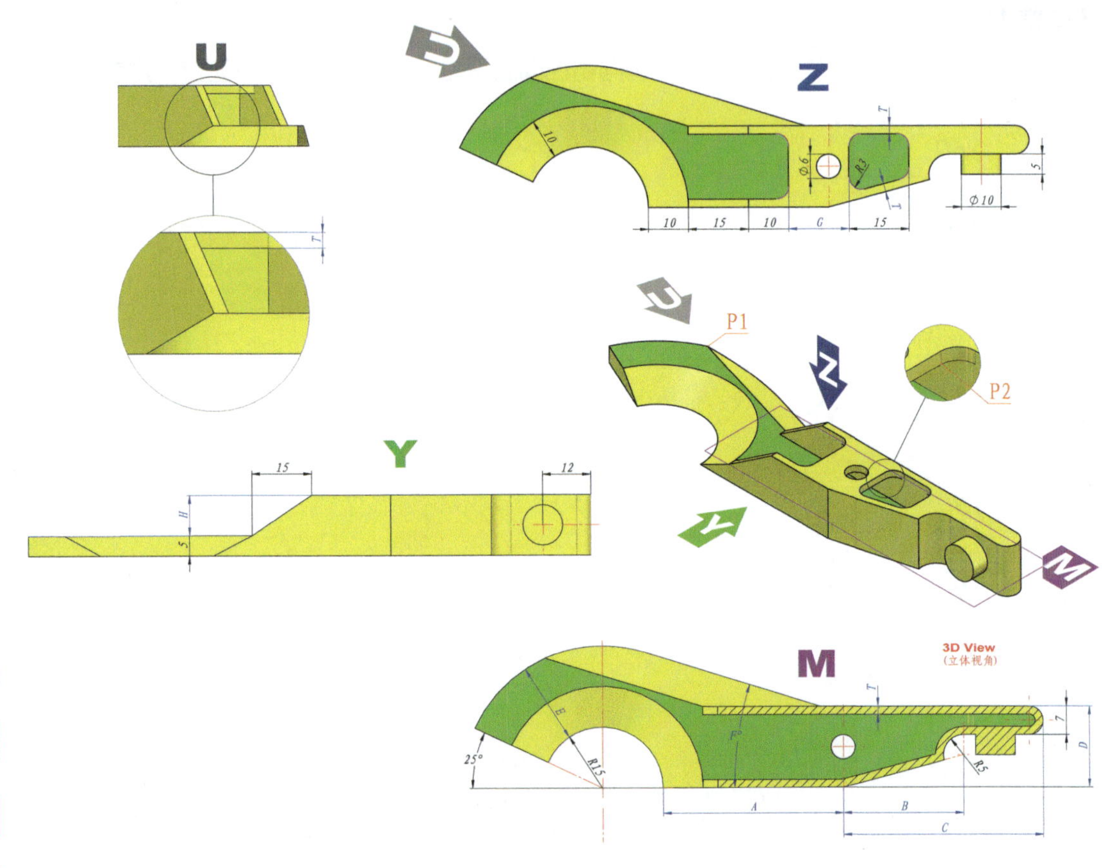

9-2： 构建三维模型，未标注壁厚均为 T。题图为示意图，只用于表达尺寸和几何关系，由于参数变化，其形态会有所变化。

【注意】

对称、同心、相切等几何关系。

【问题】

1. 请问图中 P1 至 P2 距离是多少？
2. 请问图中浅蓝色区域面积是多少？
3. 请问模型体积是多少？

（与标准答案相对误差在 ±0.5%）

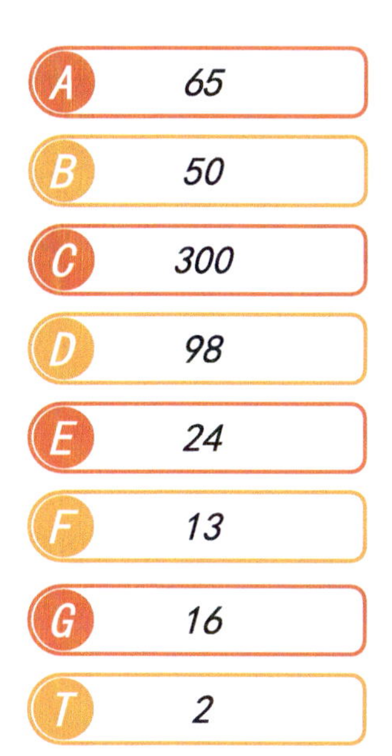

A	65
B	50
C	300
D	98
E	24
F	13
G	16
T	2

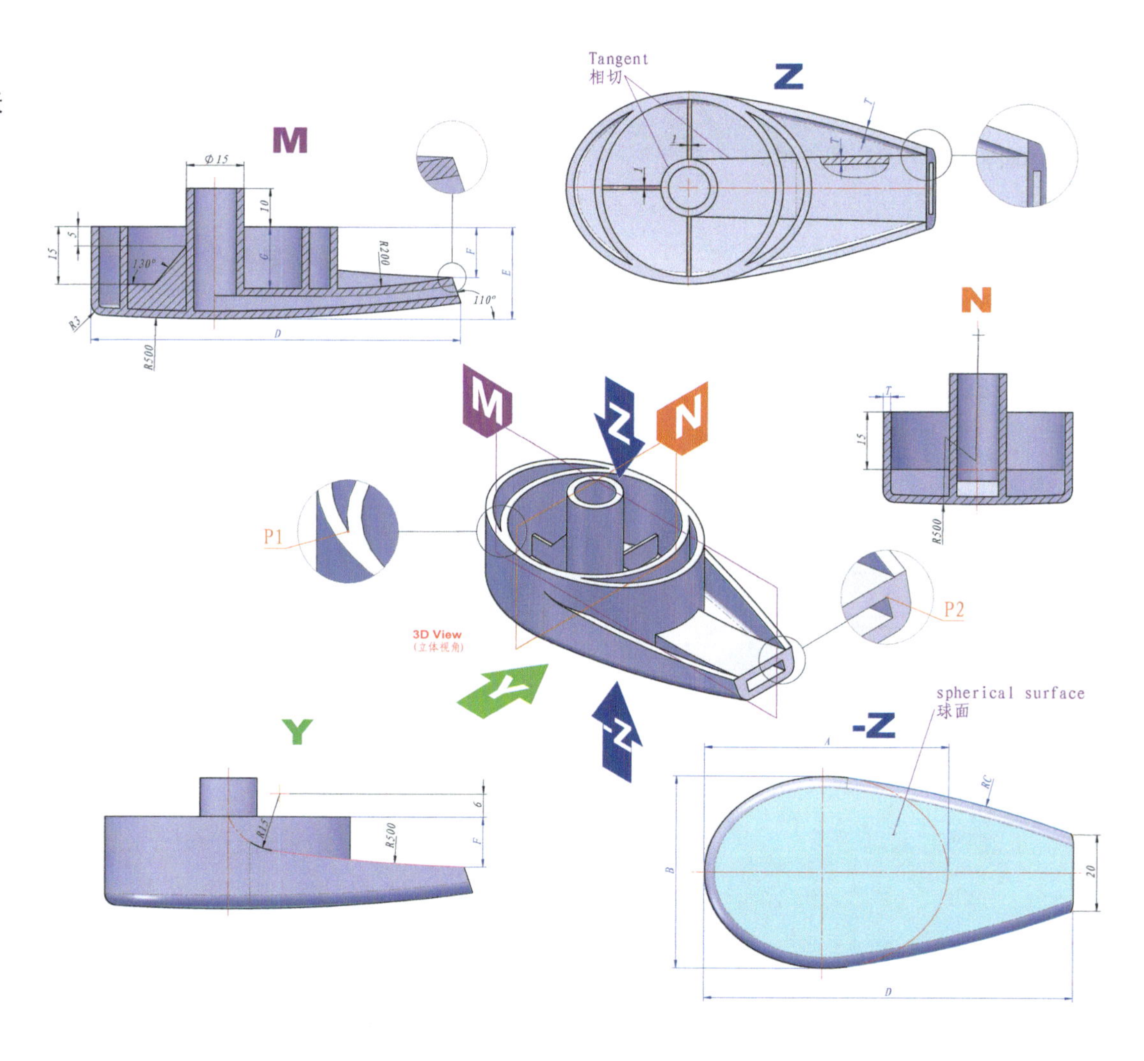

9-3: 构建三维模型，同色短线长度相等，未标注壁厚均为 T。题图为示意图，只用于表达尺寸和几何关系，由于参数变化，其形态会有所变化。

【注意】

对称、同心、相切等几何关系。

【问题】

1. 请问图中 P1 至 P2 距离是多少？ 2. 请问图中黄色区域面积是多少？ 3. 请问模型体积是多少？（与标准答案相对误差在 ±0.5%）

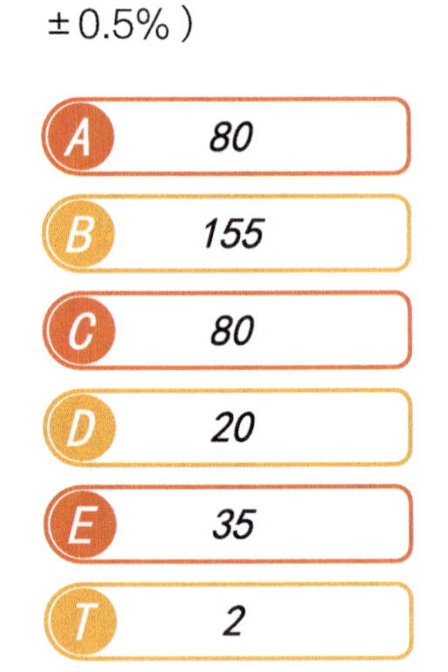

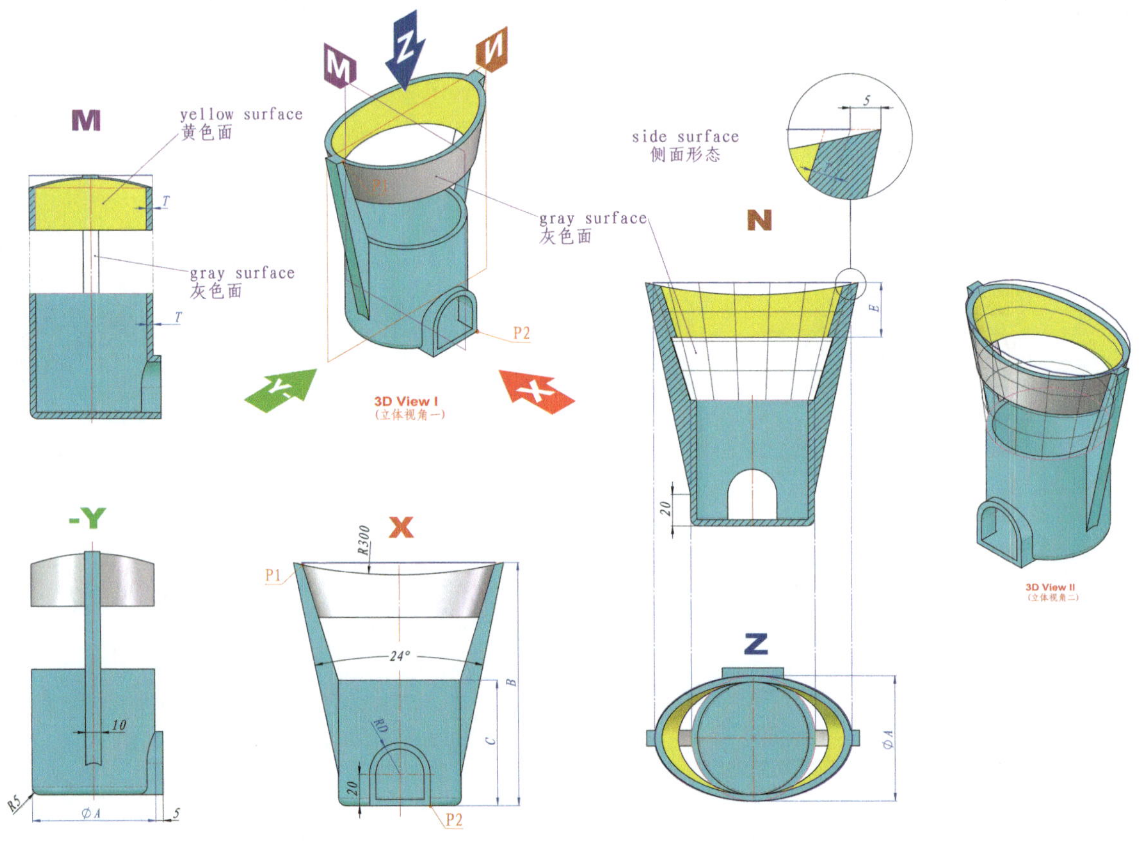

9-4： 构建三维模型，同色短线长度相等，同色圆弧半径等长，未标注壁厚均为 T。蓝色面与黄色面等距 3，采用偏移或加厚切除命令。题图为示意图，只用于表达尺寸和几何关系，由于参数变化，其形态会有所变化。

【注意】

对称、同心、相切等几何关系。

【问题】

1. 请问图中 P1 至 P2 距离是多少?
2. 请问图中黄色区域面积是多少?
3. 请问模型体积是多少?

（与标准答案相对误差在 ±0.5%）

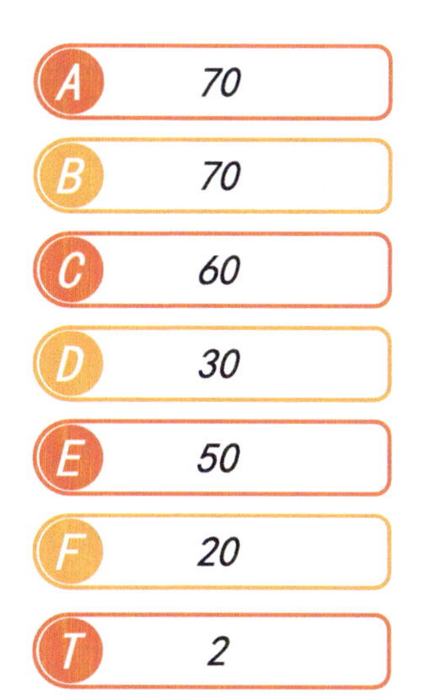

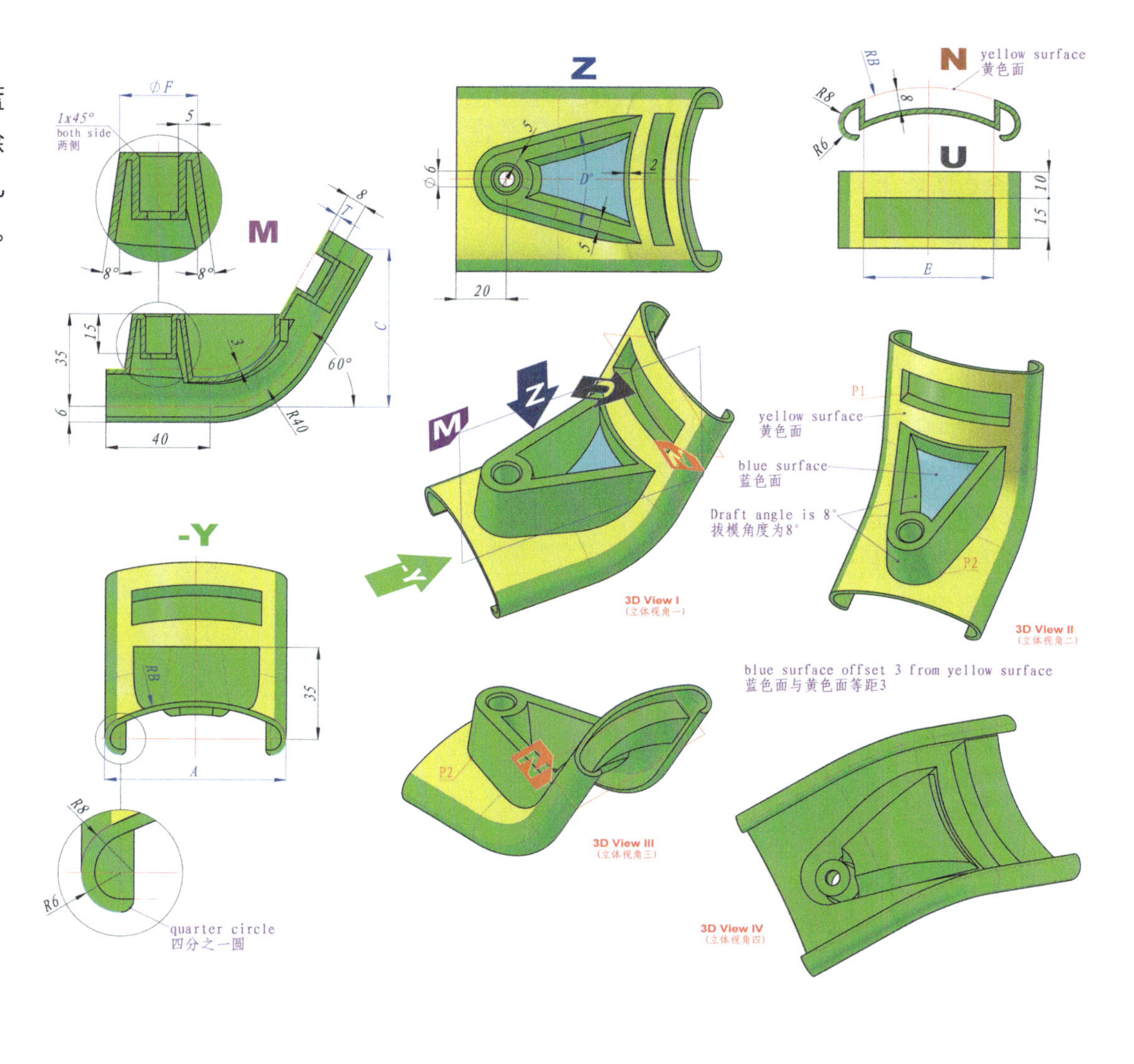

9-5： 构建三维模型，同色短线长度相等，同色圆弧半径相等。题图为示意图，只用于表达尺寸和几何关系，由于参数变化，其形态会有所变化。

【注意】

对称、同心、相切等几何关系。

【问题】

1. 请问图中 P1 至 P2 距离是多少?
2. 请问图中 P2 至 P3 距离是多少?
3. 请问图中橘黄色区域面积是多少?
4. 请问图中绿色区域面积是多少?
5. 请问模型体积是多少?

（与标准答案相对误差在 ±0.5%）

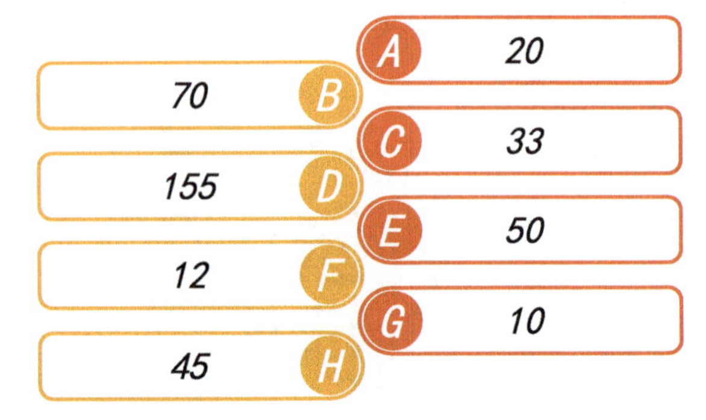

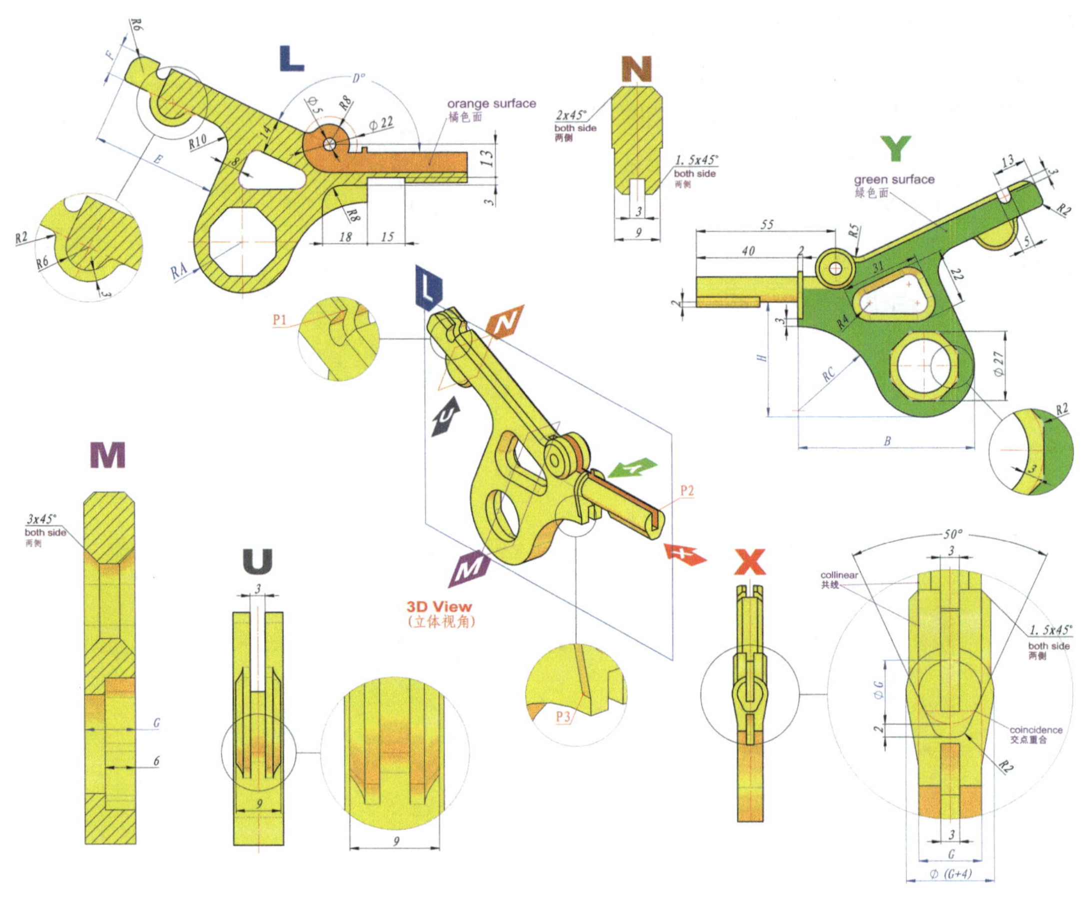

9-6: 构建三维模型，同色短线长度相等，未标注壁厚均为 T，红色区域与绿色区域均无干涉。题图为示意图，只用于表达尺寸和几何关系，由于参数变化，其形态会有所变化。

【注意】相等、同心、相切等几何关系。

【问题】

1. 请问图中 P1 至 P2 距离是多少？ 2. 请问模型红色实体（两块）体积是多少？ 3. 请问模型总体积是多少？（与标准答案相对误差在 ±0.5%）

A	60
B	20
C	32
D	30
E	35
T	1.5

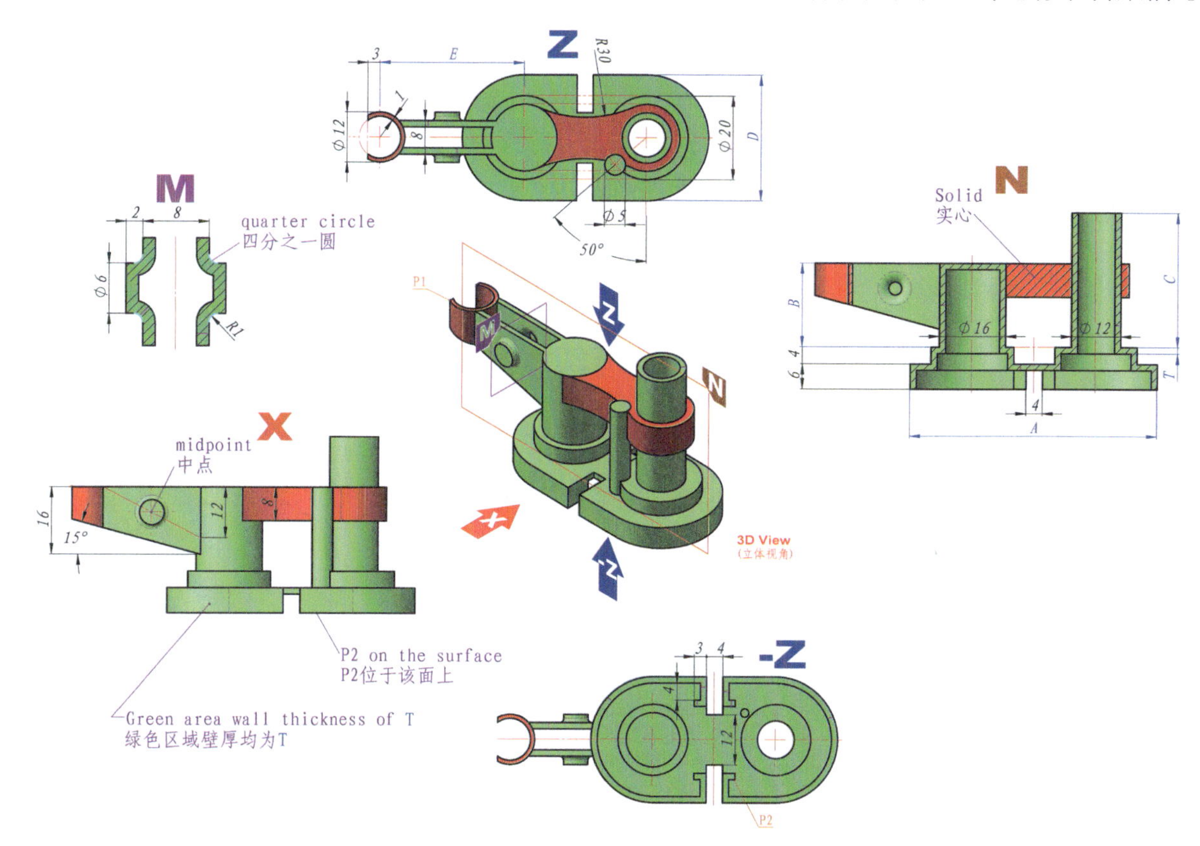

9-7: 构建三维模型，同色圆弧半径相同。题图为示意图，只用于表达尺寸和几何关系，由于参数变化，其形态会有所变化。

【注意】

对称、同心、相切等几何关系。

【问题】

1. 请问图中 P1 至 P2 距离是多少?
2. 请问图中黄色区域的面积是多少?
3. 请问模型体积是多少?

（与标准答案相对误差在 ±0.5%）

A	90
B	35
C	13
D	45
E	8
F	10
G	90
T	3

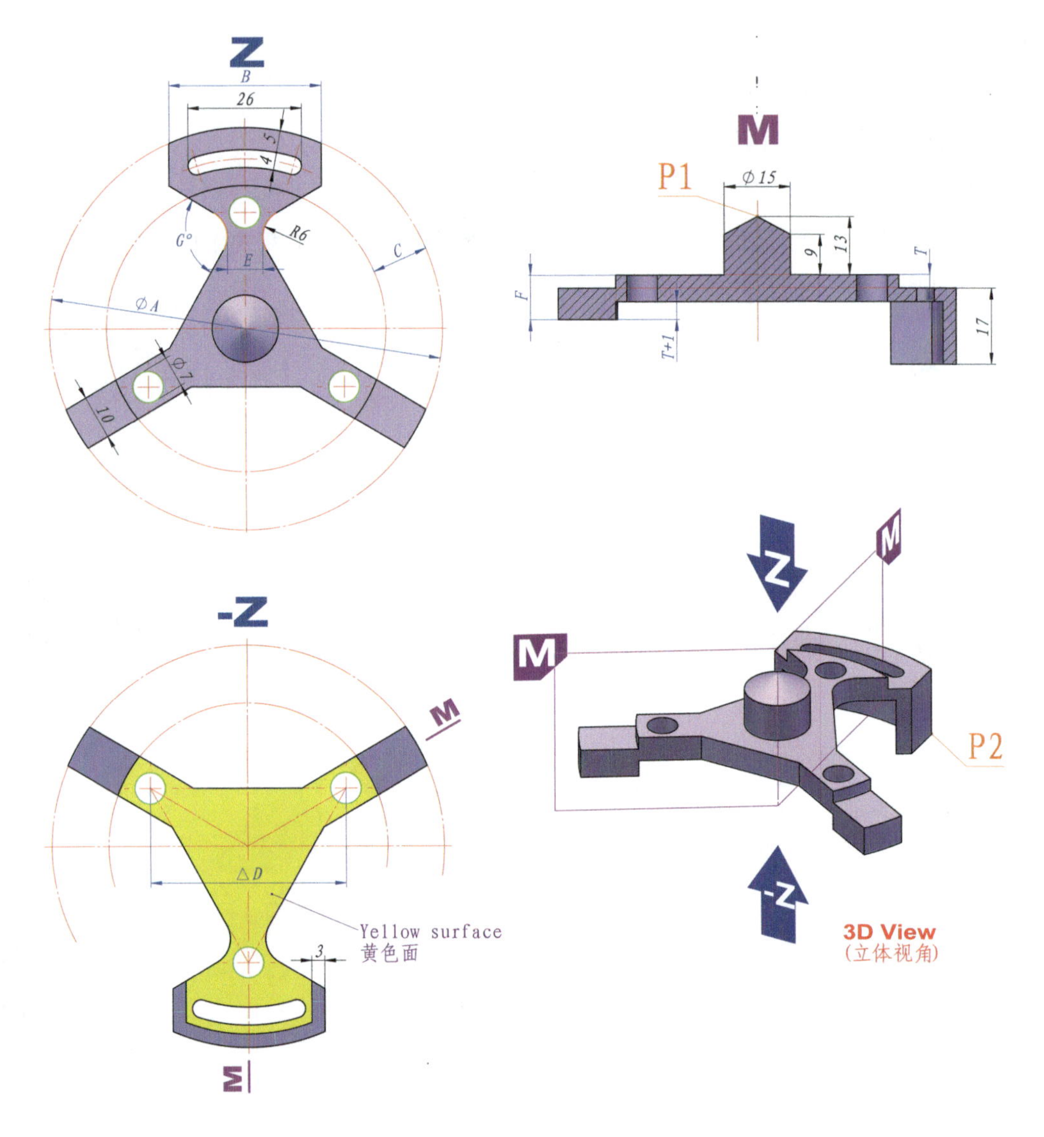

9-8: 构建三维模型，同色短线长度相等，同色圆弧半径相同。题图为示意图，只用于表达尺寸和几何关系，由于参数变化，其形态会有变化。

【注意】

对称、同心、相切等几何关系。

【问题】

1. 请问图中 P1 至 P2 的距离是多少?
2. 请问图中蓝色区域的面积是多少?
3. 请问模型体积是多少?

（与标准答案相对误差在 ±0.5%）

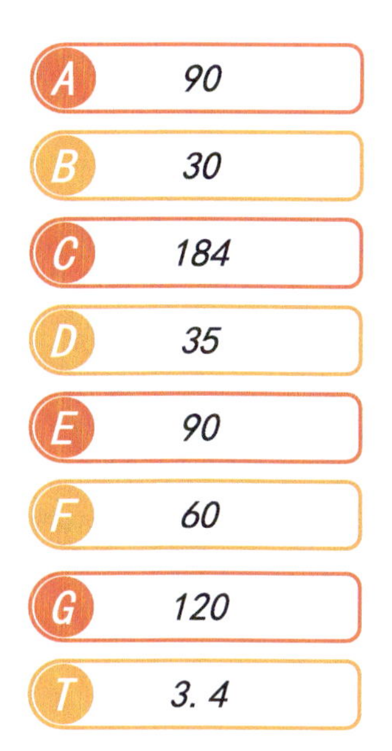

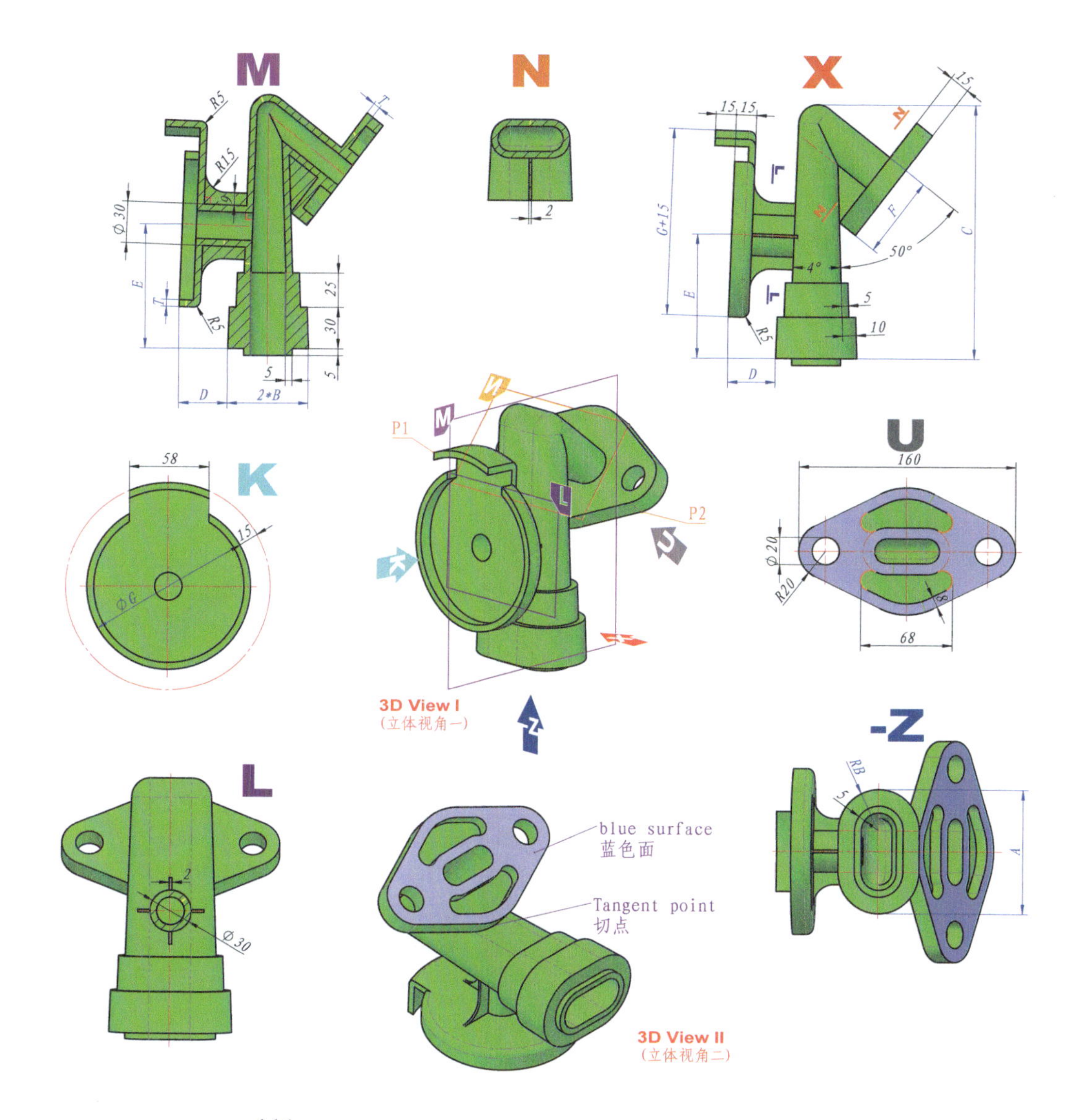

9-9: 构建三维模型，其中未标注的厚度（或偏距）均为 A。题图为示意图，只用于表达尺寸和几何关系，由于参数变化，其形态会有所变化。

【注意】

对称、同心、相切等几何关系。

【问题】

请问模型总体积是多少？（与标准答案相对误差在 ±0.5%）

A	1
B	16
C	60
D	22
E	145

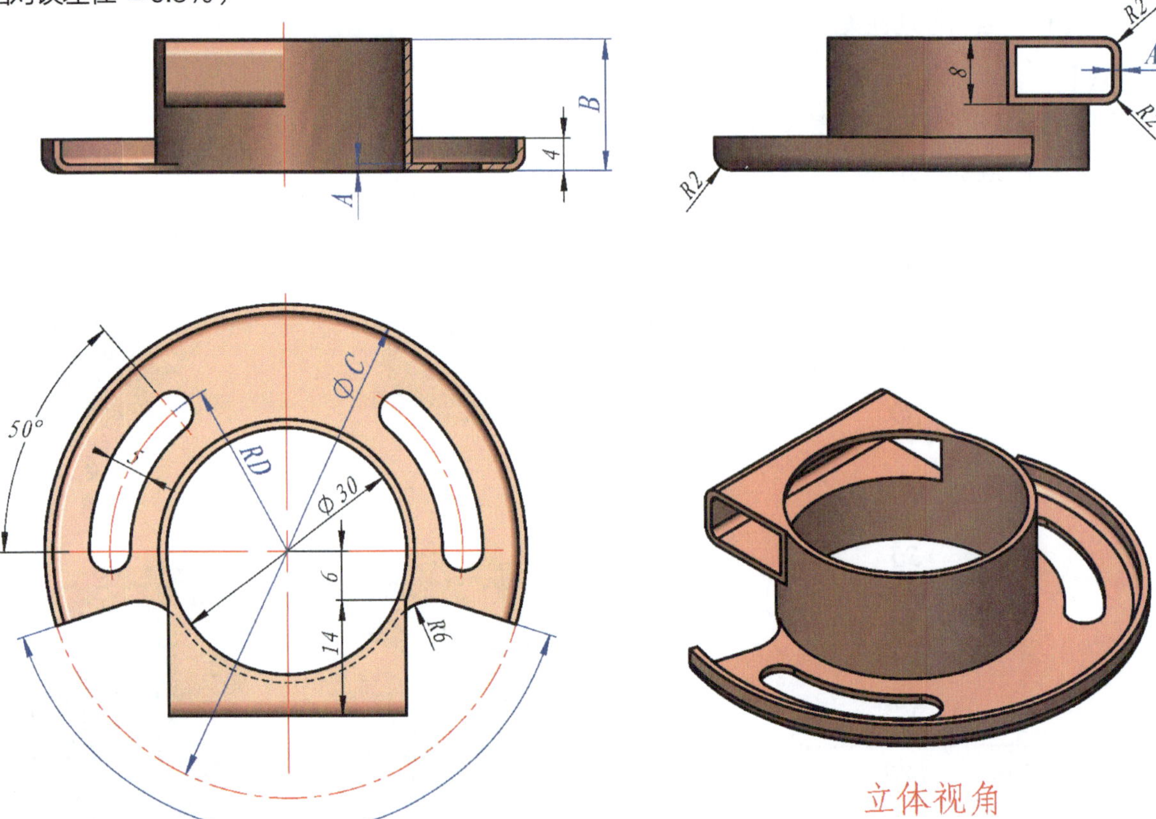

9-10: 构建三维模型，同色短线长度相等，未标注壁厚均为 T。面 S2 是面 S1 偏移 4 的面，使用偏移或加厚命令。题图为示意图，只用于表达尺寸和几何关系，由于参数变化，其形态会有所变化。

【注意】

相等、同心、相切等几何关系。

【问题】

1. 请问图中绿色区域的面积是多少？
2. S2=?
3. S3=?
4. 请问模型体积是多少？

（与标准答案相对误差在 ±0.5%）

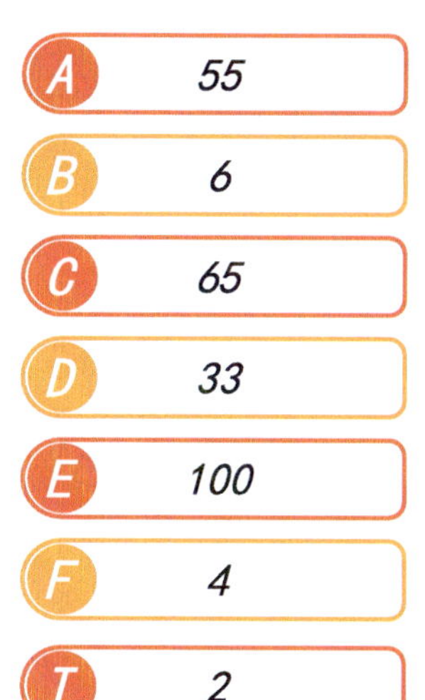

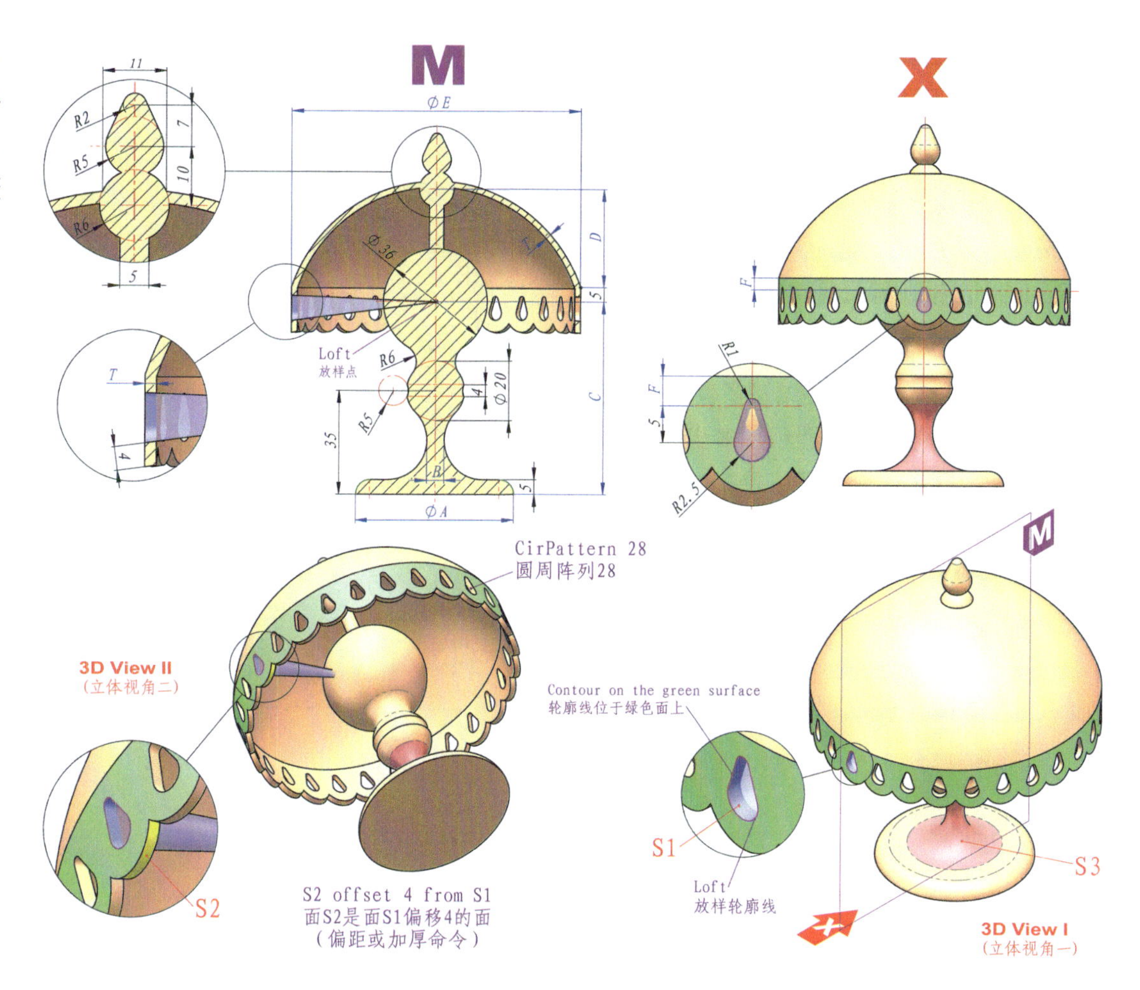

9-11: 构建三维模型，同色短线长度相等，同色圆弧半径相同。绿色圆弧为四分之一圆弧。题图为示意图，只用于表达尺寸和几何关系，由于参数变化，其形态会有所变化。

【注意】

对称、同心、相切等几何关系。

【问题】

1. 请问图中 P1 至 P2 距离是多少?
2. 请问图中黄色区域的面积是多少?
3. 请问图中橘色区域的面积是多少?
4. 请问模型体积是多少?

（与标准答案相对误差在 ±0.5%）

A	100
B	15
C	60
D	40
E	15
F	25
G	6
H	35
K	5
J	50
K	5
L	32
T	2

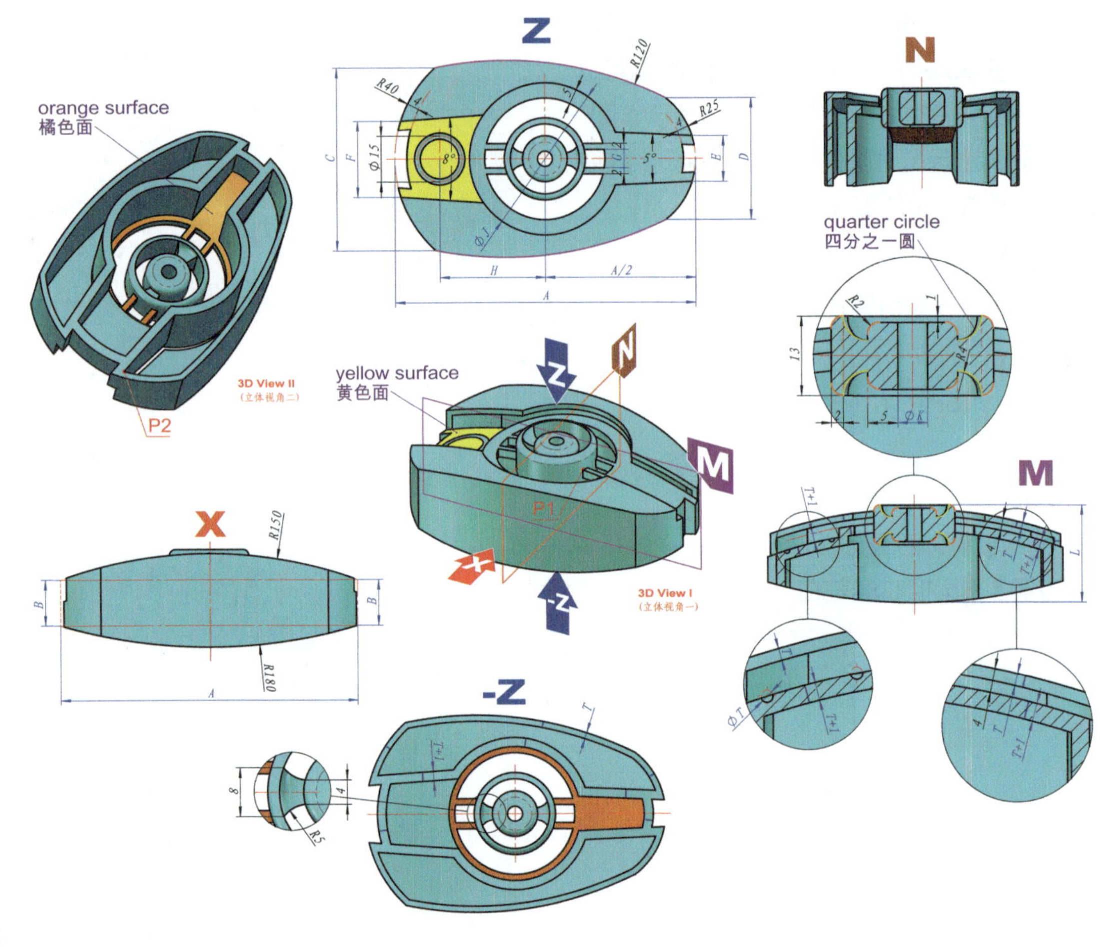

9-12：构建模型，注意建模过程中参考绿色的包络体形态，包络体两端间距为 C，均为侧高为 B、中间圆弧最高高度为 A。一端宽度为 60，另外一端宽度为 D。宽度为 D 的一端，还被 R180 切除。

【注意】

对称、同心、相切等几何关系。

【问题】

请问模型总体积是多少?

（与标准答案相对误差在 ±0.5%）

A	15
B	12
C	60
D	56
E	45
F	3
T	2

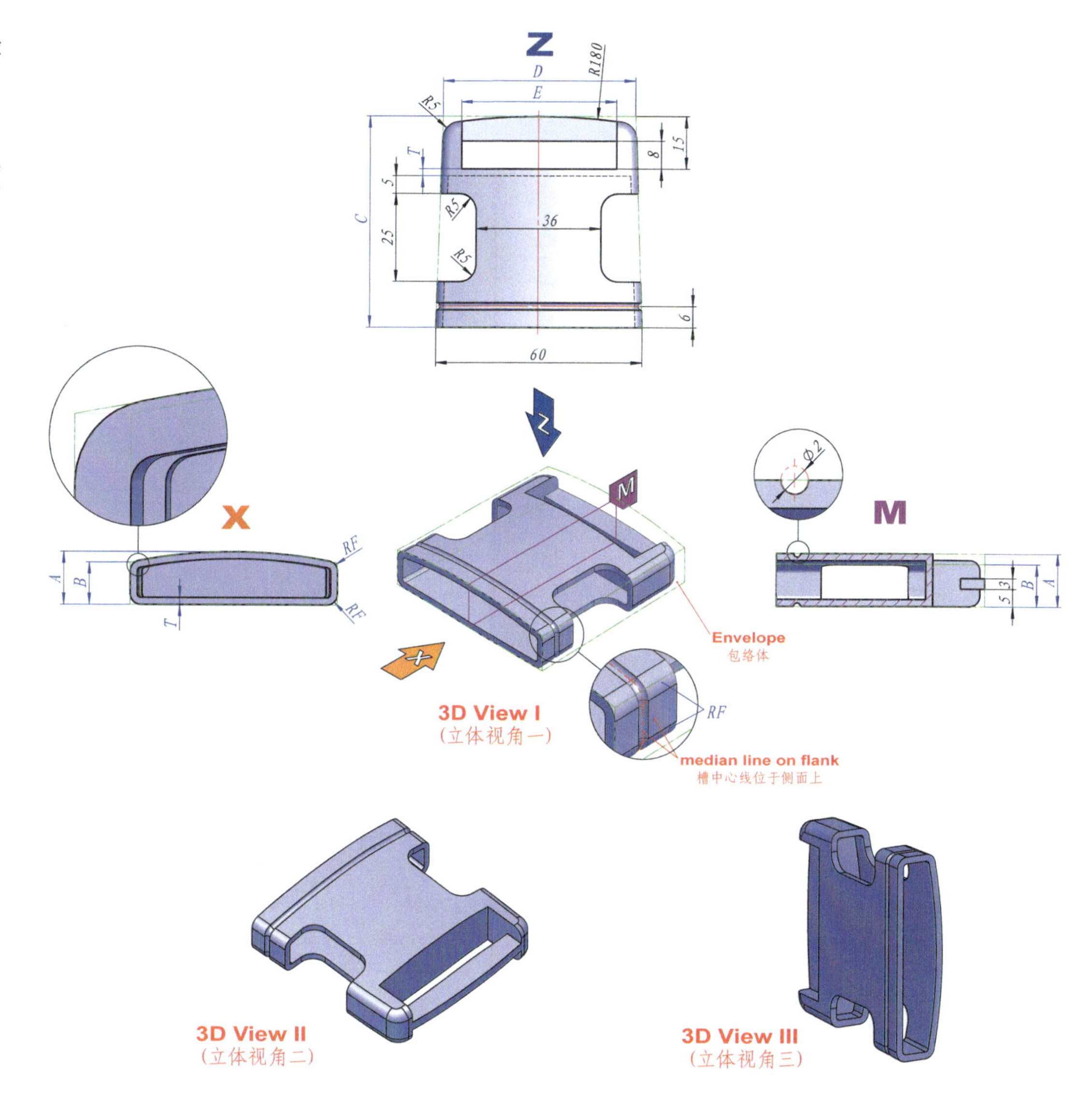

9-13: 构建零件，注意剖面 K-K 中厚度尺寸为 1 对应的几何线条采用了放大画法。

【注意】

对称、同心、相切等几何关系。

【问题】

请问模型总体积是多少?

（与标准答案相对误差在 ±0.5%）

A	60
B	6.5
C	2.5
D	40
E	45
F	110

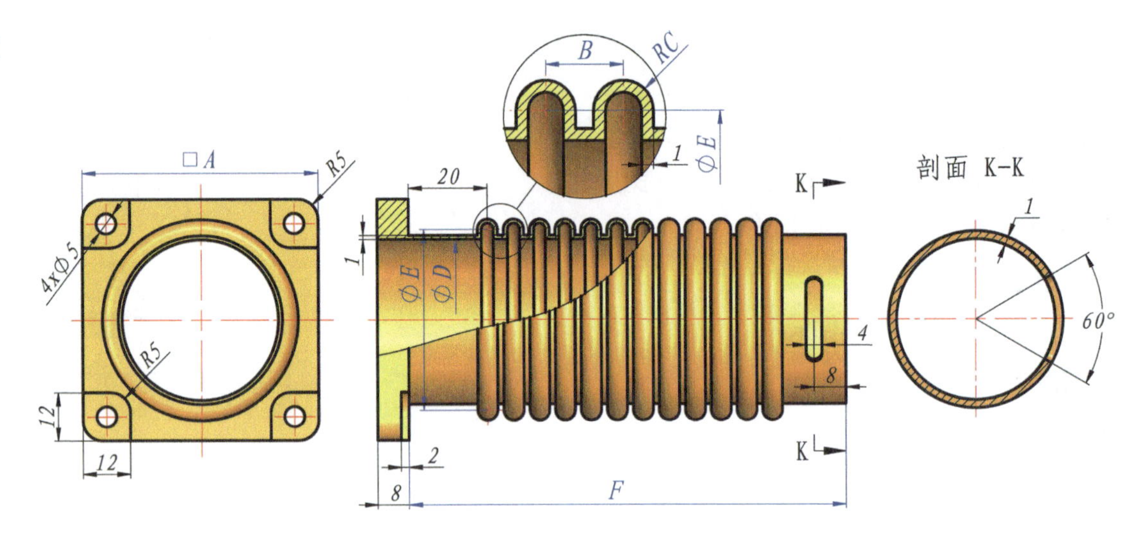

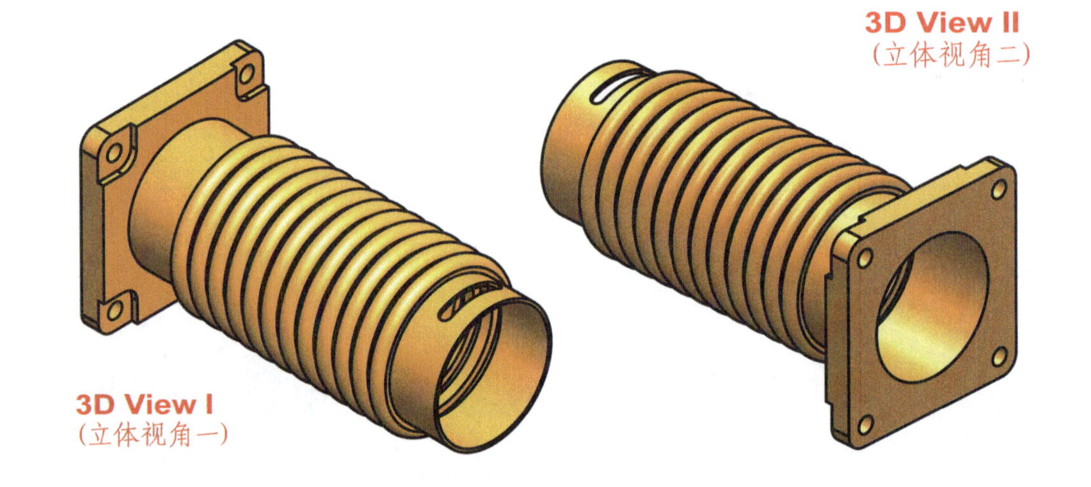

第 10 单元　散乱组合

10-1： 构建三维模型，题图为示意图，只用于表达尺寸和几何关系，由于参数变化，其形态会有所变化。

【注意】

重合、相切、对称等几何关系。

【问题】

1. 请问 P1 至 P2 距离是多少?
2. 请问橘色面面积是多少?
3. 请问模型体积是多少?

（与标准答案相对误差在 ±0.5%）

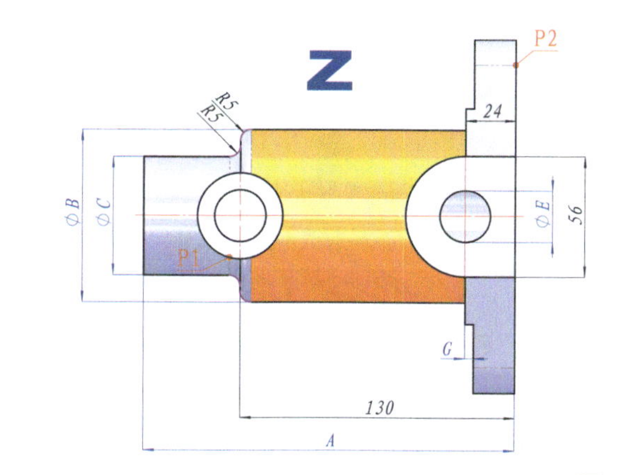

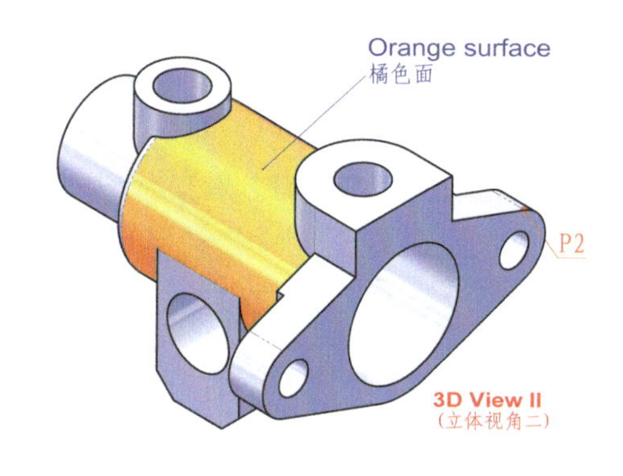

A　182

B　87

C　62

D　50

E　26

F　135

G　5

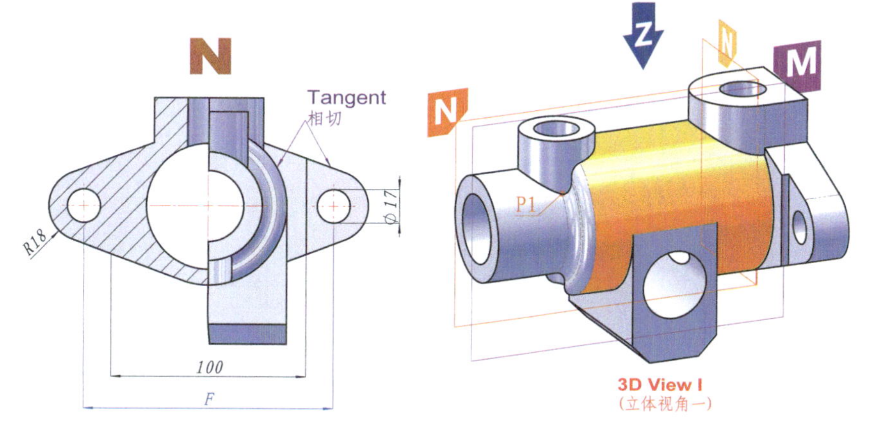

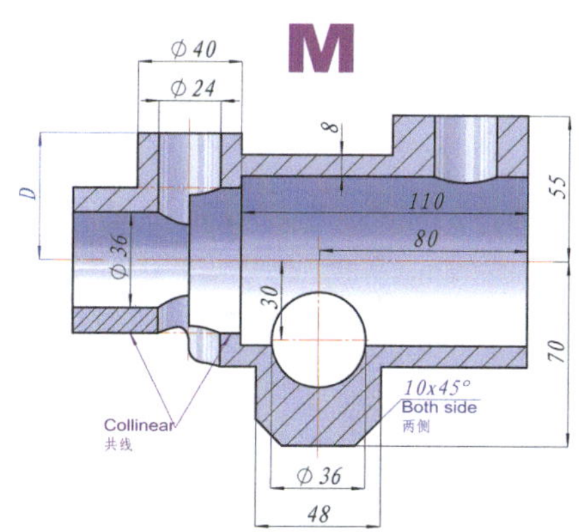

10-2: 构建三维模型，未标注厚度均为 T。题图为示意图，只用于表达尺寸和几何关系，由于参数变化，其形态会有所变化。

【注意】

重合、相切、对称等几何关系。

【问题】

1. 请问 P1 至 P2 距离是多少?
2. 请问模型体积是多少?

（与标准答案相对误差在 ±0.5%）

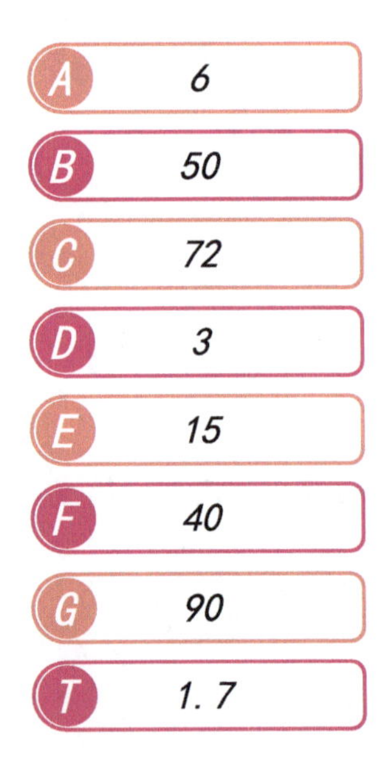

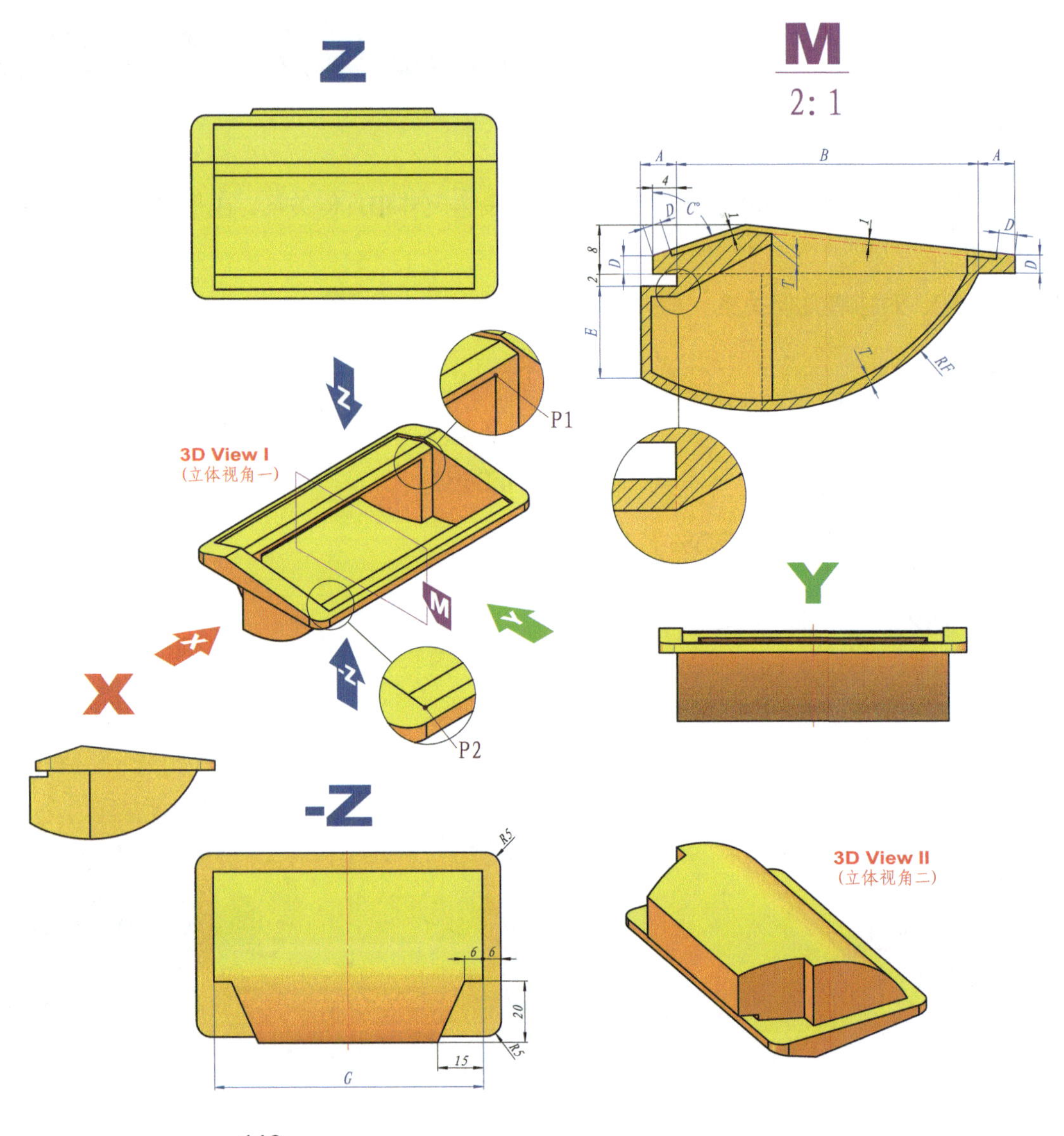

10-3: 构建三维模型，未标注厚度均为 T，紫色区域圆角为 R3。题图为示意图，只用于表达尺寸和几何关系，由于参数变化，其形态会有所变化。

【注意】

重合、相切、对称等几何关系。

【问题】

1. 请问灰色面面积是多少?
2. 请问黄色面面积是多少?
3. 请问模型体积是多少?

（与标准答案相对误差在 ±0.5%）

A	140
B	28
C	72
D	12
E	8
F	30
G	45
T	2

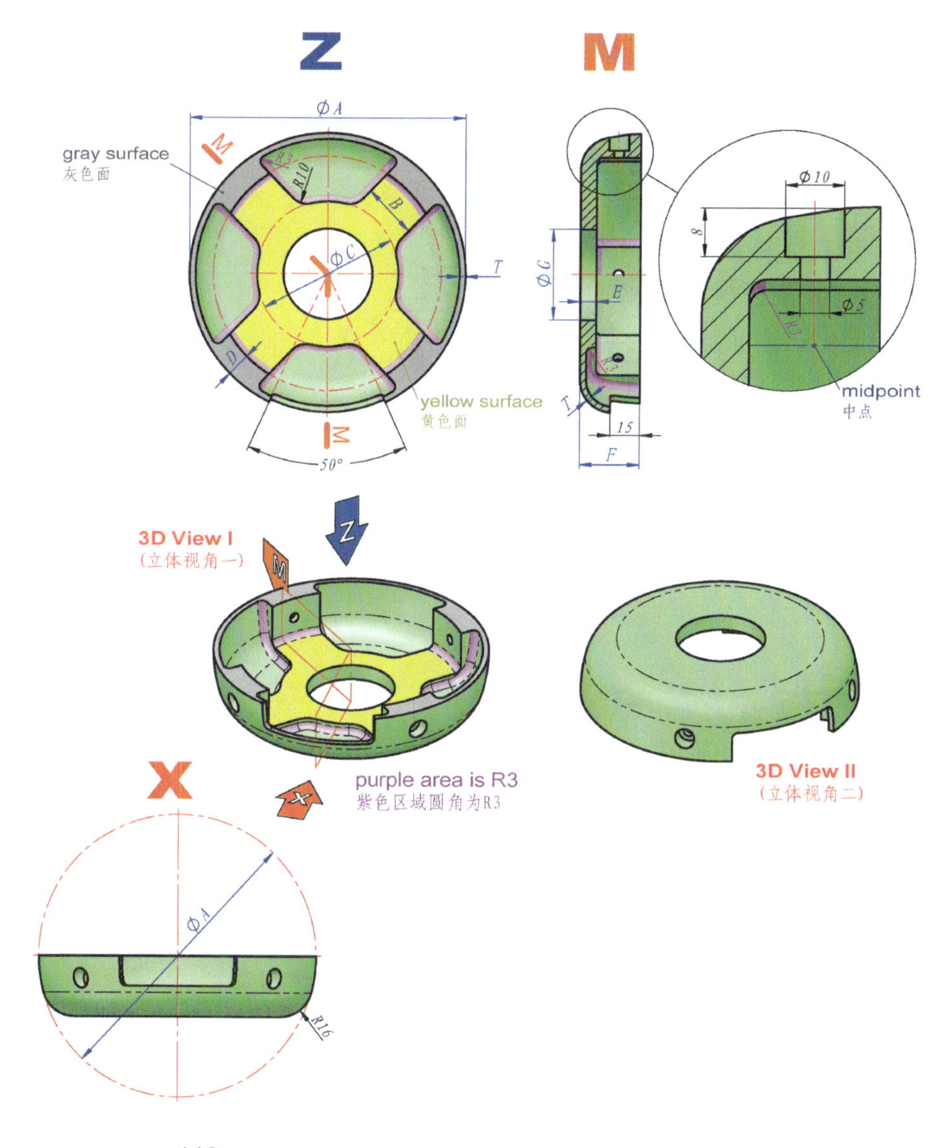

10-4： 构建三维模型，绿色部分是壁厚为 2 的等壁厚形体。题图为示意图，只用于表达尺寸和几何关系，由于参数变化，其形态会有所变化。

【注意】

重合、相切、对称等几何关系。

【问题】

1．请问模型体积是多少？ 2．假设模型按照前视图形态放置在水平平台上（即绿色区域的底部接触平台），如果保障整个模型不倾倒，即整个模型的重心坐标在底面的投影落在绿色部分范围之内，红色尺寸所能达到的最大值是多少？（与标准答案相对误差在 ±0.5%）

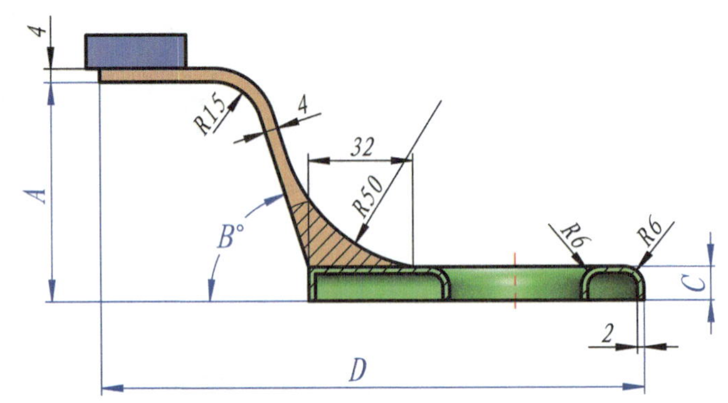

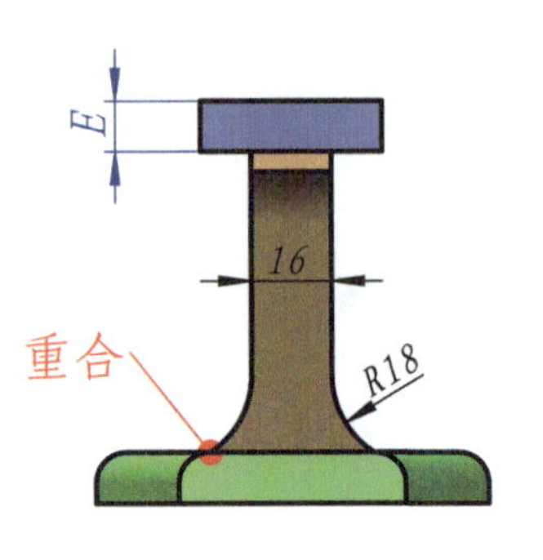

A	65
B	72
C	10
D	165
E	10
F	102
G	32

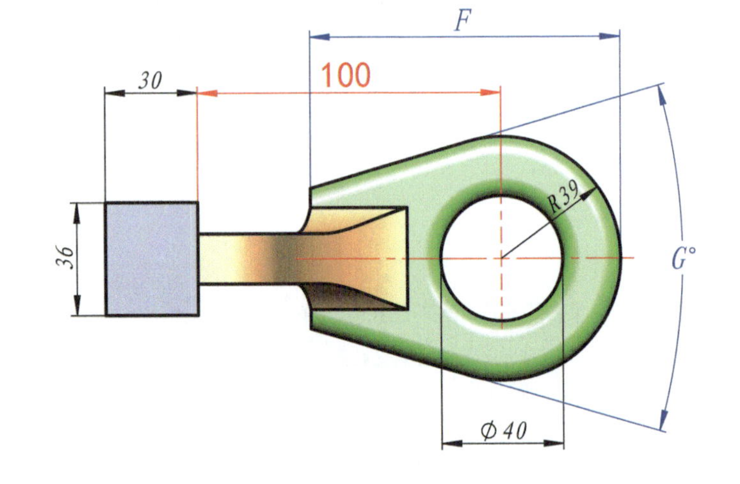

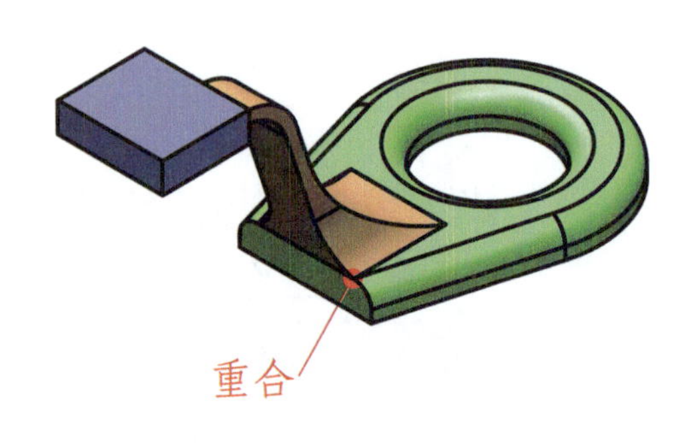

10-5：构建三维模型，题图为示意图，只用于表达尺寸和几何关系，由于参数变化，其形态会有所变化。

【注意】

重合、相切、对称等几何关系。

【问题】

1. 请问绿色面面积是多少?
2. 请问 P1 至 P2 距离是多少?
3. 请问模型体积是多少?

（与标准答案相对误差在 ±0.5%）

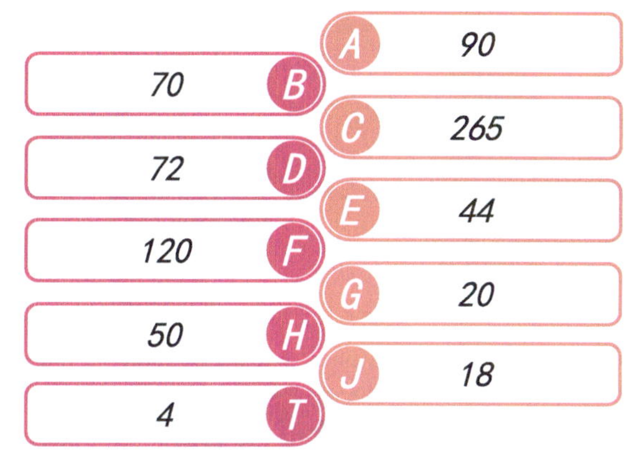

A	90
B	70
C	265
D	72
E	44
F	120
G	20
H	50
J	18
T	4

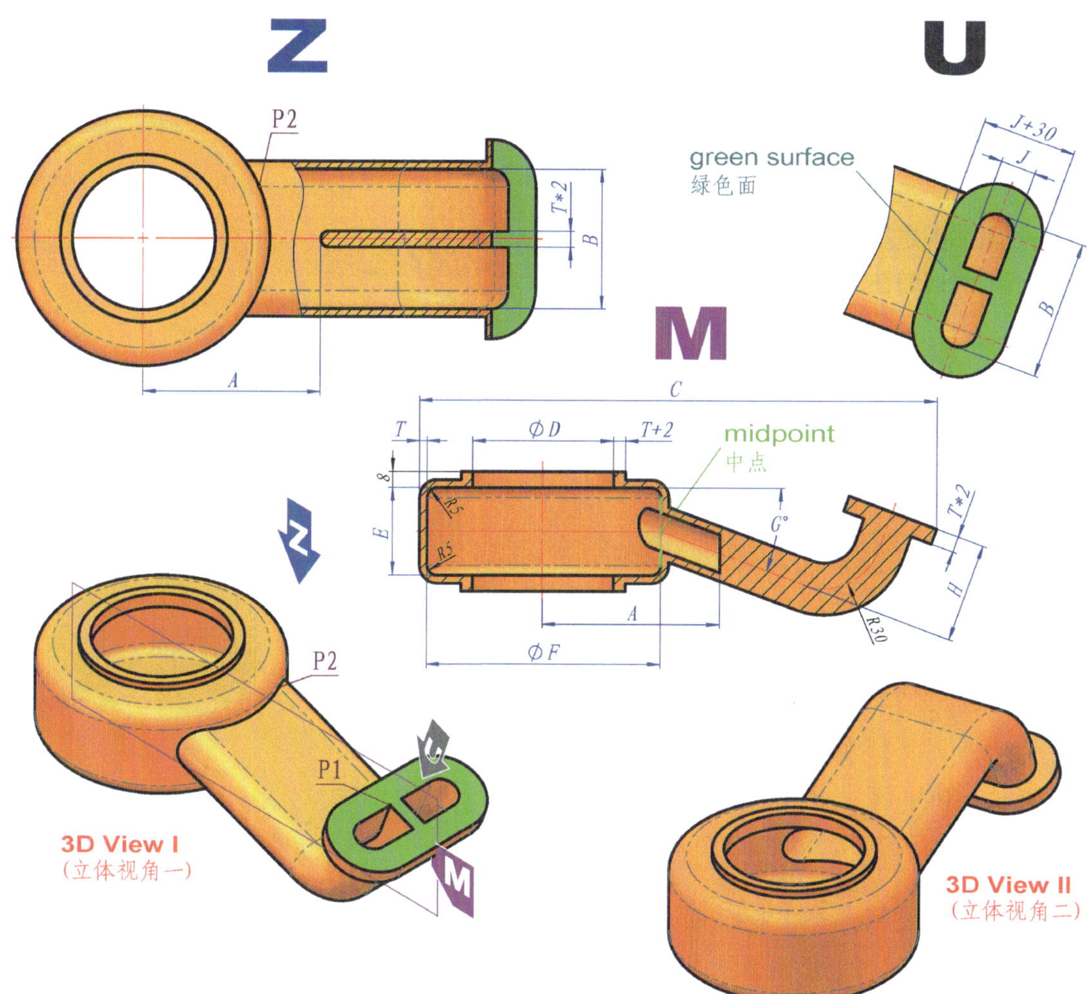

10-6： 构建三维模型，题图为示意图，只用于表达尺寸和几何关系，由于参数变化，其形态会有所变化。

【注意】

重合、相切、对称等几何关系。

【问题】

请问模型体积是多少？（与标准答案相对误差在 ±0.5%）

- A　50
- B　50

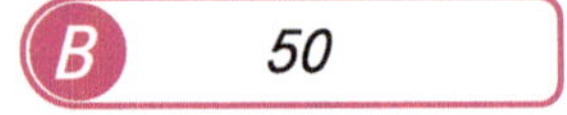

- C　135
- D　80
- E　70
- F　45
- G　250
- H　30
- T　8

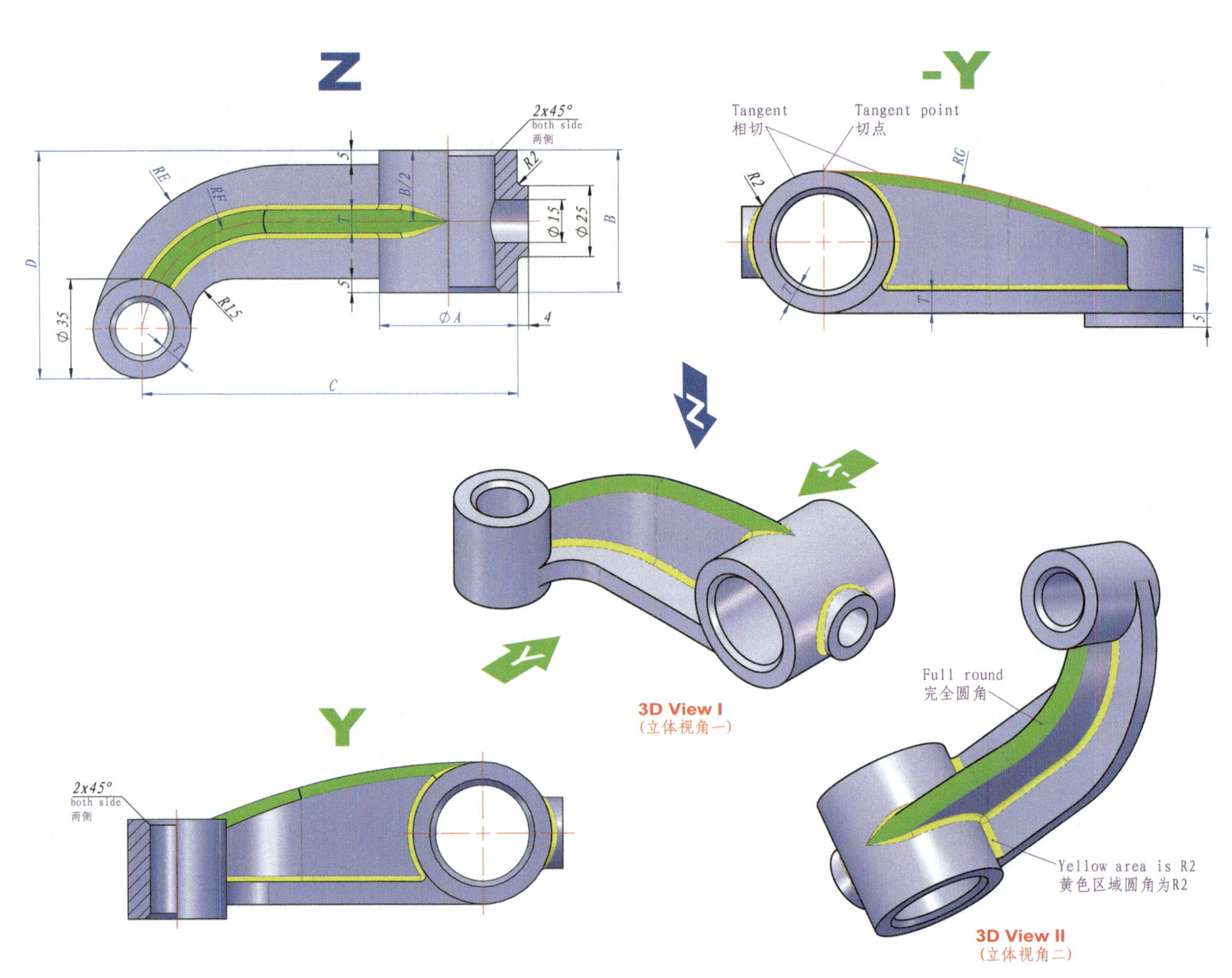

10-7： 构建三维模型，题图为示意图，只用于表达尺寸和几何关系，由于参数变化，其形态会有所变化。

【注意】

重合、相切、对称等几何关系。

【问题】

请问模型体积是多少？

（与标准答案相对误差在 ±0.5%）

- A　100
- B　15
- C　10
- D　22
- E　4

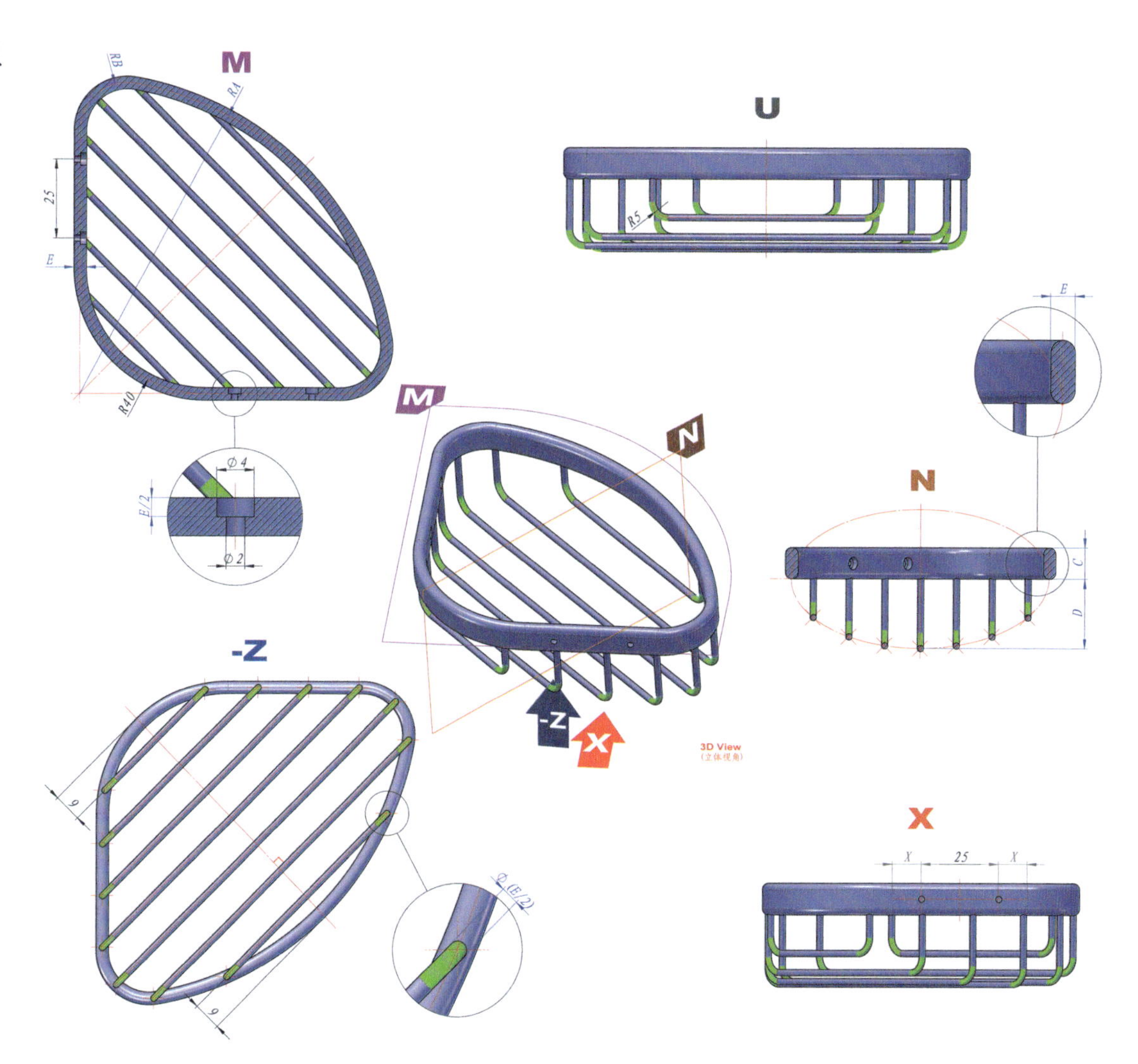

10-8： 构建三维模型，题图为示意图，只用于表达尺寸和几何关系，由于参数变化，其形态会有所变化。

【注意】

重合、相切、对称等几何关系。

【问题】

1. 请问 P1 至 P2 距离是多少?
2. 请问模型体积是多少?

（与标准答案相对误差在 ±0.5%）

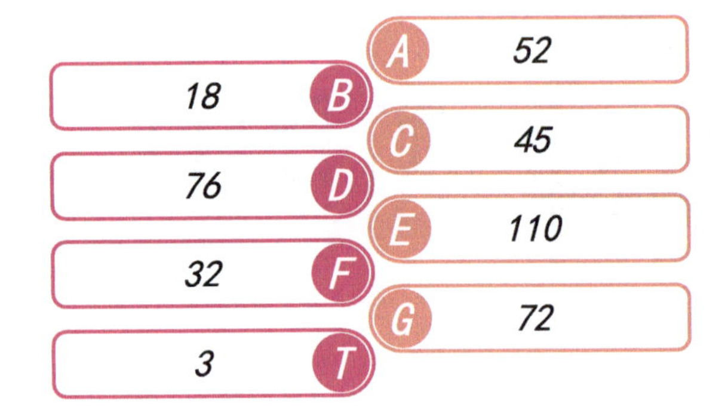

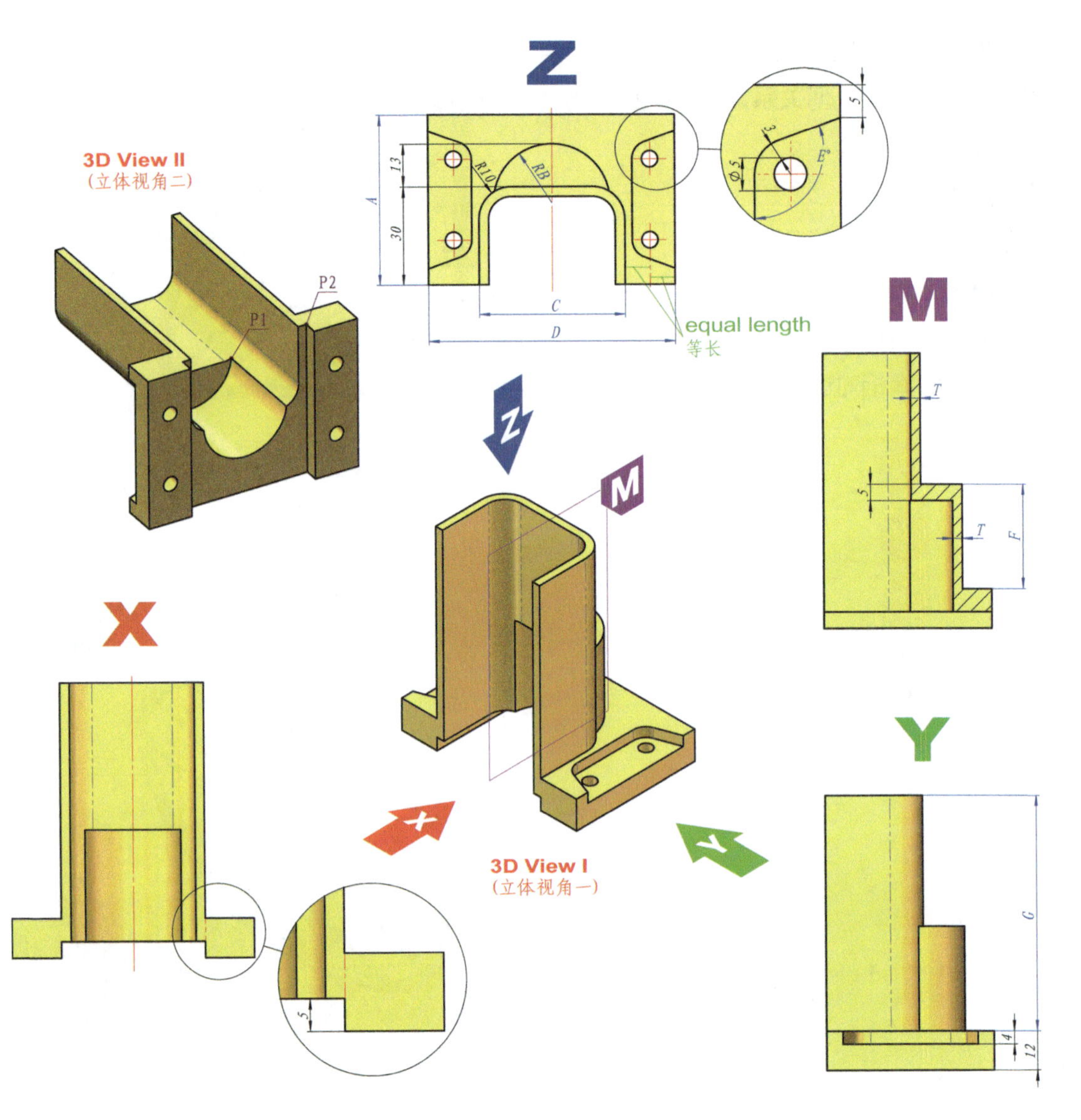

10-9： 构建三维模型，未标注区域厚度均为 T。题图为示意图，只用于表达尺寸和几何关系，由于参数变化，其形态会有所变化。

【注意】

重合、相切、对称等几何关系。

【问题】

1. 请问 P1 至 P2 距离是多少?
2. 请问模型体积是多少?

（与标准答案相对误差在 ±0.5%）

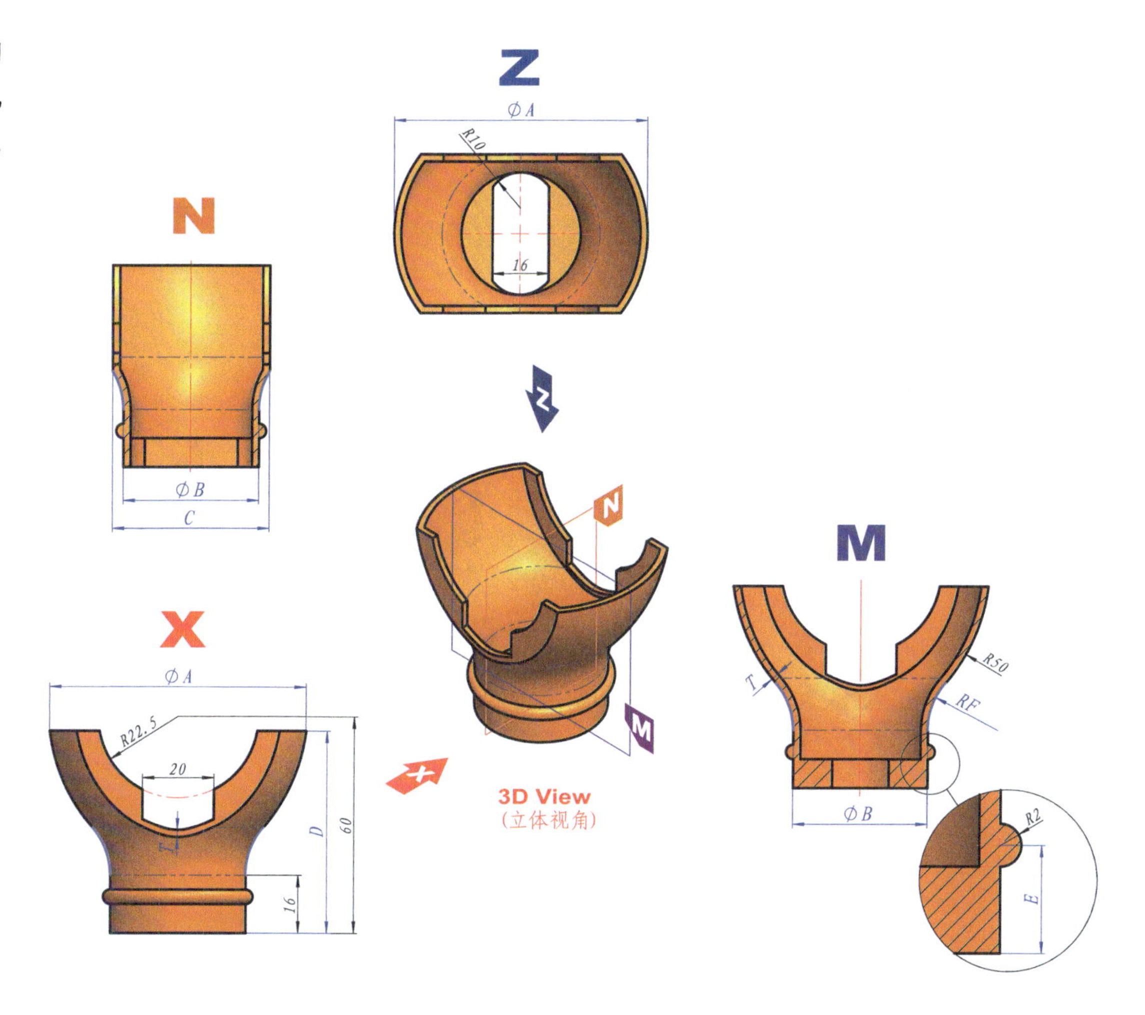

10-10： 构建三维模型，未注圆角均为R1。题图为示意图，只用于表达尺寸和几何关系，由于参数变化，其形态会有所变化。

【注意】

重合、相切、对称等几何关系。

【问题】

1. 请问绿色面面积是多少?
2. 请问蓝色面面积是多少?
3. 请问模型体积是多少?

（与标准答案相对误差在 ±0.5%）

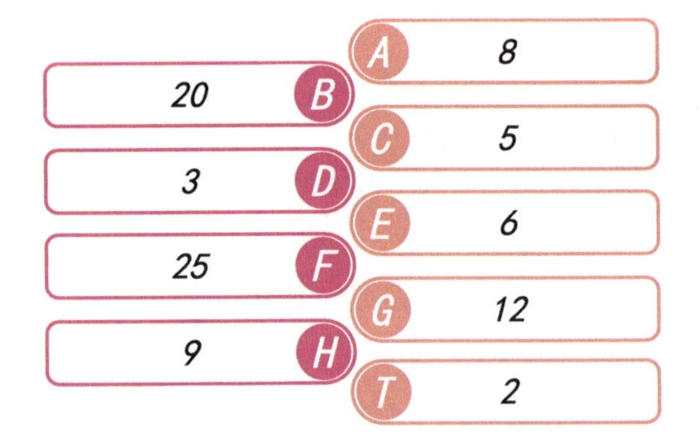

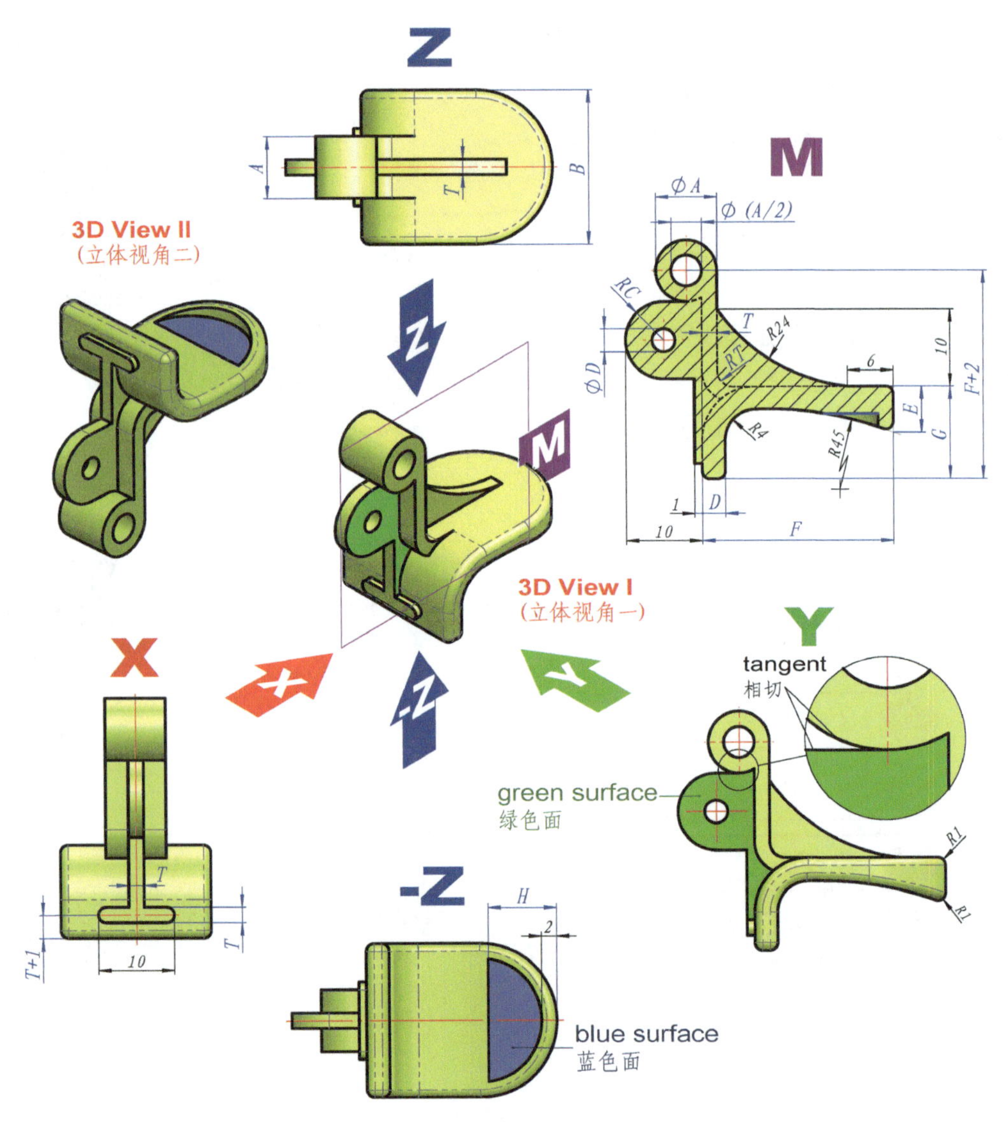

10-11：构建三维模型，题图为示意图，只用于表达尺寸和几何关系，由于参数变化，其形态会有所变化。

【注意】

重合、相切、对称等几何关系。

【问题】

1. 请问 P1 至 P2 距离是多少？ 2. 请问蓝色面面积是多少？ 3. 请问模型体积是多少？（与标准答案相对误差在 ±0.5%）

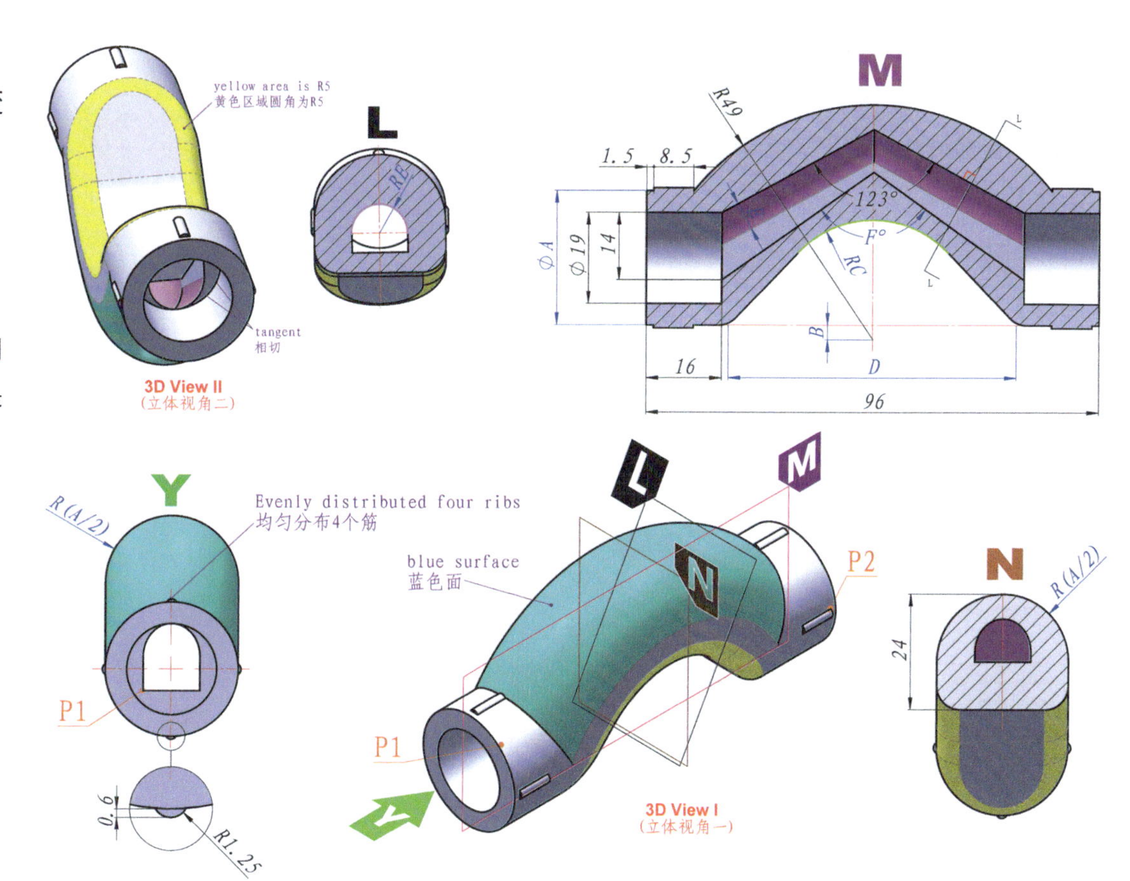

10-12: 构建三维模型，同色圆弧等半径。题图为示意图，只用于表达尺寸和几何关系，由于参数变化，其形态会有所变化。

【注意】

重合、相切、对称等几何关系。

【问题】

1. 请问橘色面面积是多少?
2. 请问模型体积是多少?

（与标准答案相对误差在 ±0.5%）

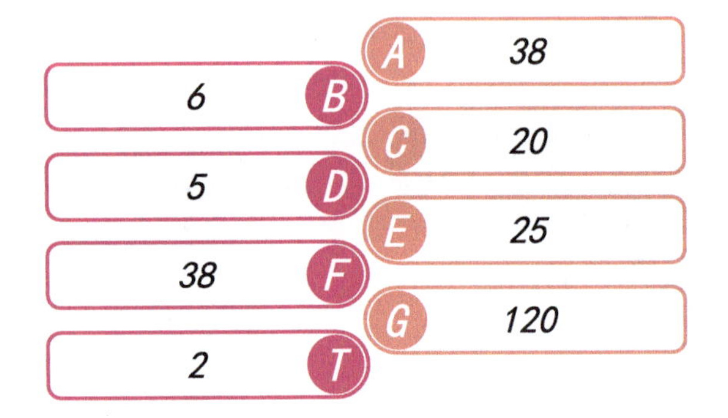

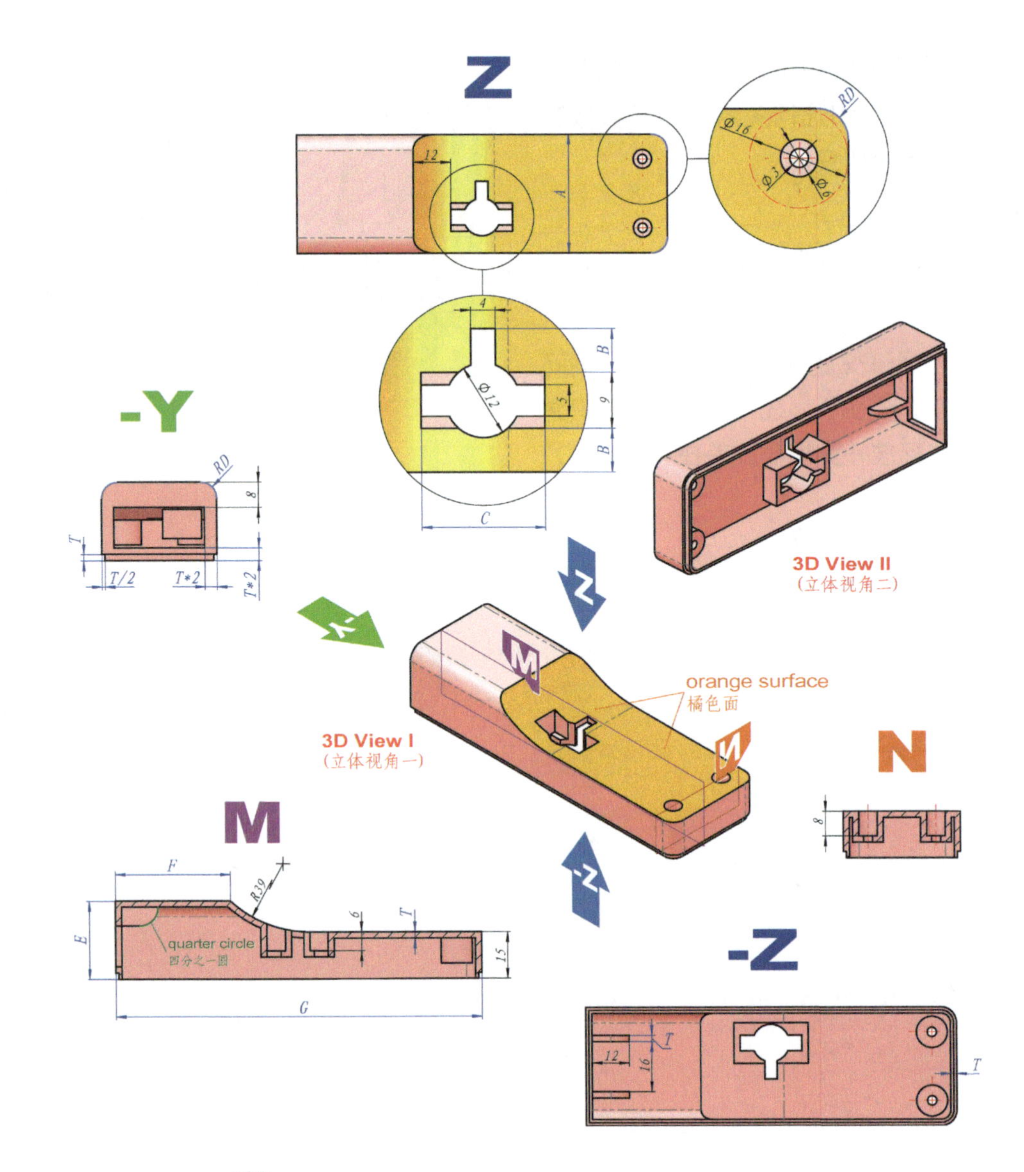

10-13：构建三维模型，题图为示意图，只用于表达尺寸和几何关系，由于参数变化，其形态会有所变化。

【注意】

重合、相切、对称等几何关系。

【问题】

请问模型体积是多少?

（与标准答案相对误差在 ±0.5%）

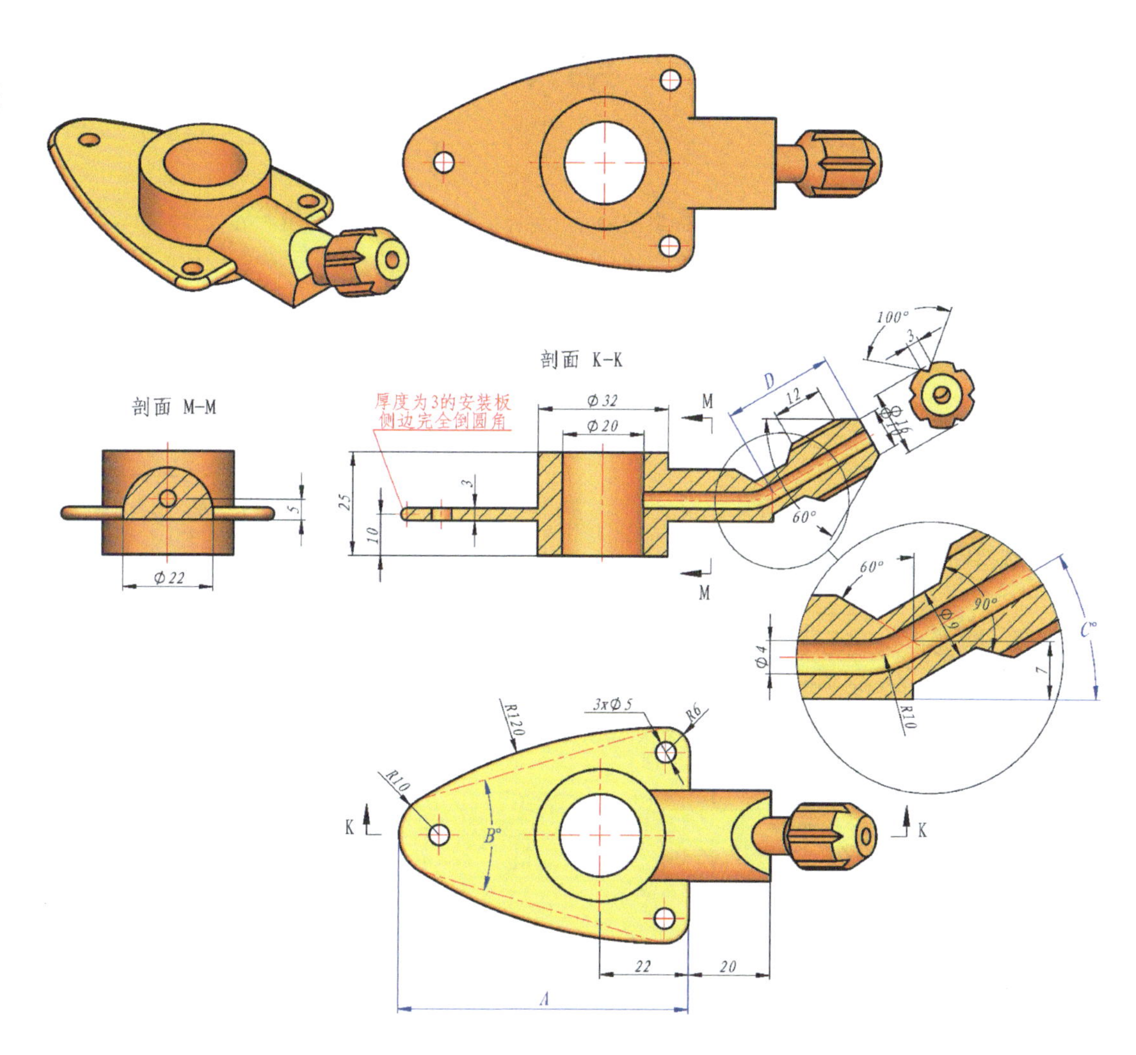

第 11 单元　底座或底盘类

11-1： 构建三维模型，题图为示意图，只用于表达尺寸和几何关系，由于参数变化，其形态会有所变化。

【注意】

重合、相切、对称等几何关系。

【问题】

请问模型体积是多少？

（与标准答案相对误差在 ±0.5%）

- A　45
- B　32
- C　2
- D　20

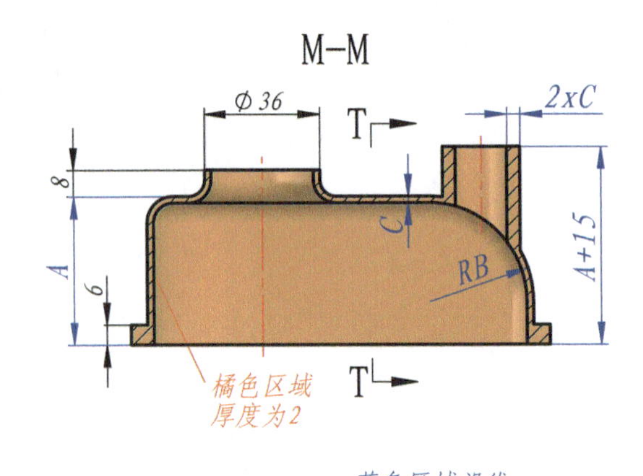

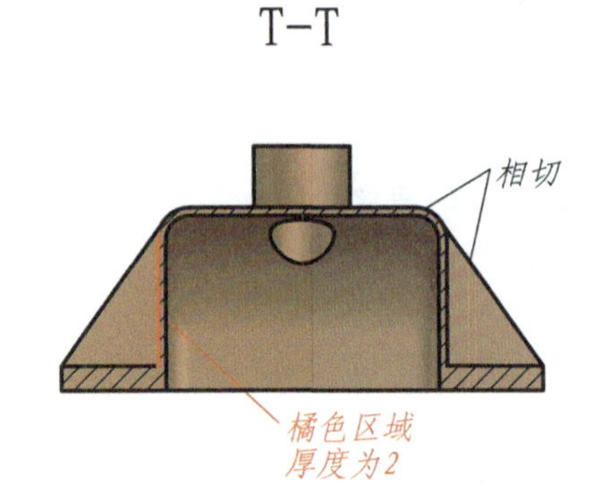

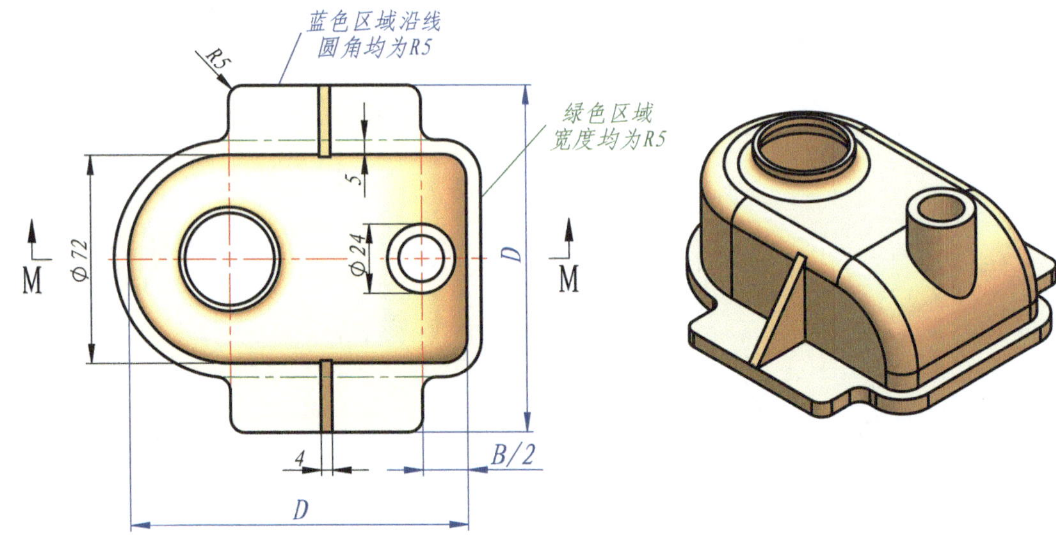

11-2: 构建三维模型，未标注壁厚均为 T。题图为示意图，只用于表达尺寸和几何关系，由于参数变化，其形态会有所变化。

【注意】

重合、相切、对称等几何关系。

【问题】

1. 请问 P1 至 P2 距离是多少？ 2. 请问蓝色面面积是多少？ 3. 请问模型体积是多少？（与标准答案相对误差在 ±0.5%）

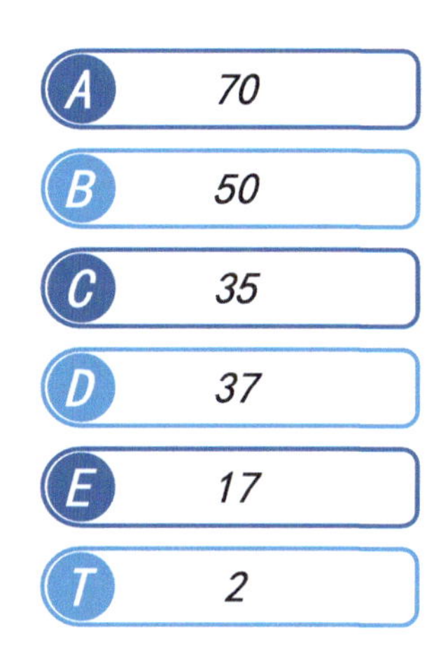

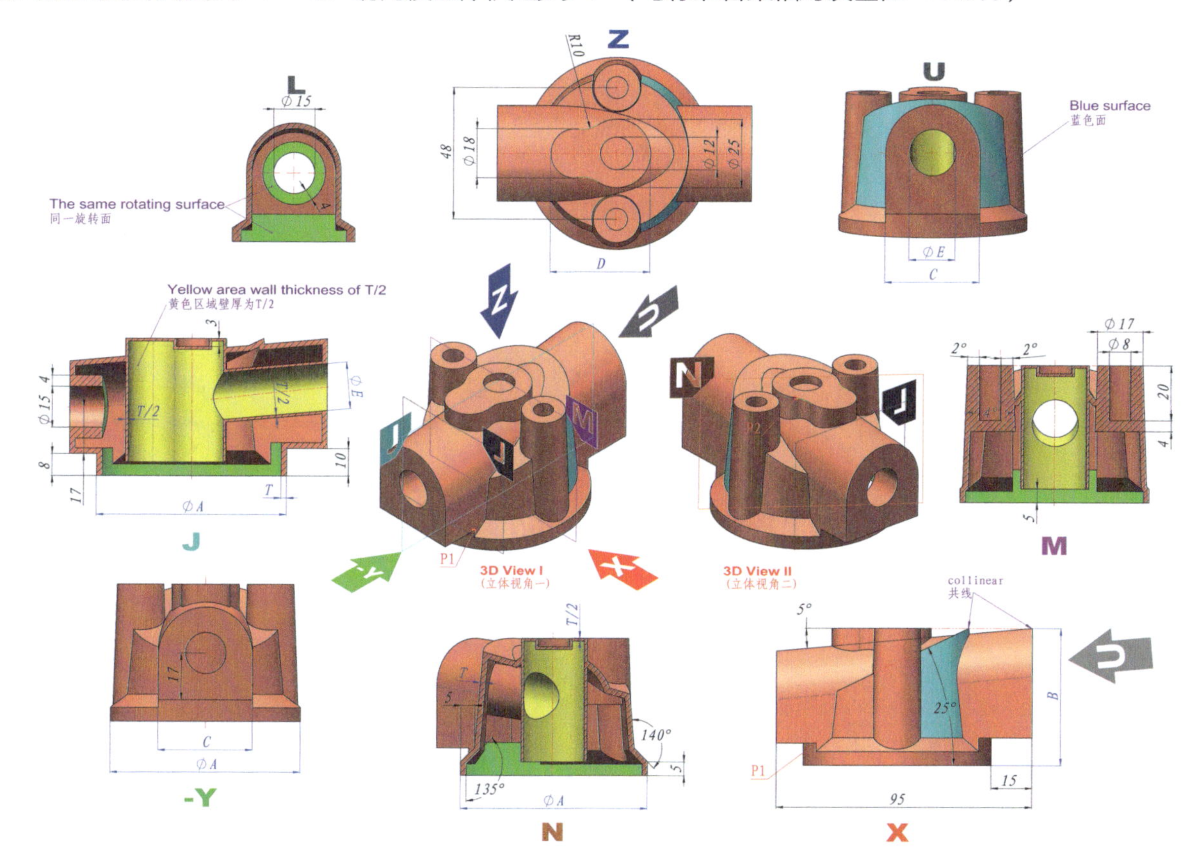

11-3: 构建三维模型，未标注壁厚均为 T。题图为示意图，只用于表达尺寸和几何关系，由于参数变化，其形态会有所变化。

【注意】

重合、相切、对称等几何关系。

【问题】

1. 请问 P1 至 P2 距离是多少？　2. 请问黄色面面积是多少？　3. 请问模型体积是多少？（与标准答案相对误差在 ±0.5%）

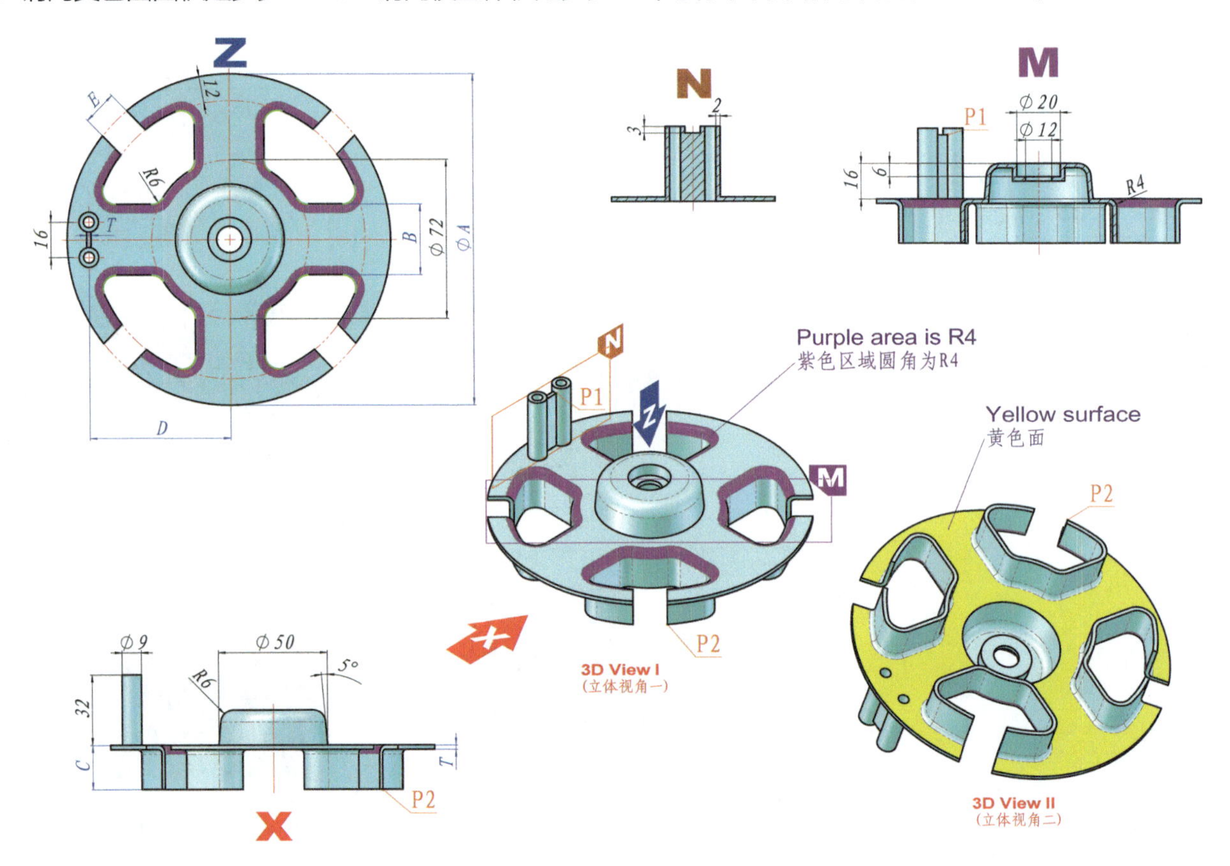

11-4：构建三维模型，同色短线等长，侧面三个环形槽口四角圆角半径均为 R8。题图为示意图，只用于表达尺寸和几何关系，由于参数变化，其形态会有所变化。

【注意】

重合、相切、对称等几何关系。

【问题】

1. 请问蓝色面面积是多少?
2. 请问 P1 至 P2 距离是多少?
3. 请问模型体积是多少?

（与标准答案相对误差在 ±0.5%）

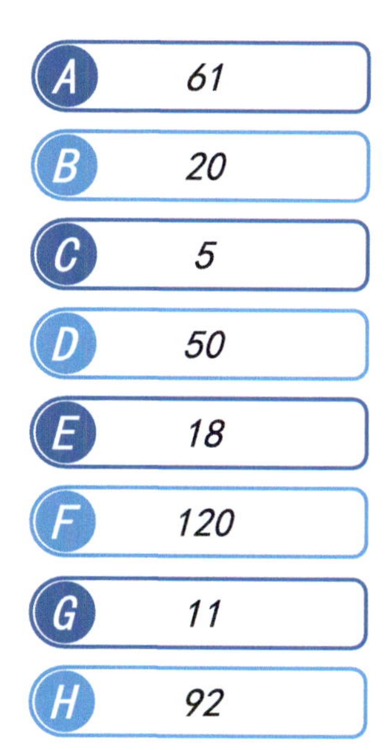

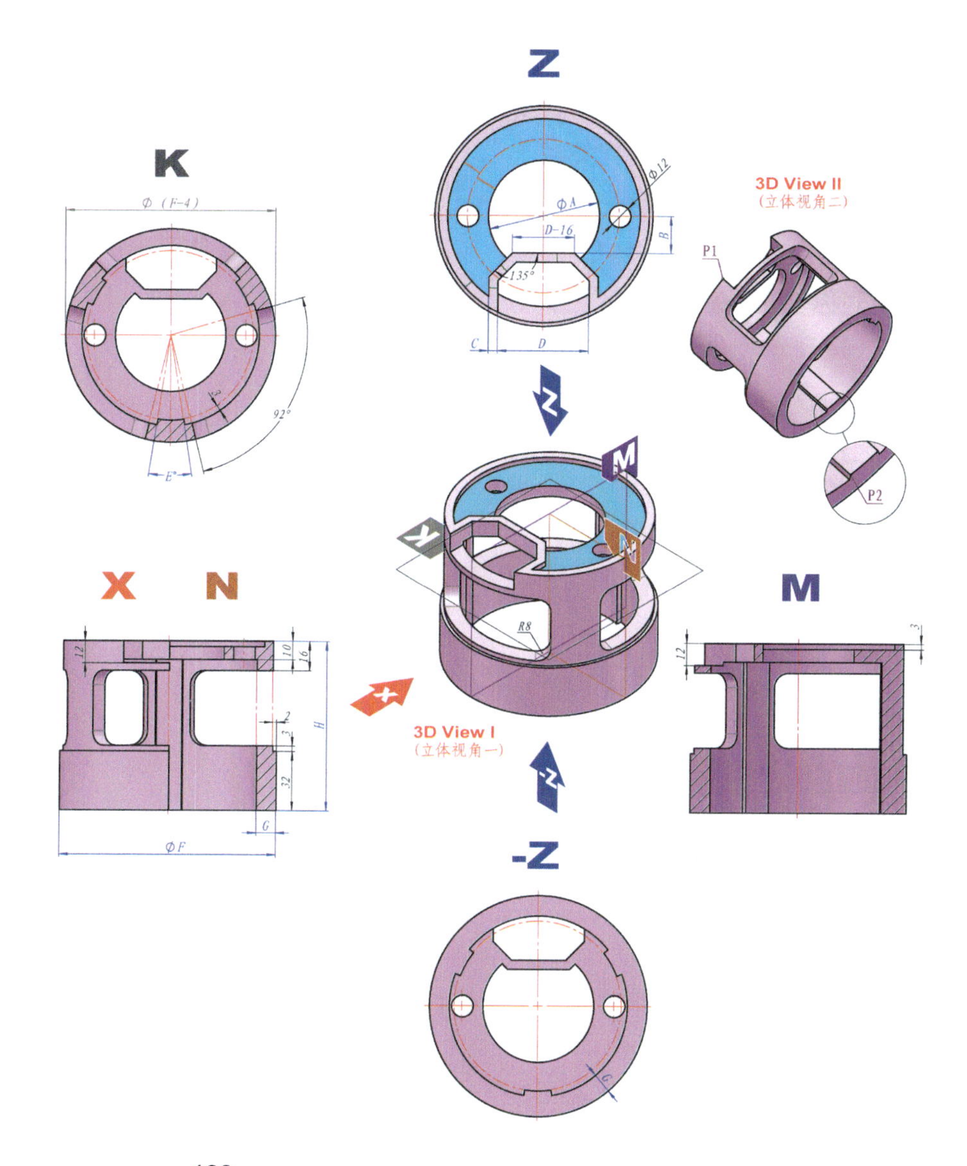

11-5：构建三维模型，同色短线等长，侧面三个环形槽口四角圆角半径均为 R8。题图为示意图，只用于表达尺寸和几何关系，由于参数变化，其形态会有所变化。

【注意】

重合、相切、对称等几何关系。

【问题】

1. 请问蓝色面面积是多少?
2. 请问 P1 至 P2 距离是多少?
3. 请问模型体积是多少?

（与标准答案相对误差在 ±0.5%）

- A 110
- B 88
- C 95
- D 20
- E 28
- F 29
- T 7

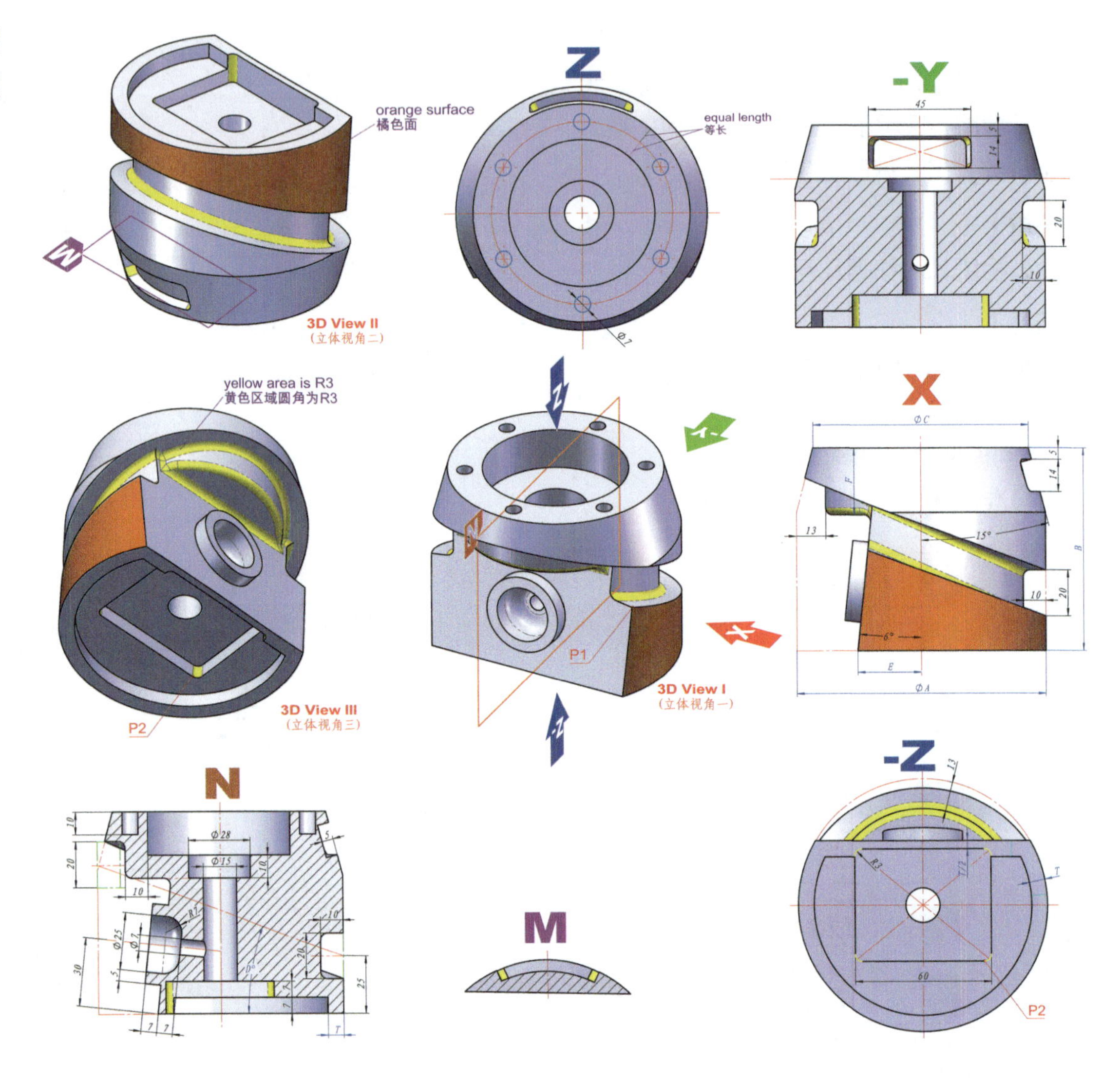

11-6: 构建三维模型，题图为示意图，只用于表达尺寸和几何关系，由于参数变化，其形态会有所变化。

【注意】

重合、相切、对称等几何关系。

【问题】

1. 请问绿色面面积是多少?
2. 请问蓝色面面积是多少?
3. 请问模型体积是多少?

（与标准答案相对误差在 ±0.5%）

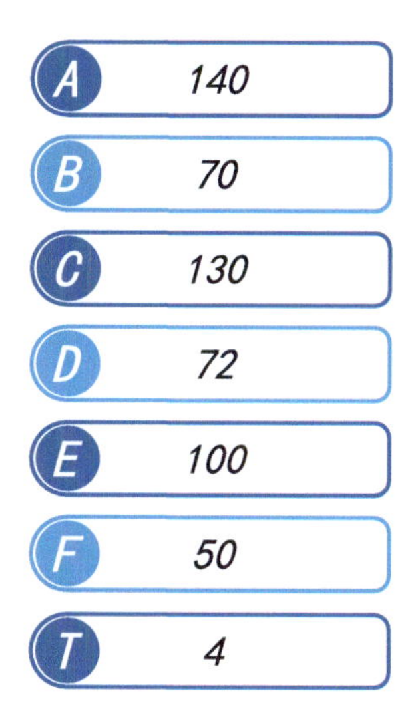

A	140
B	70
C	130
D	72
E	100
F	50
T	4

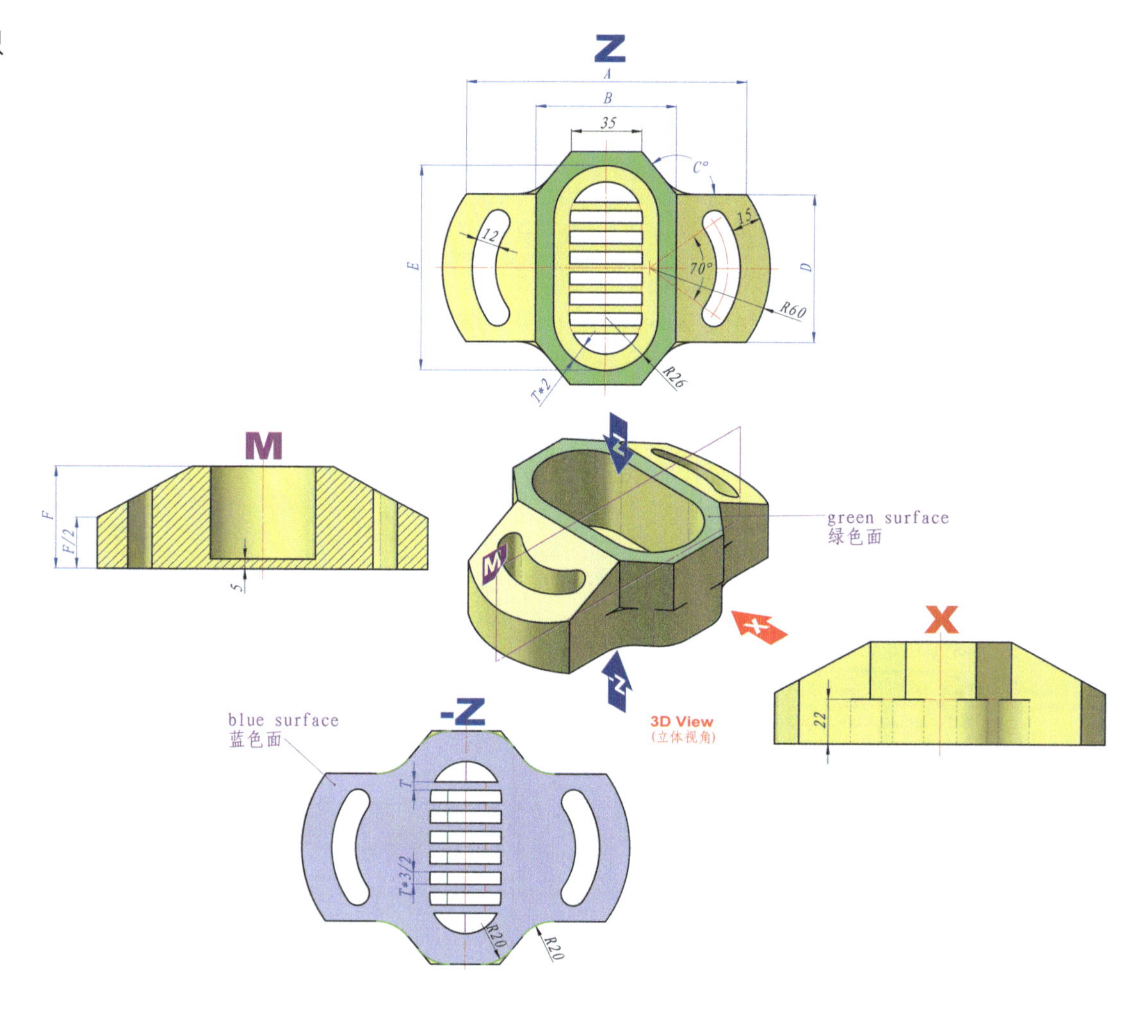

11-7：构建三维模型。题图为示意图，只用于表达尺寸和几何关系，由于参数变化，其形态会有所变化。

【注意】

重合、相切、对称等几何关系。

【问题】

1. 请问蓝色面面积是多少?
2. 请问绿色面面积是多少?
3. 请问模型体积是多少?

（与标准答案相对误差在 ±0.5%）

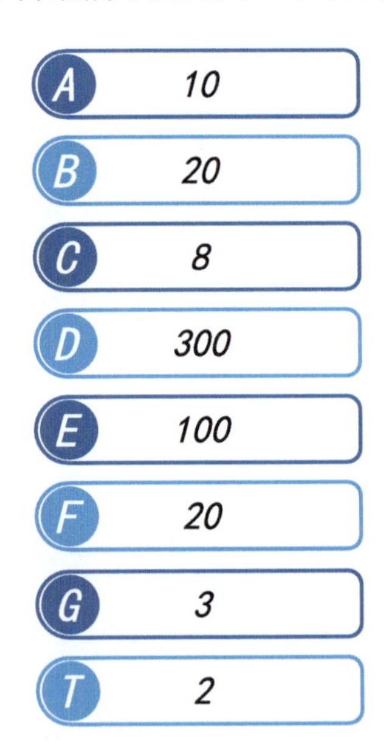

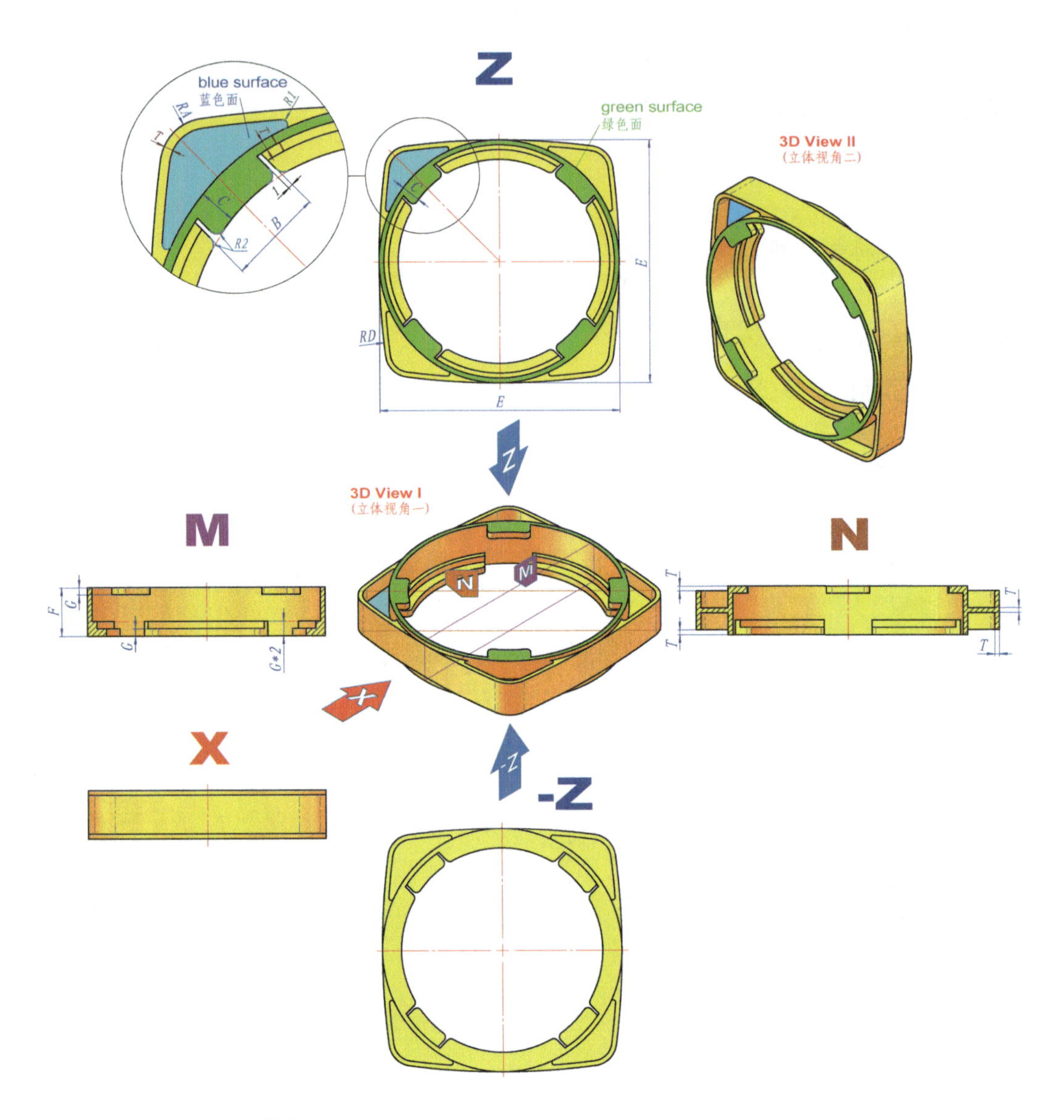

11-8: 构建三维模型，未标注壁厚均为 T。题图为示意图，只用于表达尺寸和几何关系，由于参数变化，其形态会有所变化。

【注意】

重合、相切、对称等几何关系。

【问题】

1. 请问 P1 至 P2 距离是多少?
2. 请问绿色面面积是多少?
3. 请问模型体积是多少?

（与标准答案相对误差在 ±0.5%）

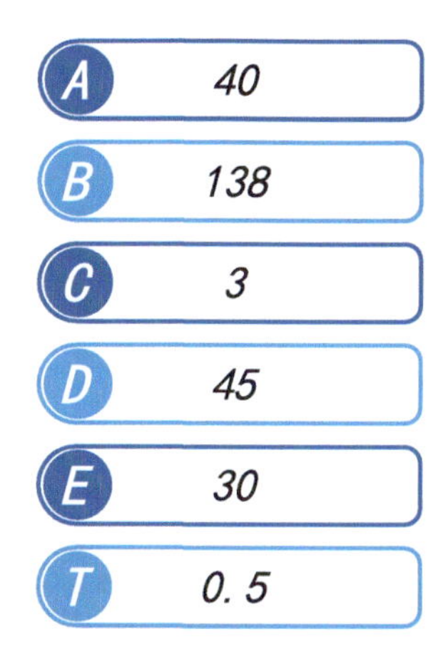

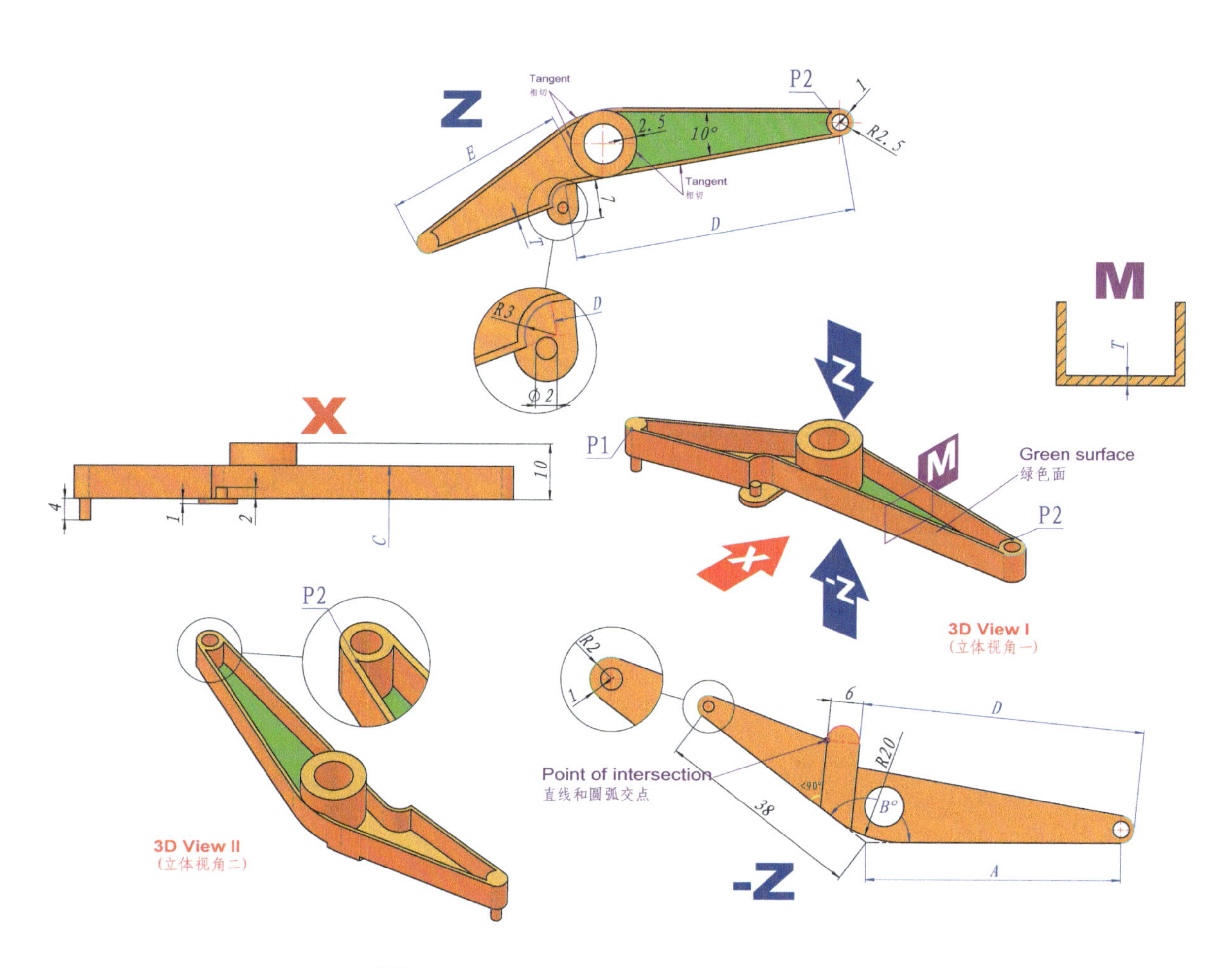

11-9：构建三维模型，题图为示意图，只用于表达尺寸和几何关系，由于参数变化，其形态会有所变化。

【注意】

重合、相切、对称等几何关系。

【问题】

1. 请问 P1 至 P2 距离是多少？
2. 请问绿色面面积是多少？
3. 请问模型体积是多少？

（与标准答案相对误差在 ±0.5%）

A	60
B	38
C	72
D	16
E	26
F	12
G	90
J	60

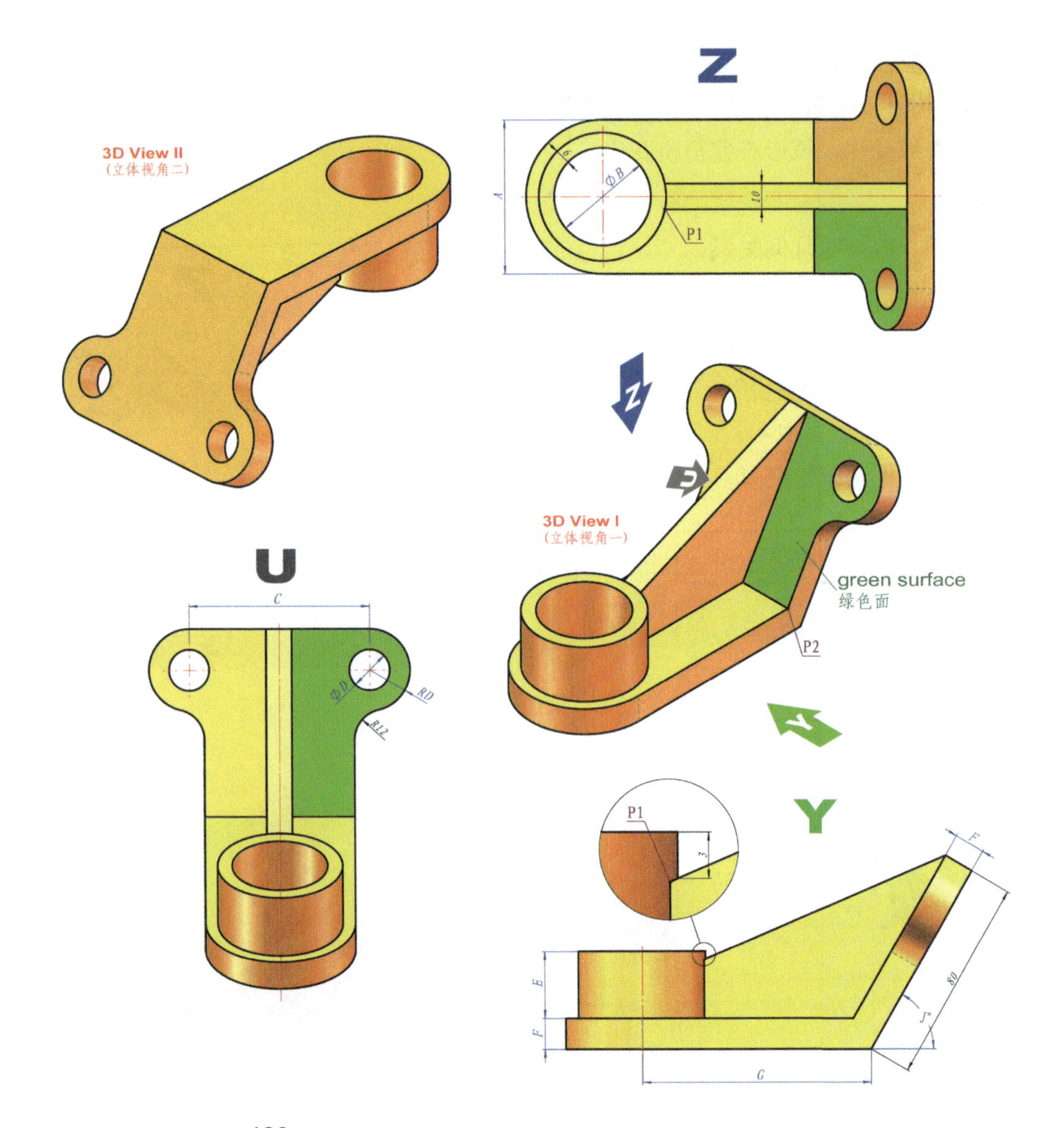

11-10: 构建三维模型，题图为示意图，只用于表达尺寸和几何关系，由于参数变化，其形态会有所变化。

【注意】

重合、相切、对称等几何关系。

【问题】

1. 请问绿色面面积是多少？ 2. 请问蓝色面面积是多少？ 3. 请问模型体积是多少？（与标准答案相对误差在 ±0.5%）

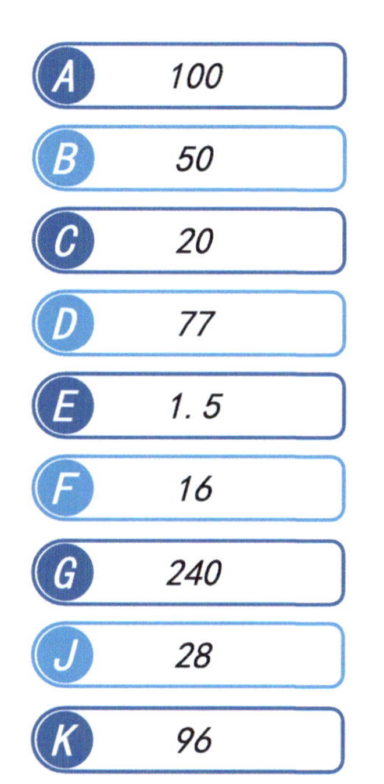

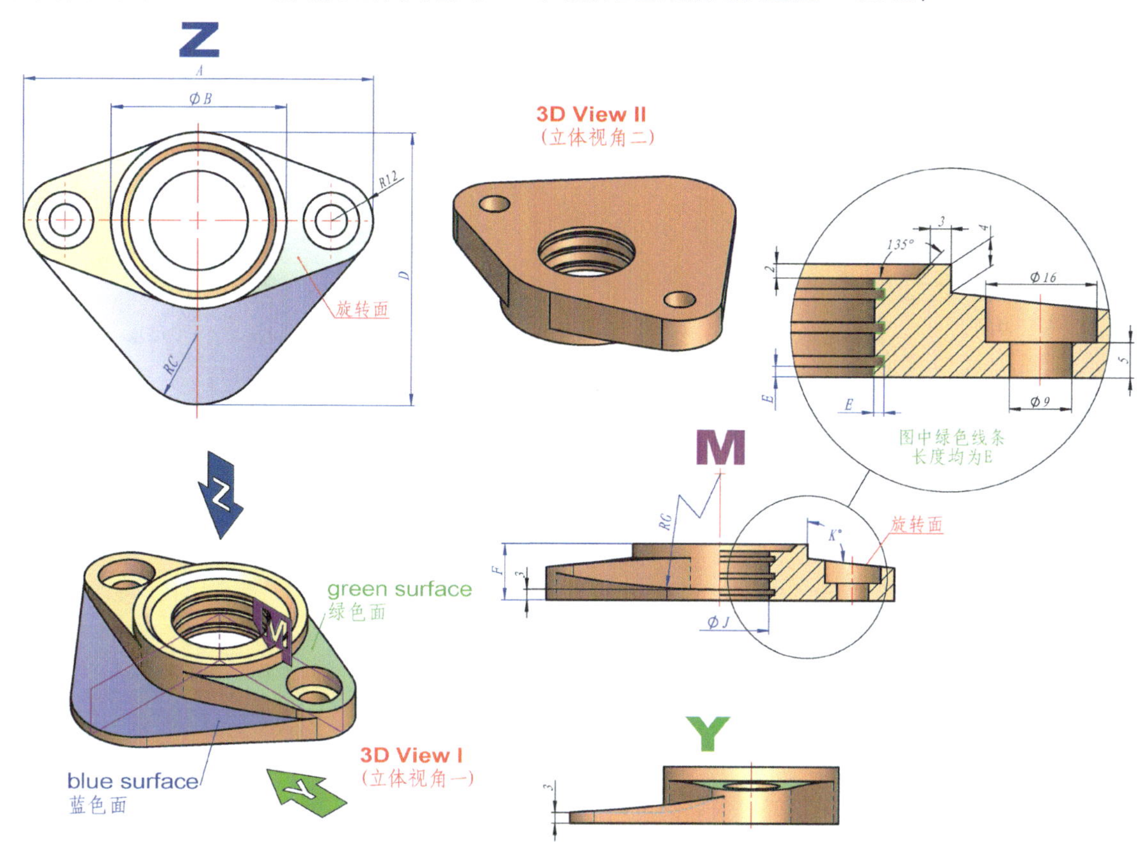

11-11：构建三维模型，题图为示意图，只用于表达尺寸和几何关系，由于参数变化，其形态会有所变化。

【注意】

重合、相切、对称等几何关系。

【问题】

1. 请问 P1 至 P2 距离是多少？ 2. 请问 P2 至 P3 距离是多少？ 3. 请问绿色面面积是多少？ 4. 请问模型体积是多少？（与标准答案相对误差在 ±0.5%）

A	125
B	50
C	60
D	40
E	101
F	77
G	110
H	98
T	1

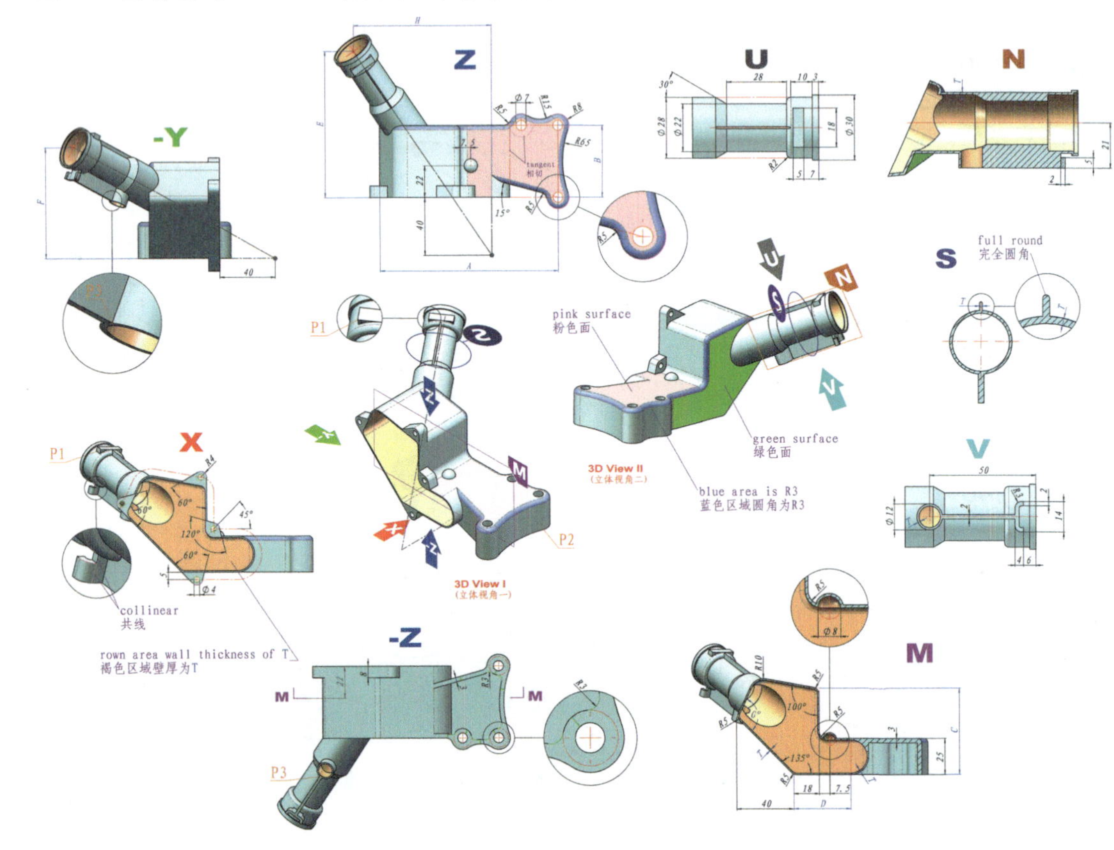

11-12：构建三维模型，题图为示意图，只用于表达尺寸和几何关系，由于参数变化，其形态会有所变化。

【注意】

重合、相切、对称等几何关系。

【问题】

1. 请问区域一面积是多少?
2. 请问区域二面积是多少?
3. 请问区域三面积是多少?
4. 请问模型体积是多少?

（与标准答案相对误差在 ±0.5%）

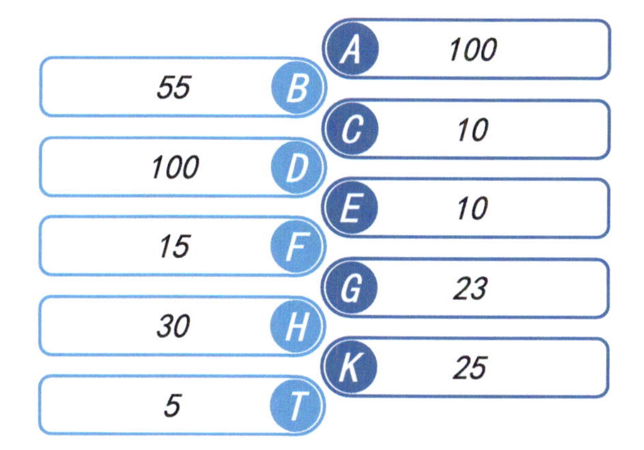

A	100
B	55
C	10
D	100
E	10
F	15
G	23
H	30
K	25
T	5

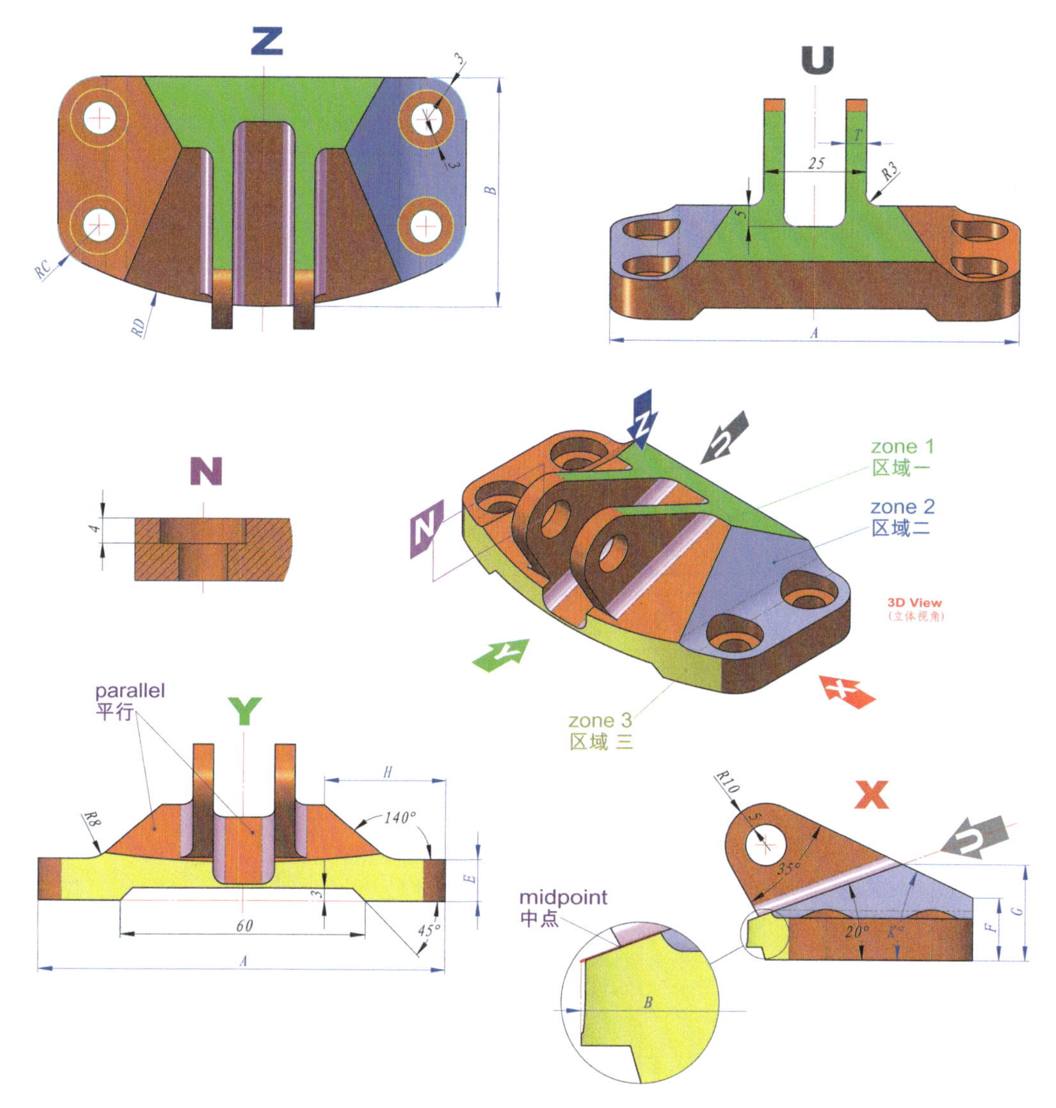

11-13：构建三维模型，题图为示意图，只用于表达尺寸和几何关系，由于参数变化，其形态会有所变化。

【注意】

重合、相切、对称等几何关系。

【问题】

1. 请问 P1 至 P2 距离是多少?
2. 请问绿色面面积是多少?
3. 请问模型体积是多少?

（与标准答案相对误差在 ±0.5%）

A	150
B	32
C	120
D	12
E	80
F	65
G	64
H	125
J	120

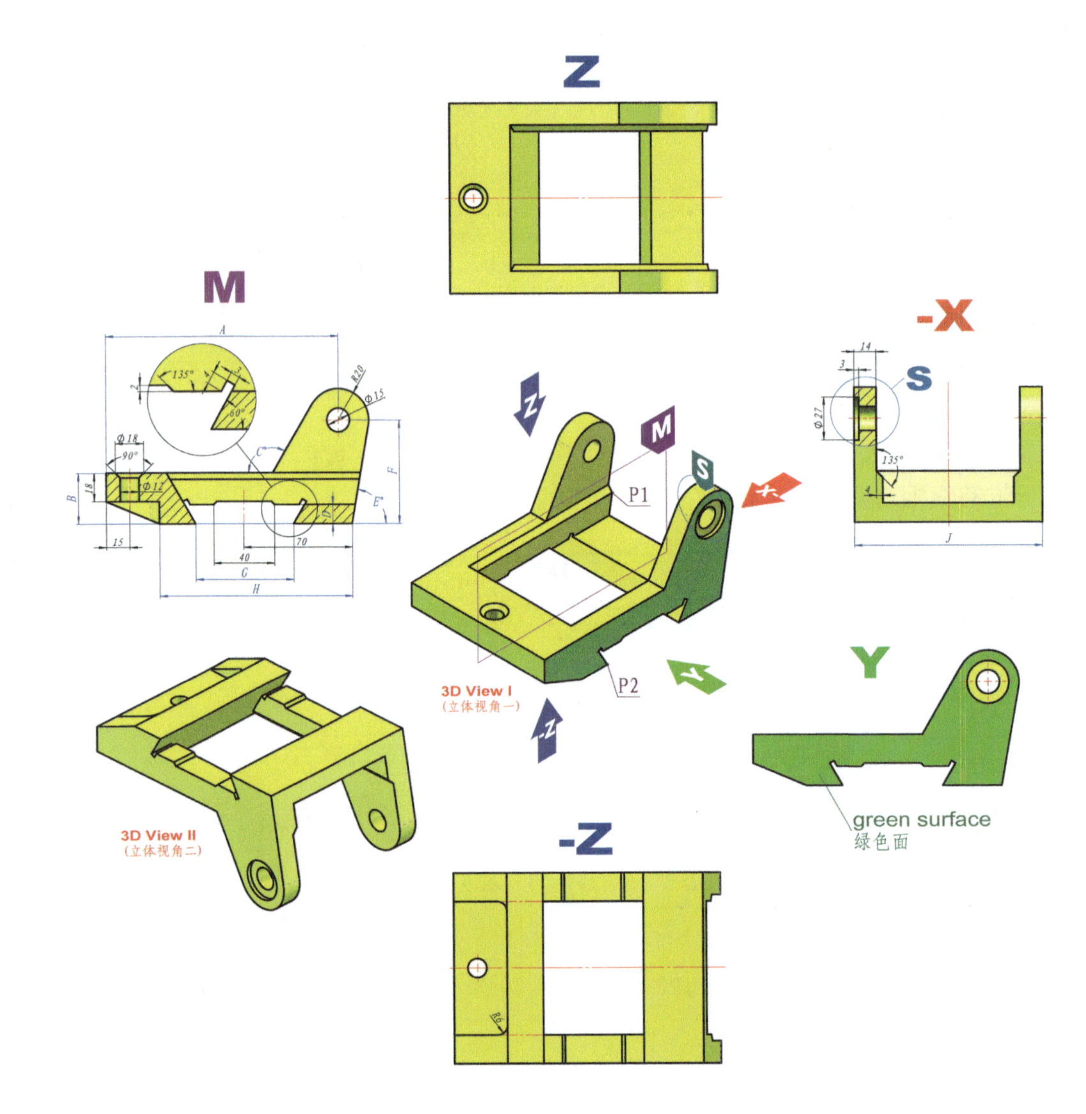

第 12 单元　装配构件

12-1： 构建三维模型，并安装，注意原点方位。题图为示意图，只用于表达尺寸和几何关系，由于参数变化，其形态会有所变化。

【注意】

重合、相切、对称等几何关系。

【问题】

1. 请问装配后模型重心位置坐标是?

X________

Y________

Z________

2. 请问图中 P1 至 P2 距离是多少?（与标准答案相对误差在 ±0.5%）

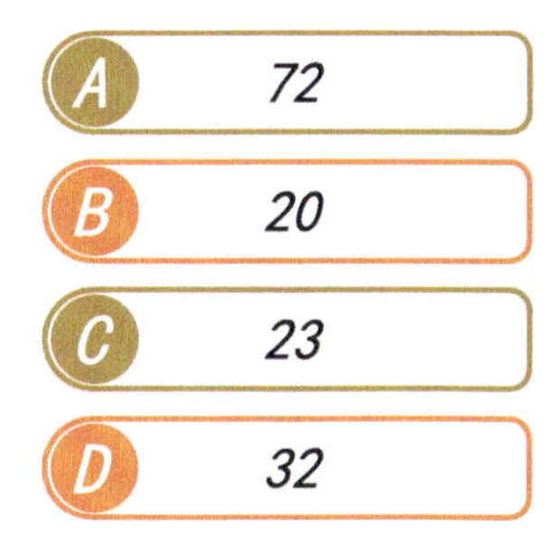

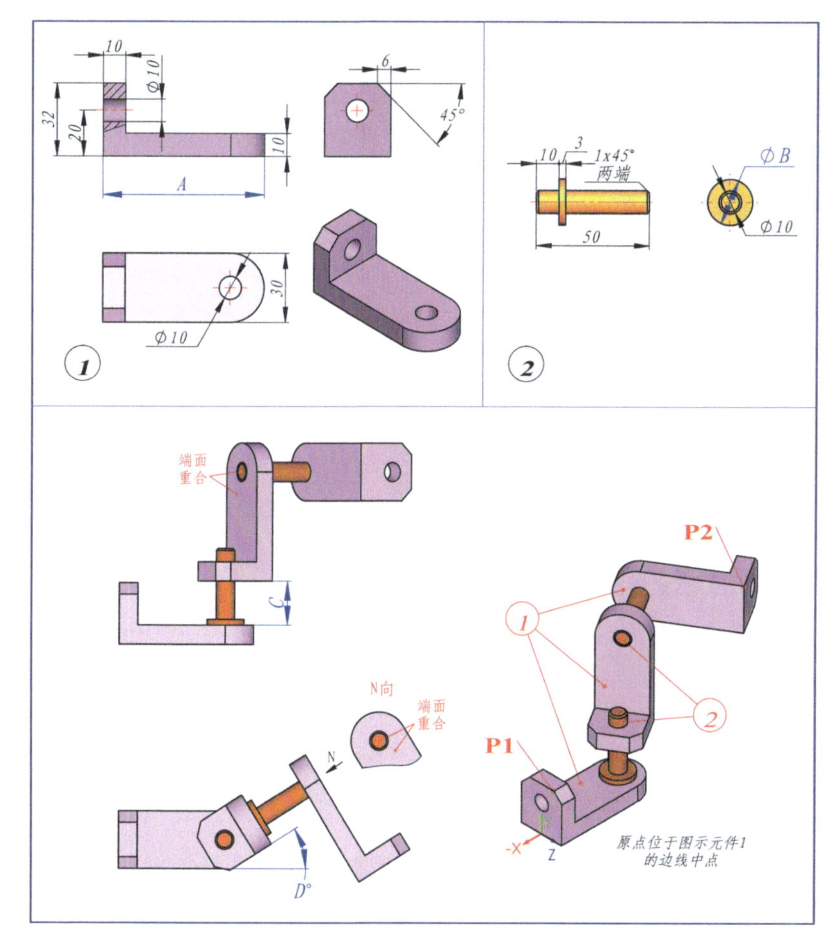

12-2：构建三维模型，并安装，注意原点方位。题图为示意图，只用于表达尺寸和几何关系，由于参数变化，其形态会有所变化。

【注意】

重合、相切、对称等几何关系。

【问题】

1. 请问零件 1 体积是多少?
2. 请问零件 3 体积是多少?
3. 请问模型干涉体积是多少?

（与标准答案相对误差在 ±0.5%）

A	158
B	45
C	120
D	54
E	25

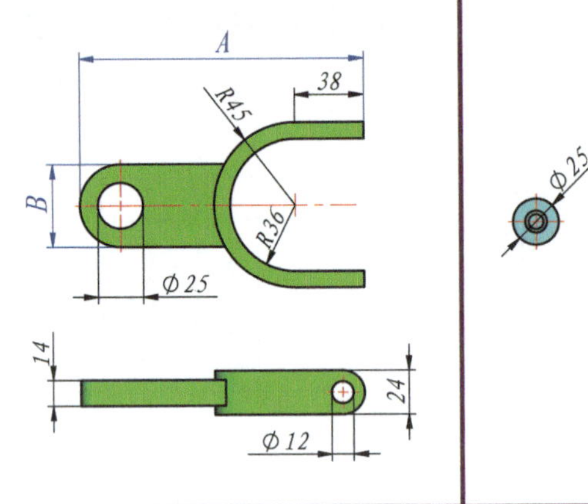

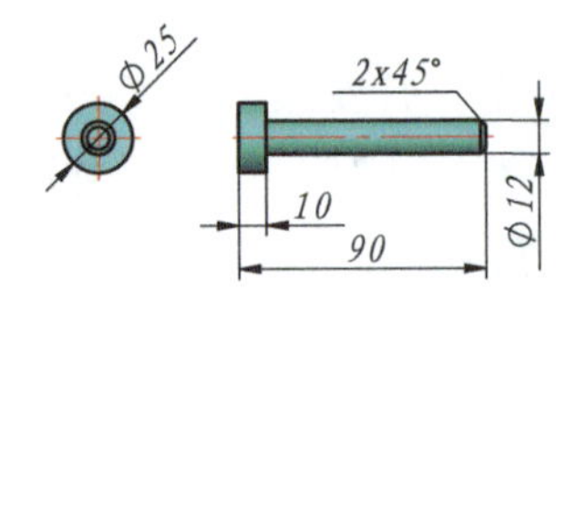

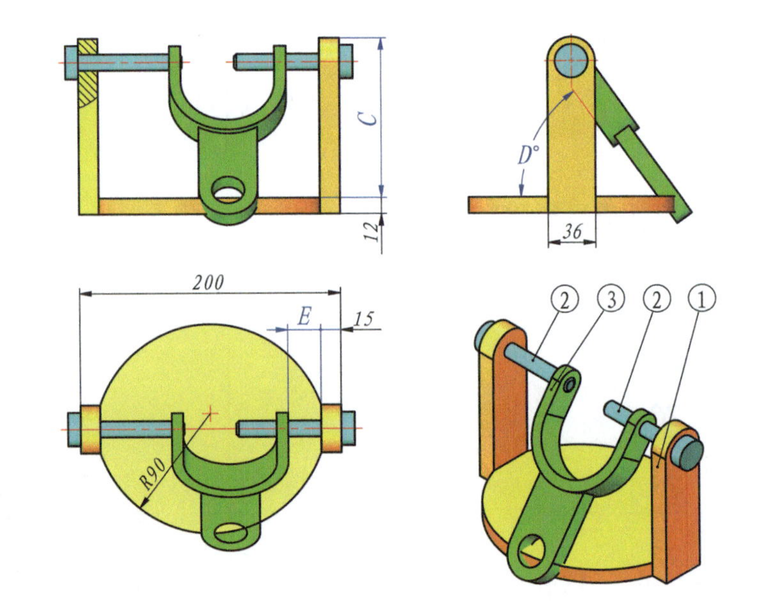

12-3: 构建三维模型，并安装。题图为示意图，只用于表达尺寸和几何关系，由于参数变化，其形态会有所变化。

【注意】

重合、相切、对称等几何关系。

【问题】

请问 X________?

（与标准答案相对误差在 ±0.5%）

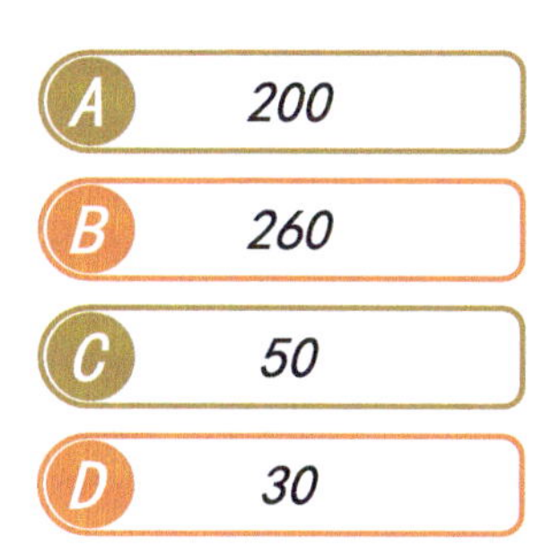

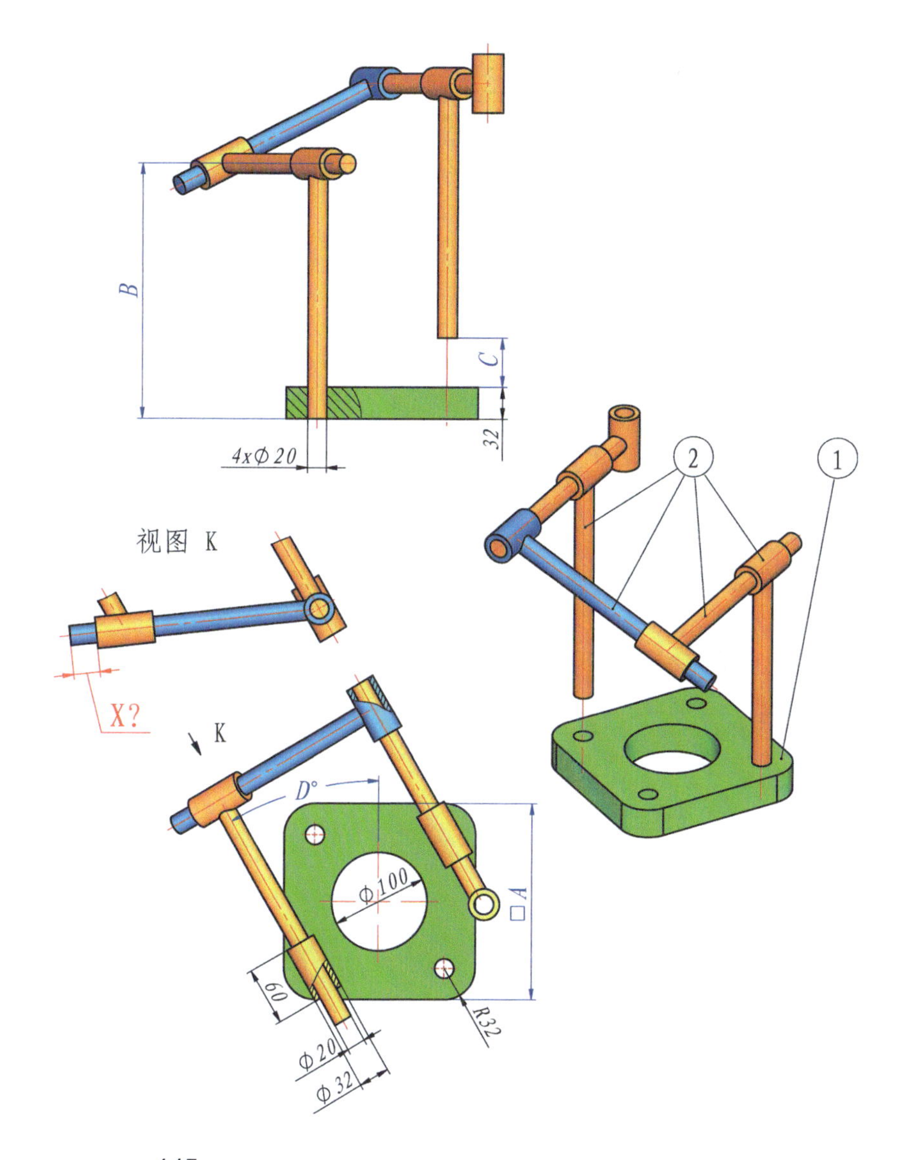

12-4： 构建三维模型，并安装。题图为示意图，只用于表达尺寸和几何关系，由于参数变化，其形态会有所变化。

【注意】

重合、相切、对称等几何关系。

【问题】

1. 请问装配后模型重心位置坐标是？

X________

Y________

Z________

2. 请问装配模型体积是多少？

（与标准答案相对误差在 ±0.5%）

A 72

B 150

C 172

D 105

E 110

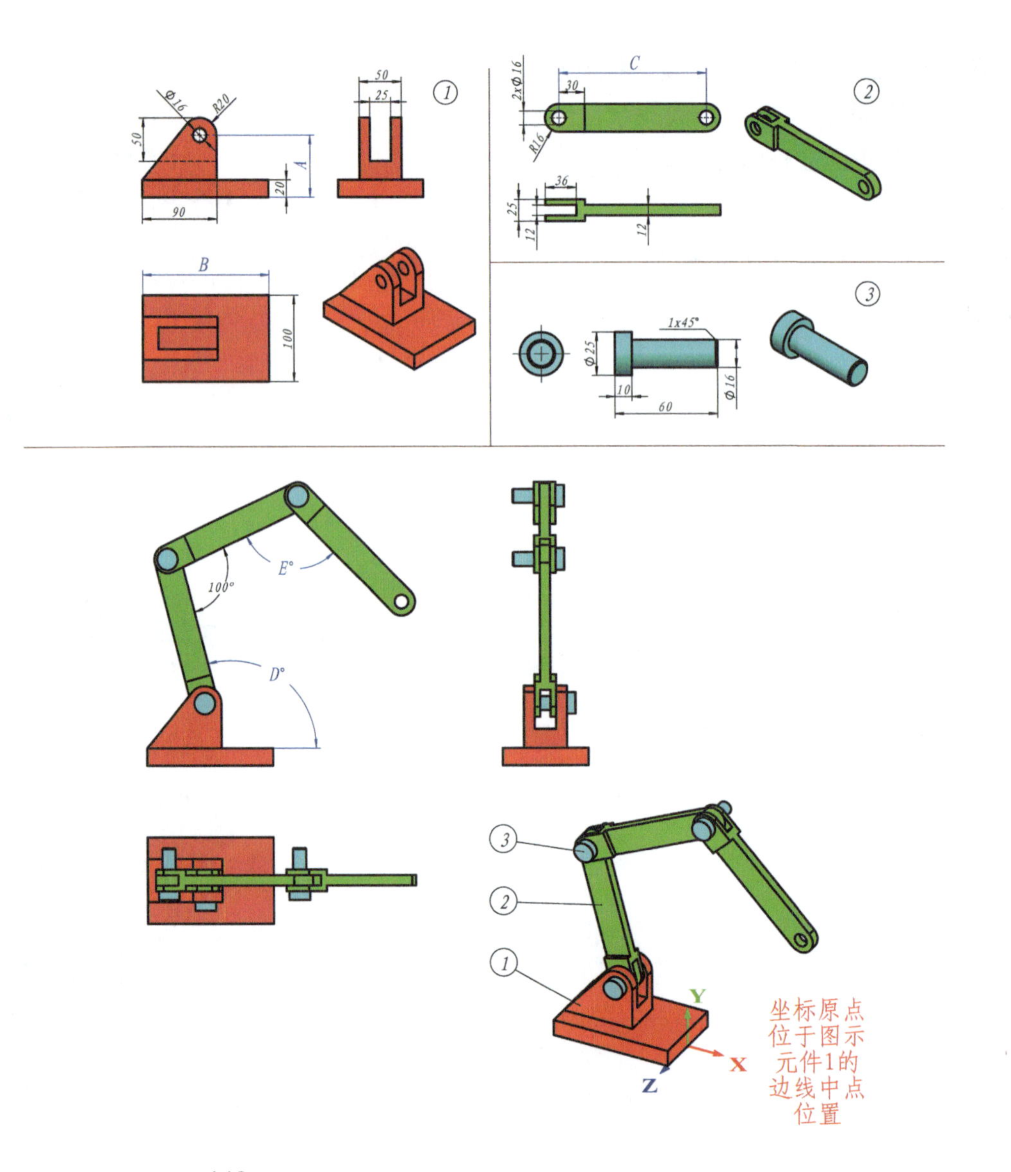

12-5: 构建三维模型，并安装，其中包含对中（中点）等几何关系。题图为示意图，只用于表达尺寸和几何关系，由于参数变化，其形态会有所变化。

【注意】

重合、相切、对称等几何关系。

【问题】

1. 请问零件 1 体积是多少?
2. 请问零件 2 体积是多少?
3. 请问零件 2 中 Φ18 圆柱面与零件 1 的斜面相触时，角度 X 为多少?

（与标准答案相对误差在 ±0.5%）

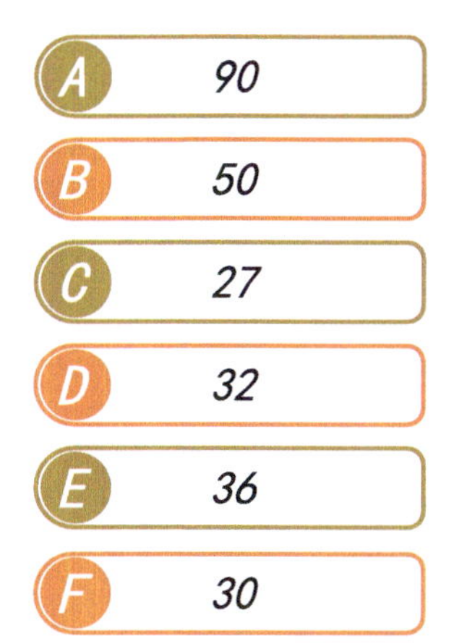

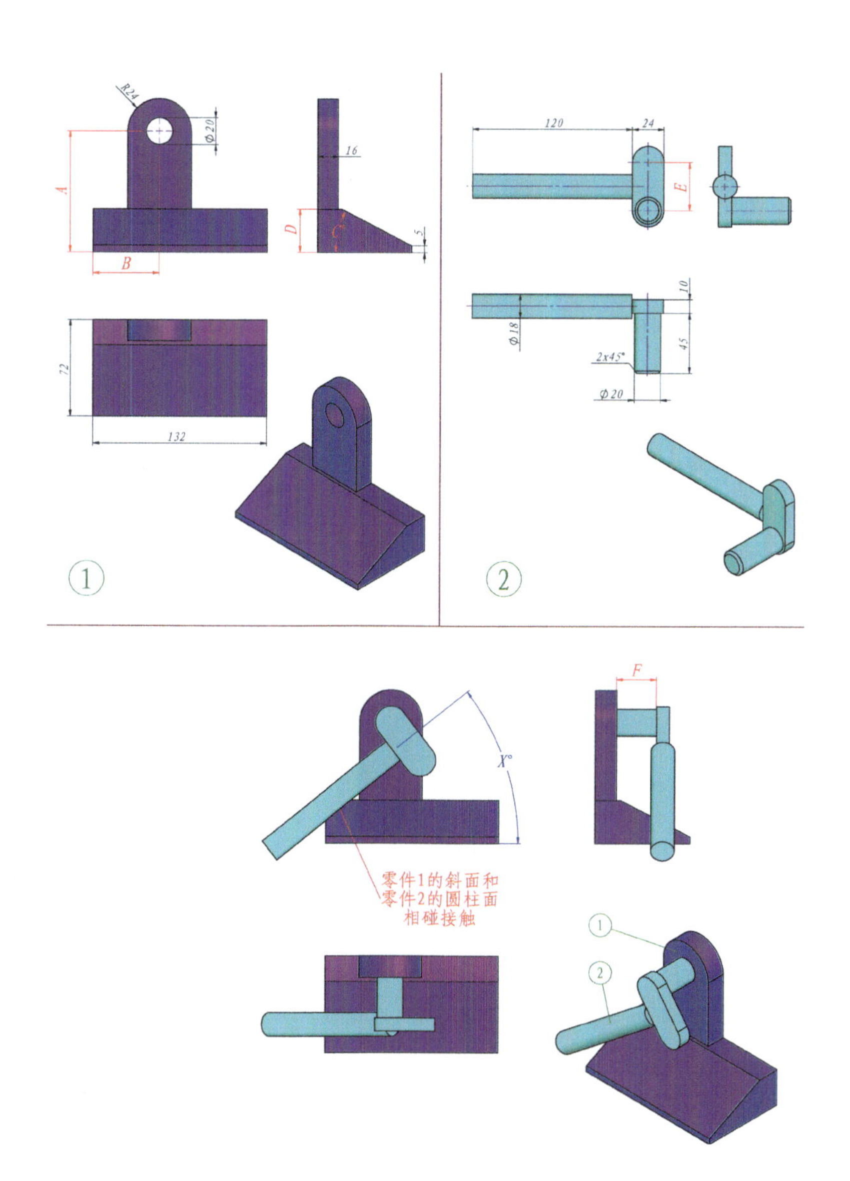

12-6: 构建三维模型，并安装，其中包含对中（中点）等几何关系。题图为示意图，只用于表达尺寸和几何关系，由于参数变化，其形态会有所变化。

【注意】

重合、相切、对称等几何关系。

【问题】

1. 请问零件 2 体积是多少？
2. 两个零件 2 之间干涉体积是多少？ 3. 将弯杆直径 12 变更为 15，请问两个弯杆之间的干涉体积为多少立方毫米？（与标准答案相对误差在 ±0.5%）

A 30

B 72

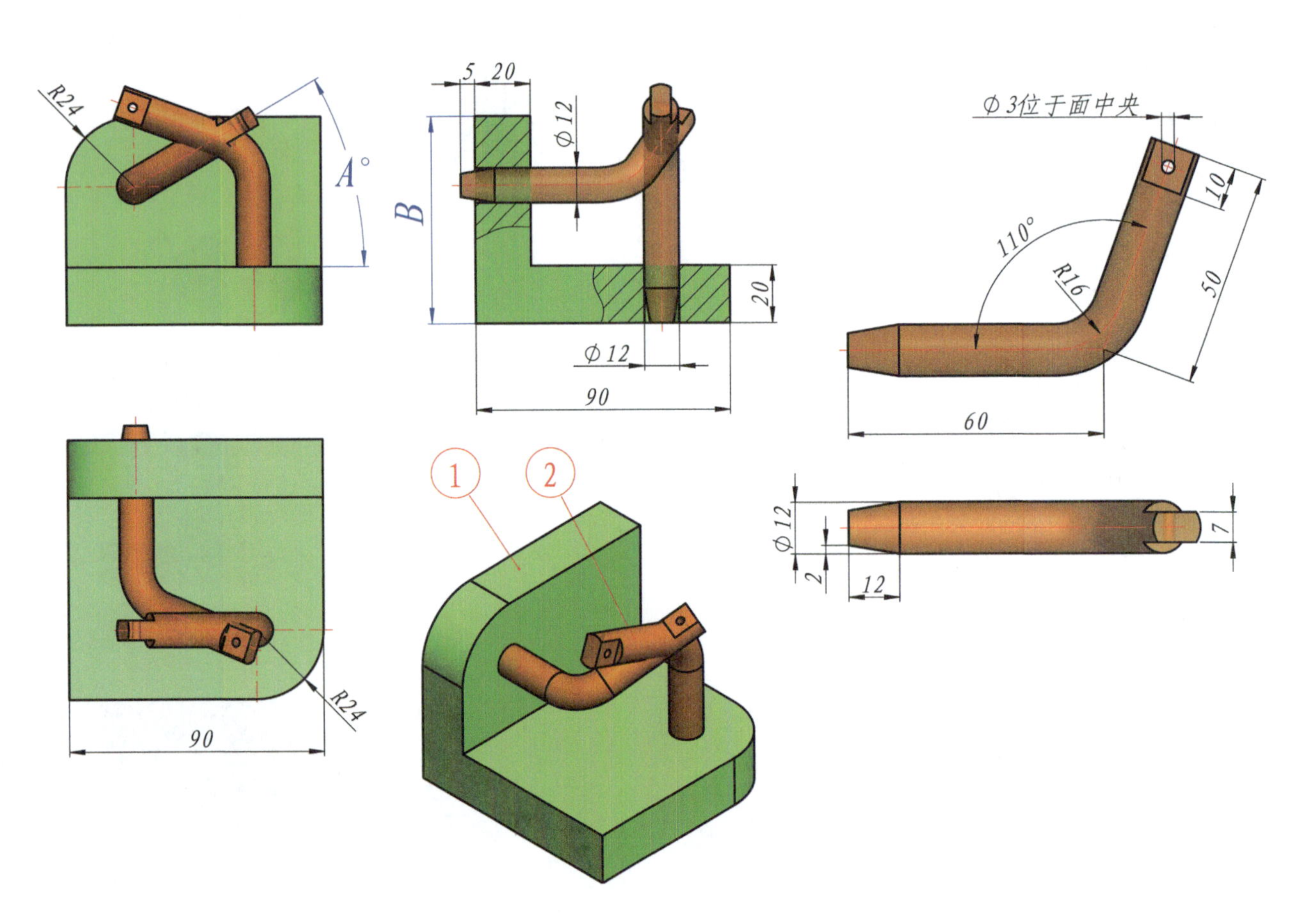

12-7: 方型管的截面长均为 A，宽均为 B，周边圆角为 R8，壁厚为 5。构建管 1 到管 3 的零件。依照图示安装管 1 到管 3，在装配环境下，采用关联设计方法生成管 4。题图为示意图，只用于表达尺寸和几何关系，由于参数变化，其形态会有所变化。

【注意】

重合、相切、对称等几何关系。

【问题】

1. 请问管 4 体积是多少?
2. 请问管 4 两个边线之间角度 X 是多少?

（与标准答案相对误差在 ±0.5%）

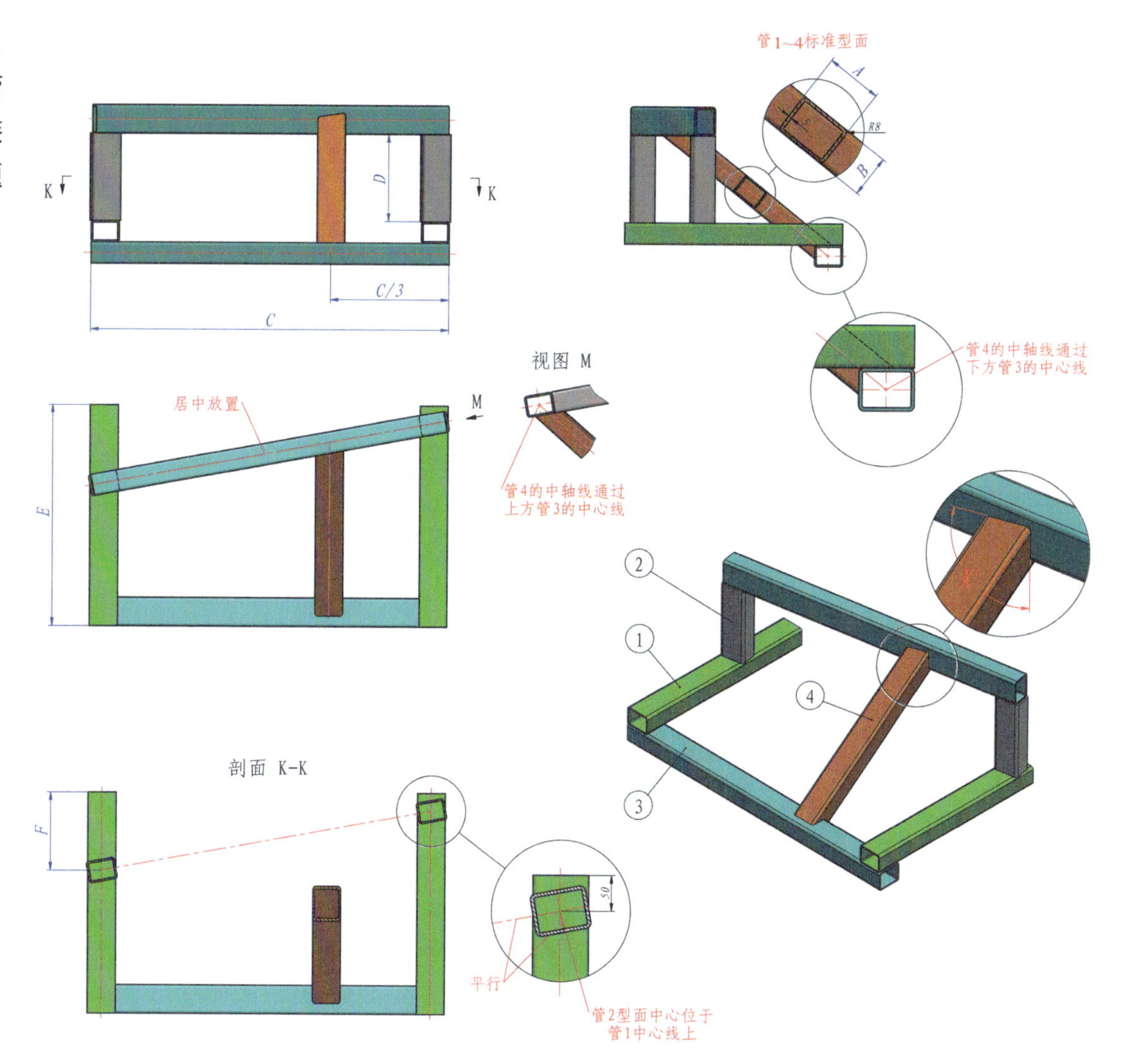

附录
CaTICs 3D 竞赛现场赛团队协作题

团队名称：

队员签字：

请仔细保管，交卷时不得缺页！

目录

说明：
该模型参照卫星天线构建，共由 16 个零件构成（长度不一的螺栓视为一个零件）。模型中多个零件之间存在关联关系，请建模时注意相互参考。
零件构建时并没有充分考虑工艺性，仅作设计竞赛参考。
注意图中的坐标系位置。

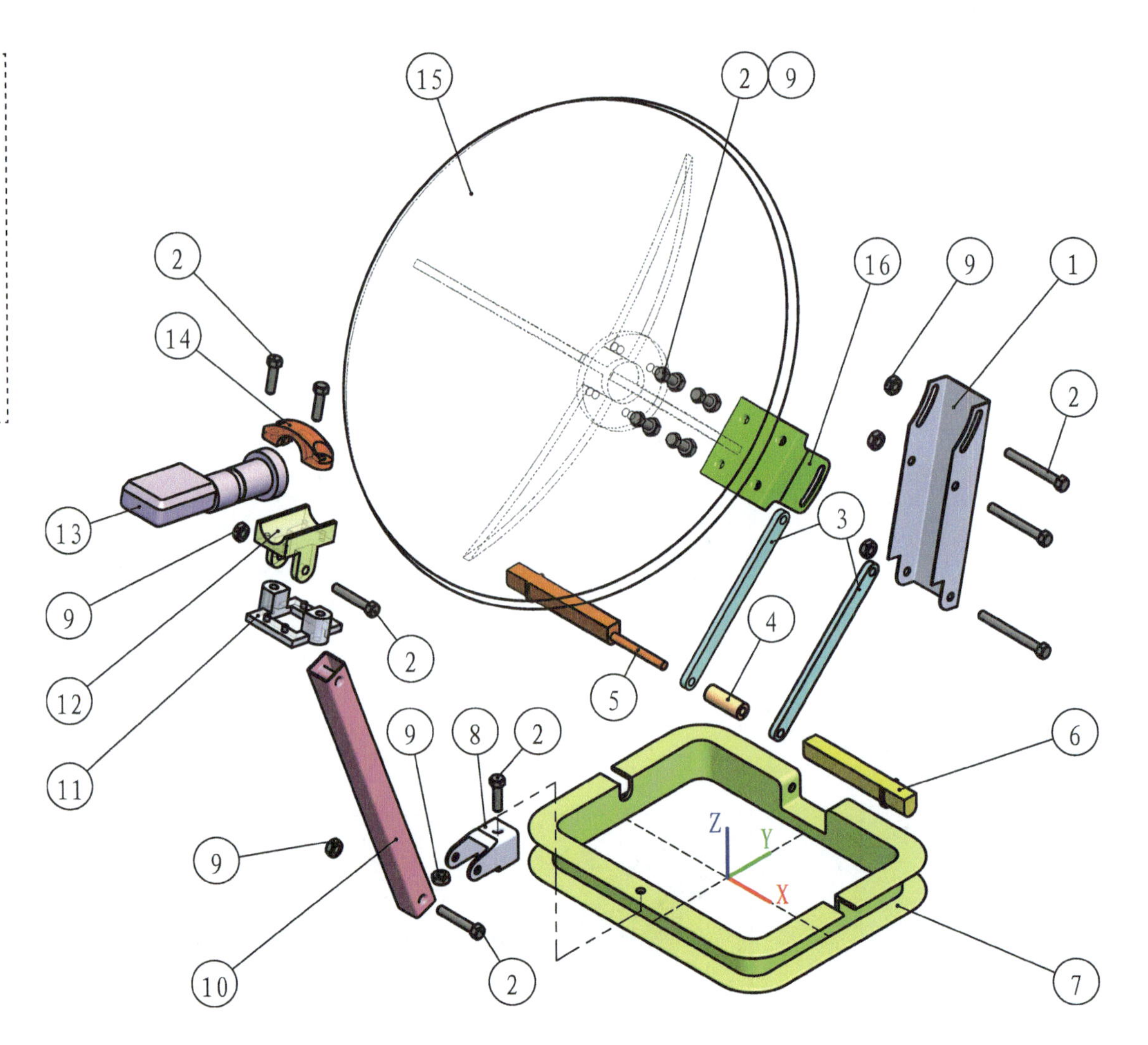

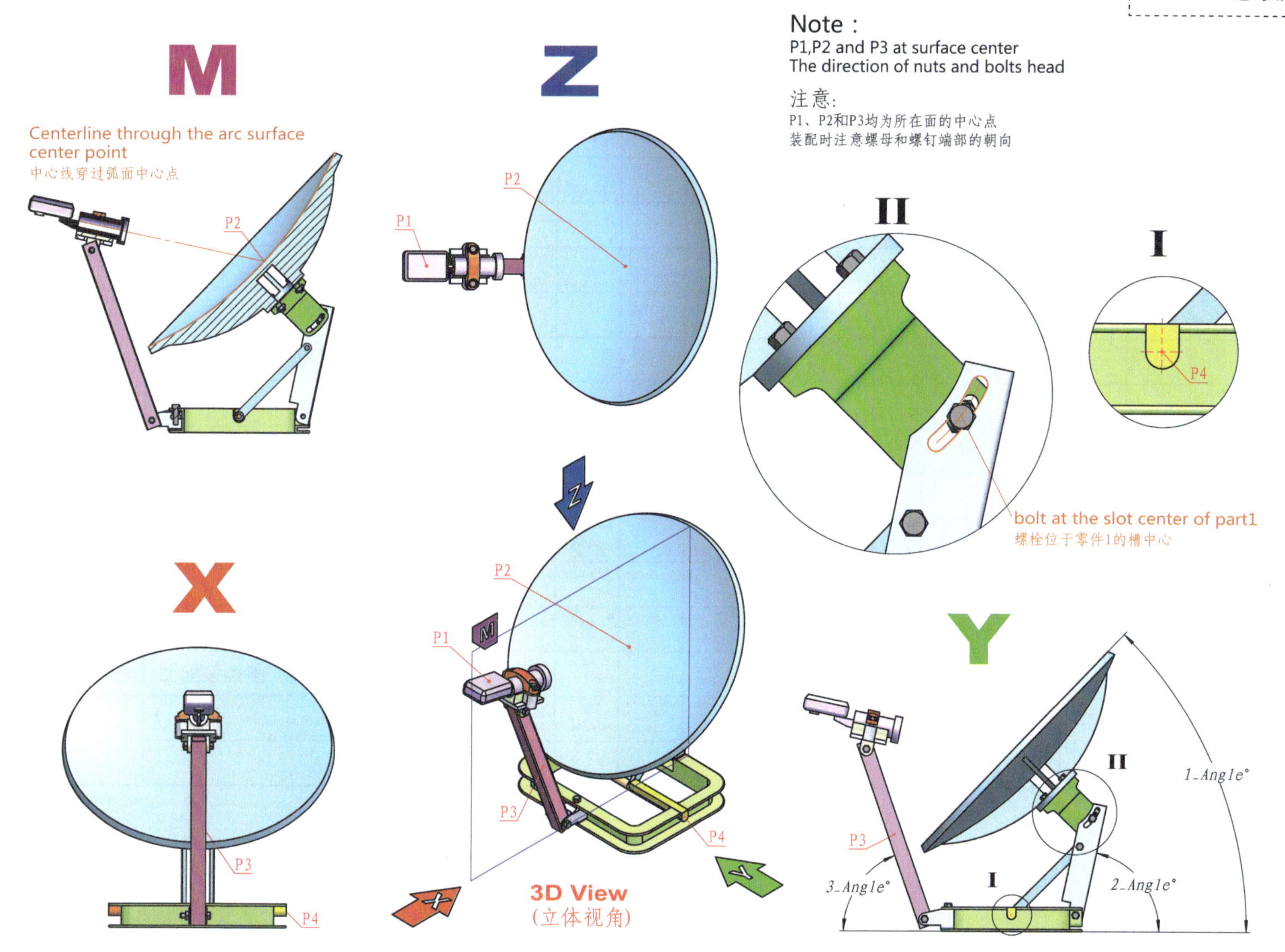

Note：
P1,P2 and P3 at surface center
The direction of nuts and bolts head
注意:
P1、P2和P3均为所在面的中心点
装配时注意螺母和螺钉端部的朝向
M
Centerline through the arc surface center point
中心线穿过弧面中心点
P2
Z
P1
P2
II
I
P4
bolt at the slot center of part1
螺栓位于零件1的槽中心
X
P3
P4
M
P1
P2
P3
P4
3D View
(立体视角)
Y
P3
II
I
1_Angle°
2_Angle°
3_Angle°

模型中零件关联关系表

		施控方														备注	多软件分组建议
		1	3	4	5	6	7	8	10	11	12	13	14	15	16		
受控方	1																
	3	▽			▽											长度由 1 和 5 的位置确定	
	4																
	5						▽									长度、端面形态由 7 确定	
	6						▽									长度、端面形态由 7 确定	
	7																
	8						▽									高度和孔位置受控于 7	上下均可
	10																
	11										▽					诸多形态受控，参照装配图	
	12																
	13										▽		▽			环槽位置参照 14	
	14									▽	▽					诸多形态受控，参照装配图	
	15																
	16																

7、12 主要施控件

提示：为保障关联关系，可采用方程式、装配环境下构建新零件等方法。

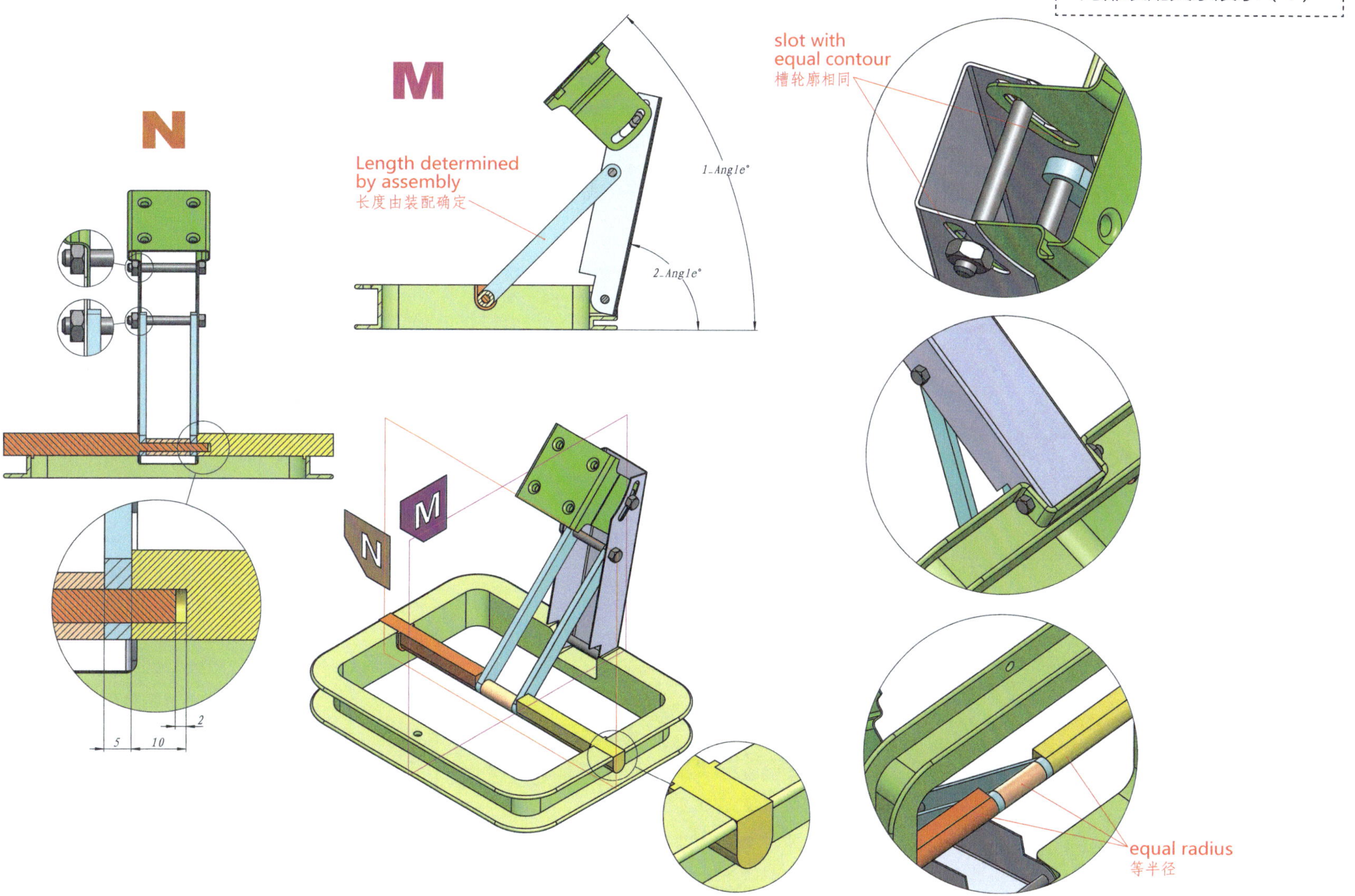
N
M
Length determined
by assembly
长度由装配确定
1_Angle°
2_Angle°
slot with
equal contour
槽轮廓相同
5
10
2
equal radius
等半径

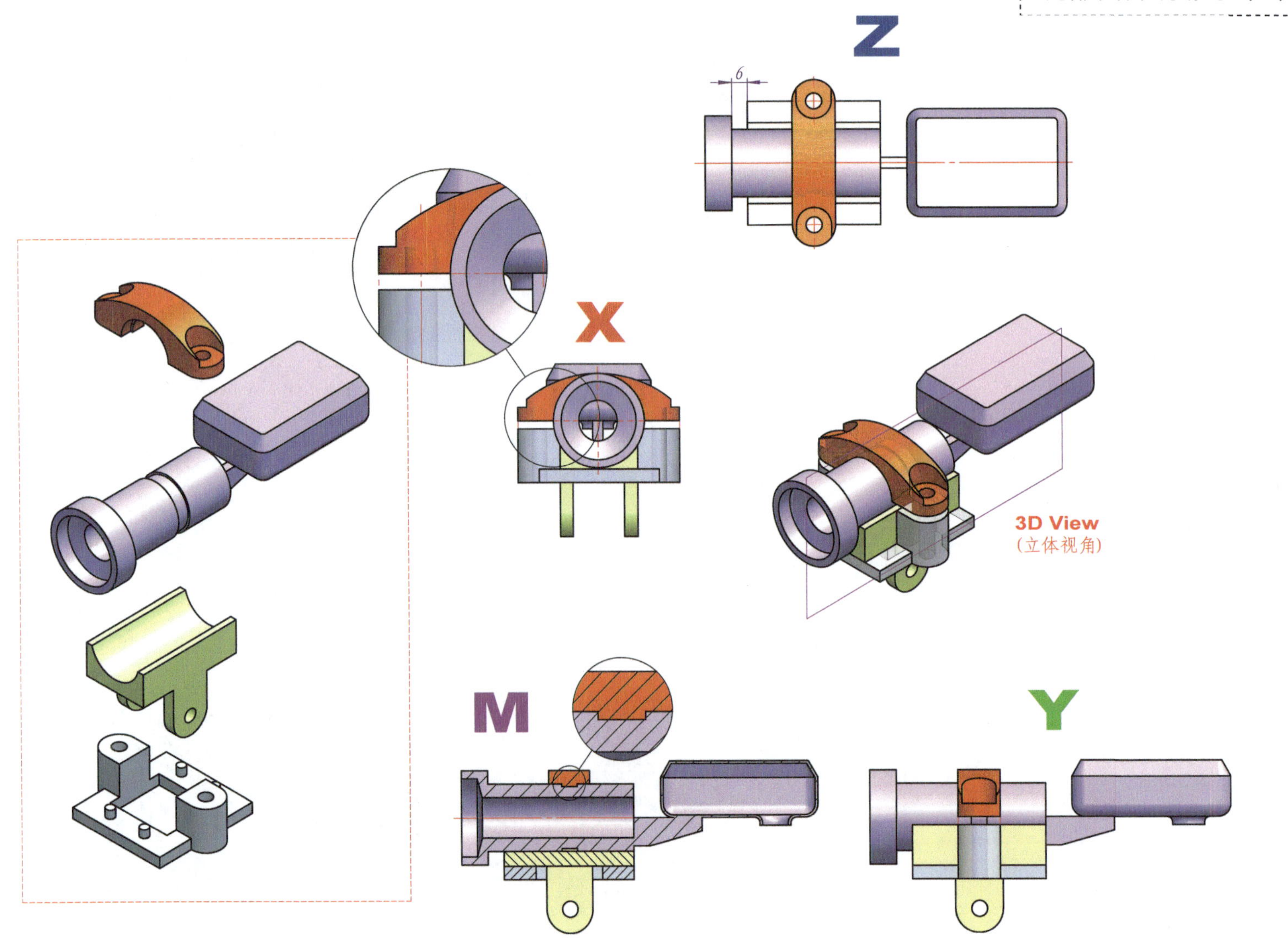
Z
6
X
3D View
（立体视角）
M
Y

零件 1

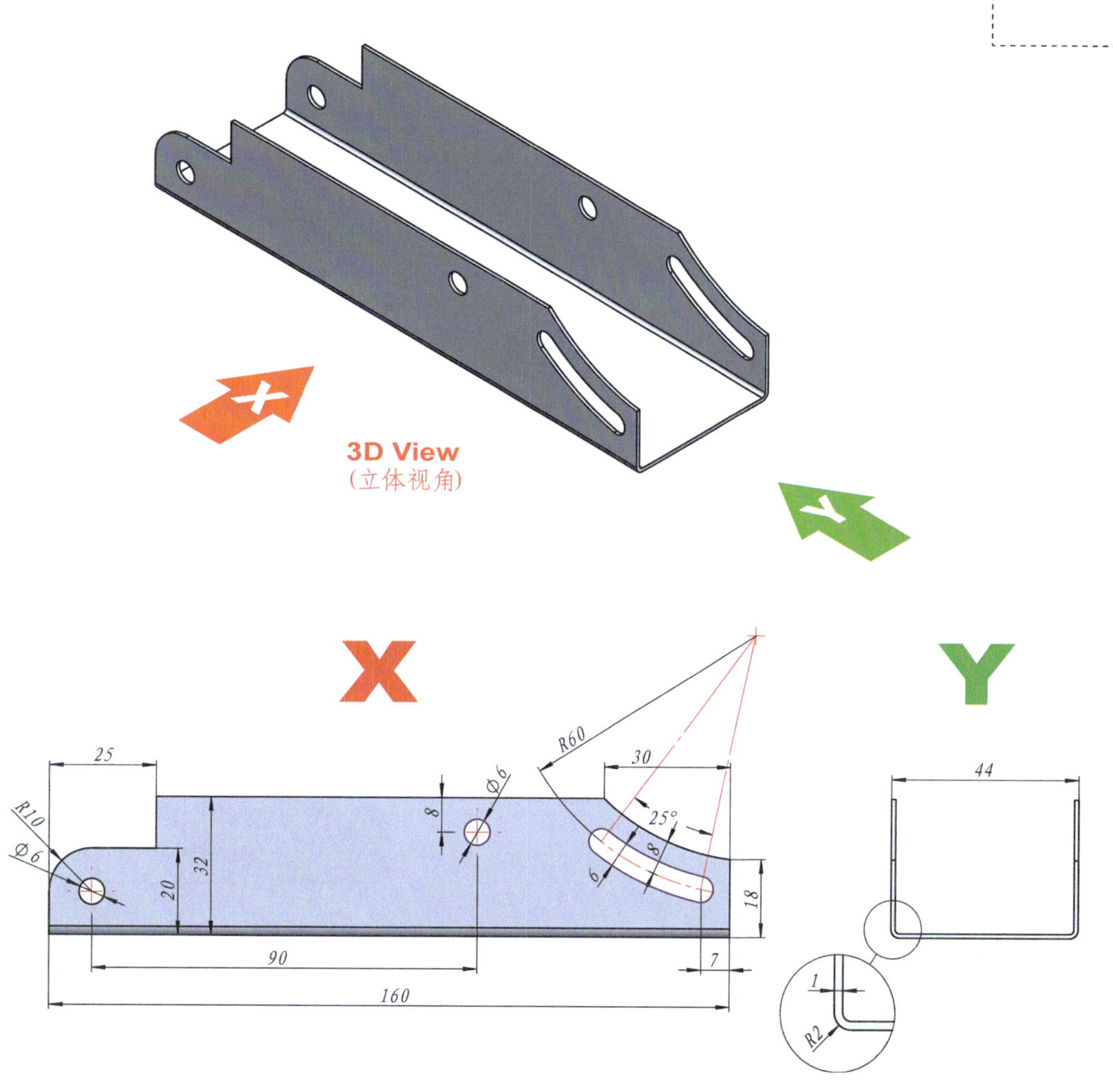
X
Y
3D View
(立体视角)
X
Y
25
R10
Φ6
20
32
8
Φ6
90
160
R60
30
25°
6
8
18
7
44
1
R2

零件 9

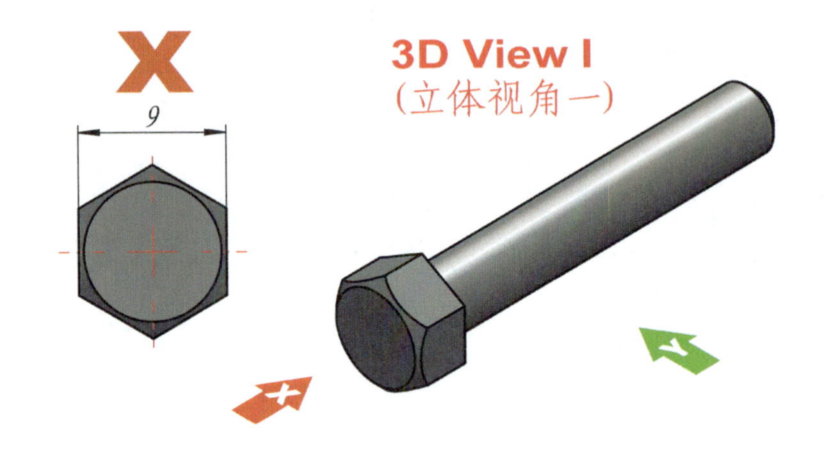

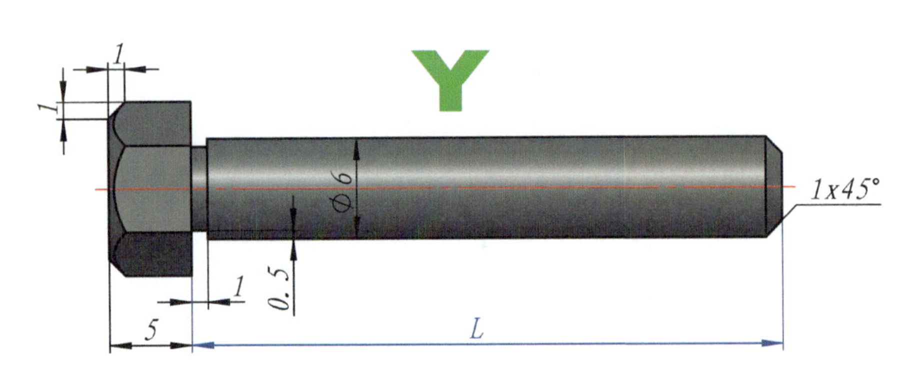

编号	L	件数
1	22	7
2	36	2
3	52	2
4	60	1

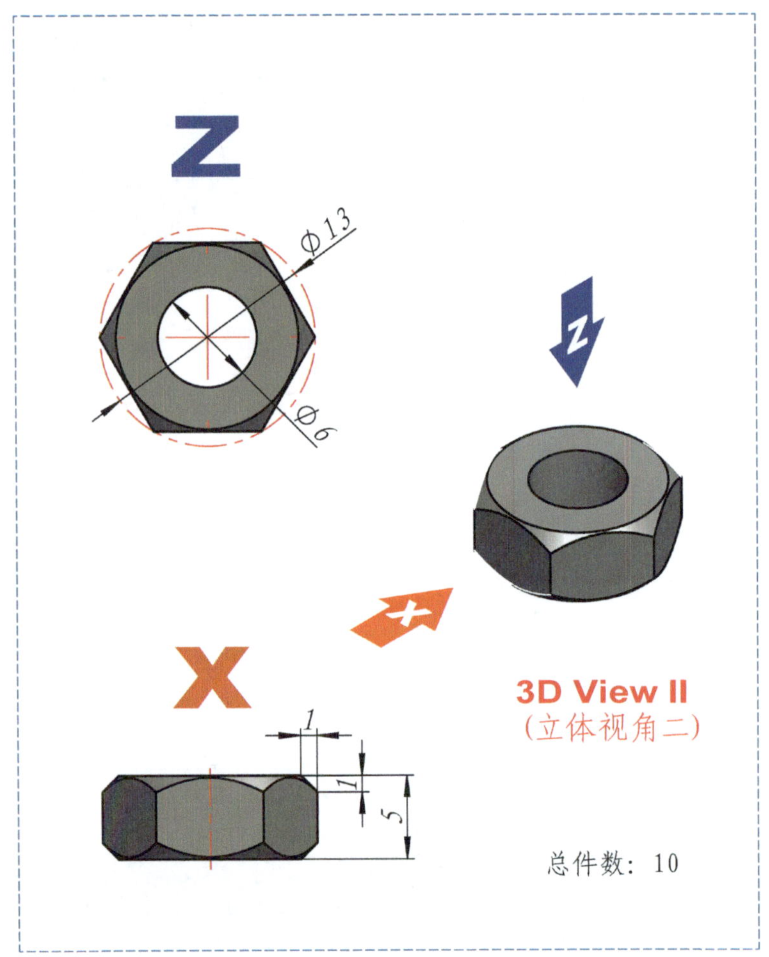

总件数：10

零件3、4、5、6

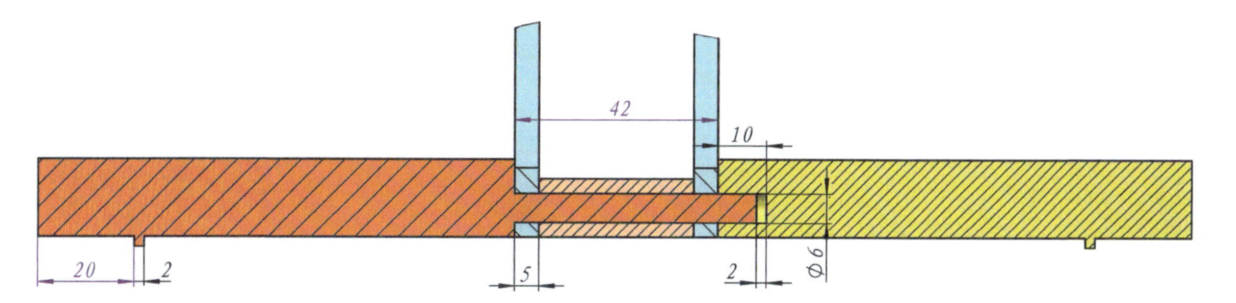

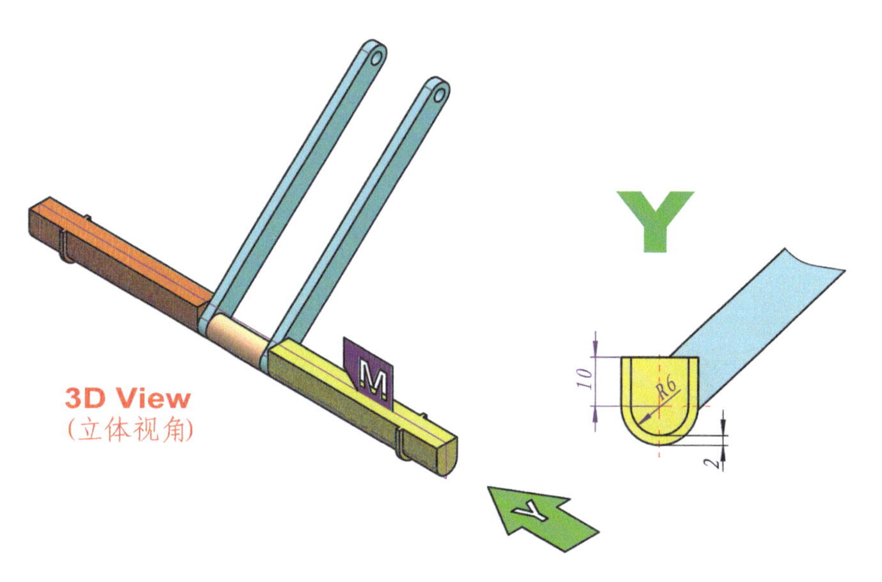

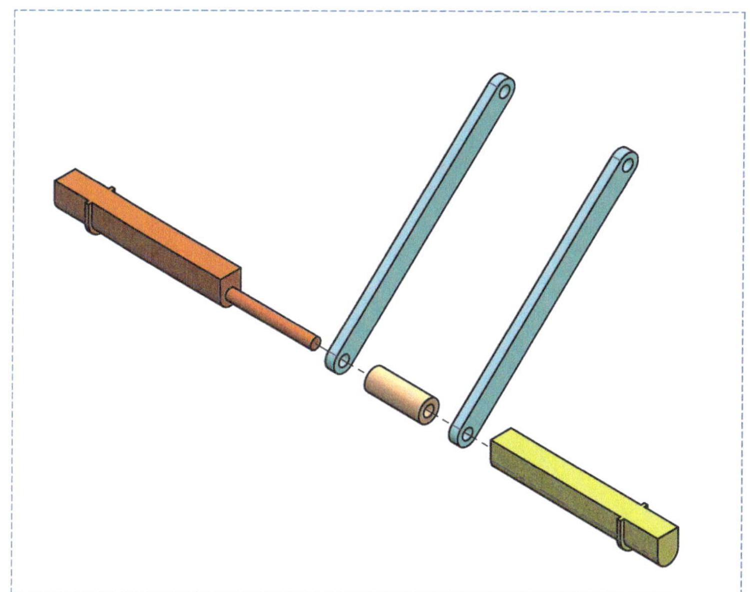

零件 7

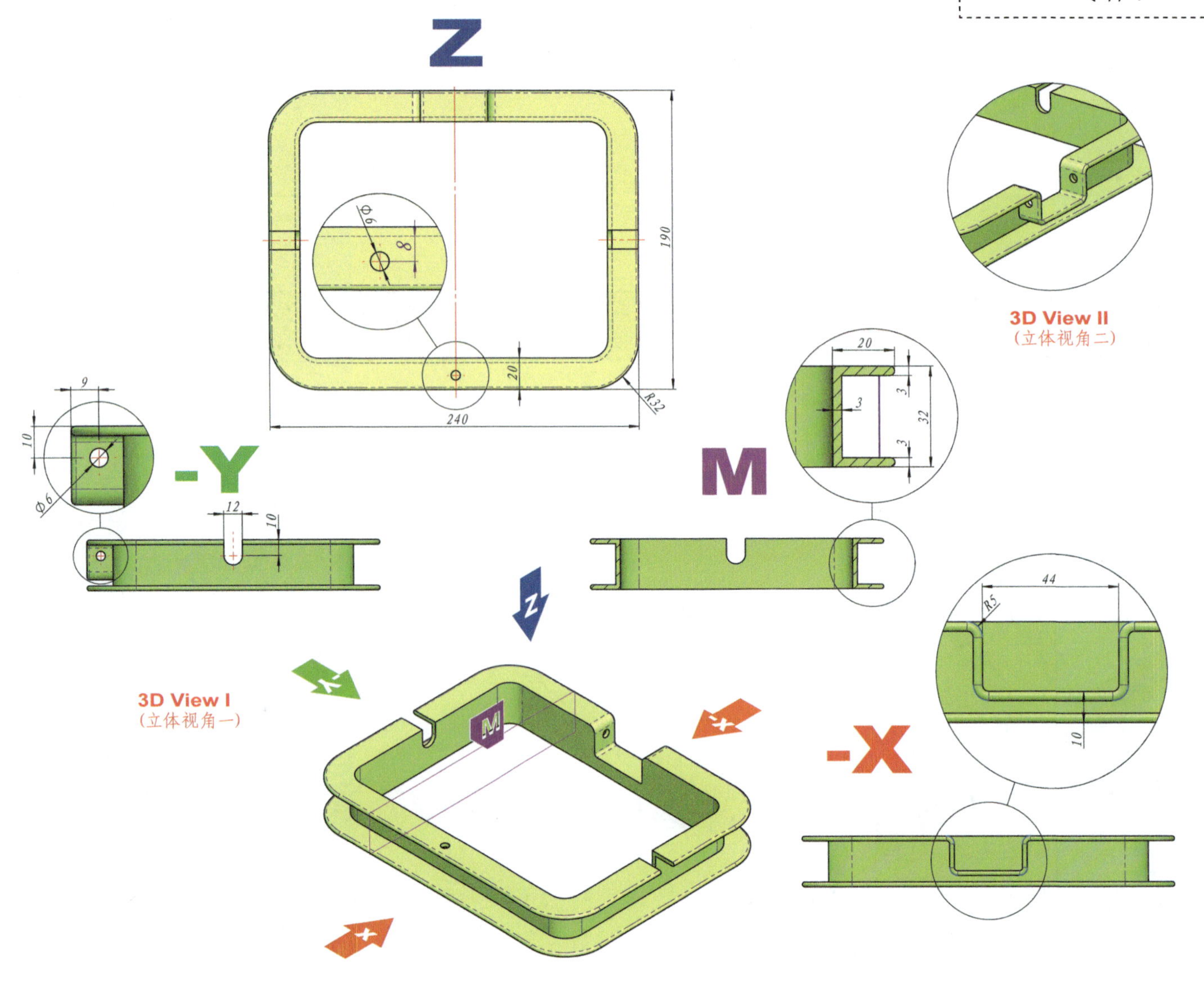

Z
Φ6
8
190
20
R32
240
9
10
Φ6
-Y
12
10
M
20
3
3
32
3
3D View II
（立体视角二）
44
R5
10
-X
3D View I
（立体视角一）

零件 8

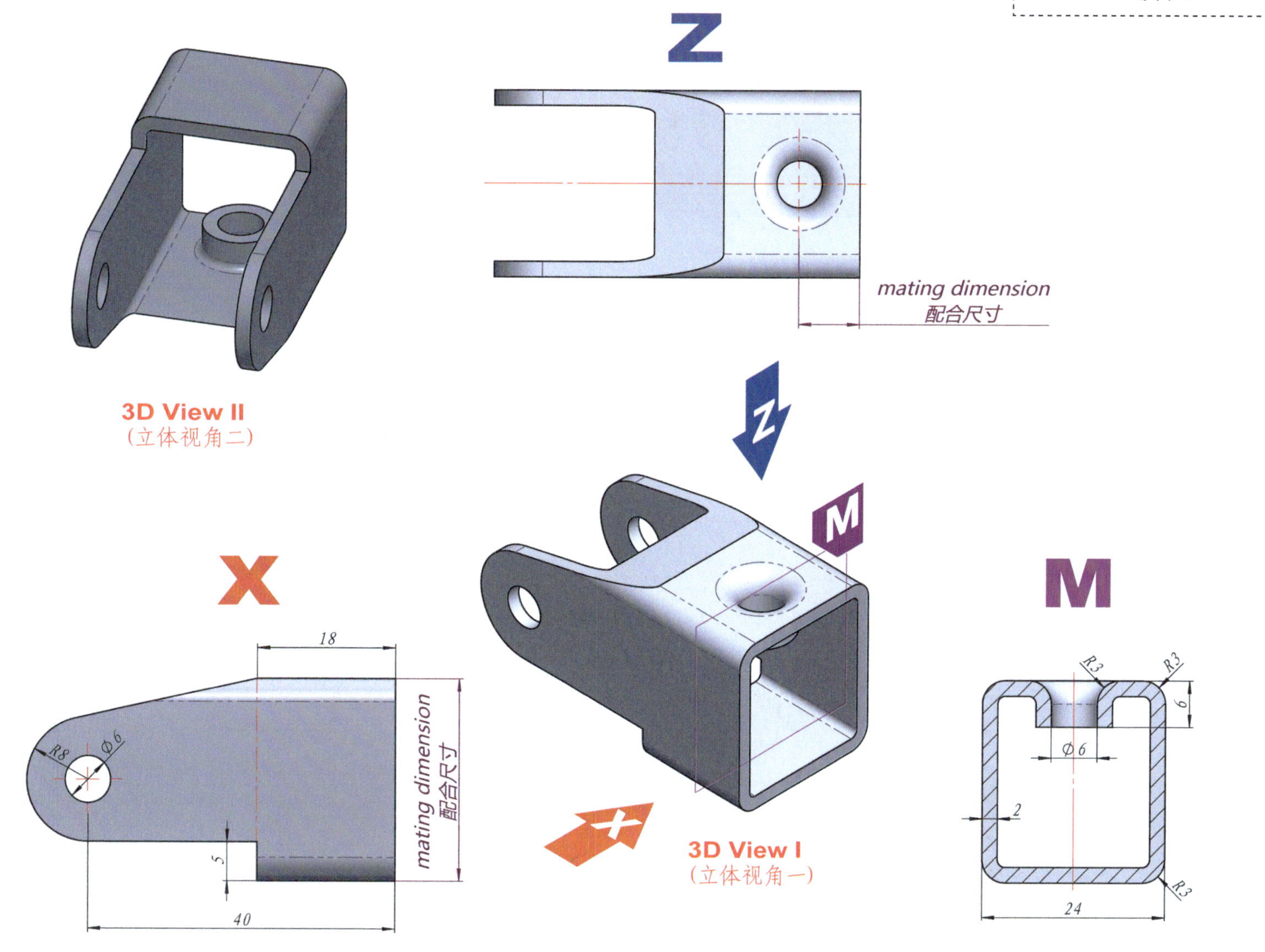
Z
mating dimension
配合尺寸
3D View II
(立体视角二)
X
18
R8
φ6
5
40
mating dimension
配合尺寸
M
3D View I
(立体视角一)
R3
R3
6
φ6
2
24
R3

零件 10

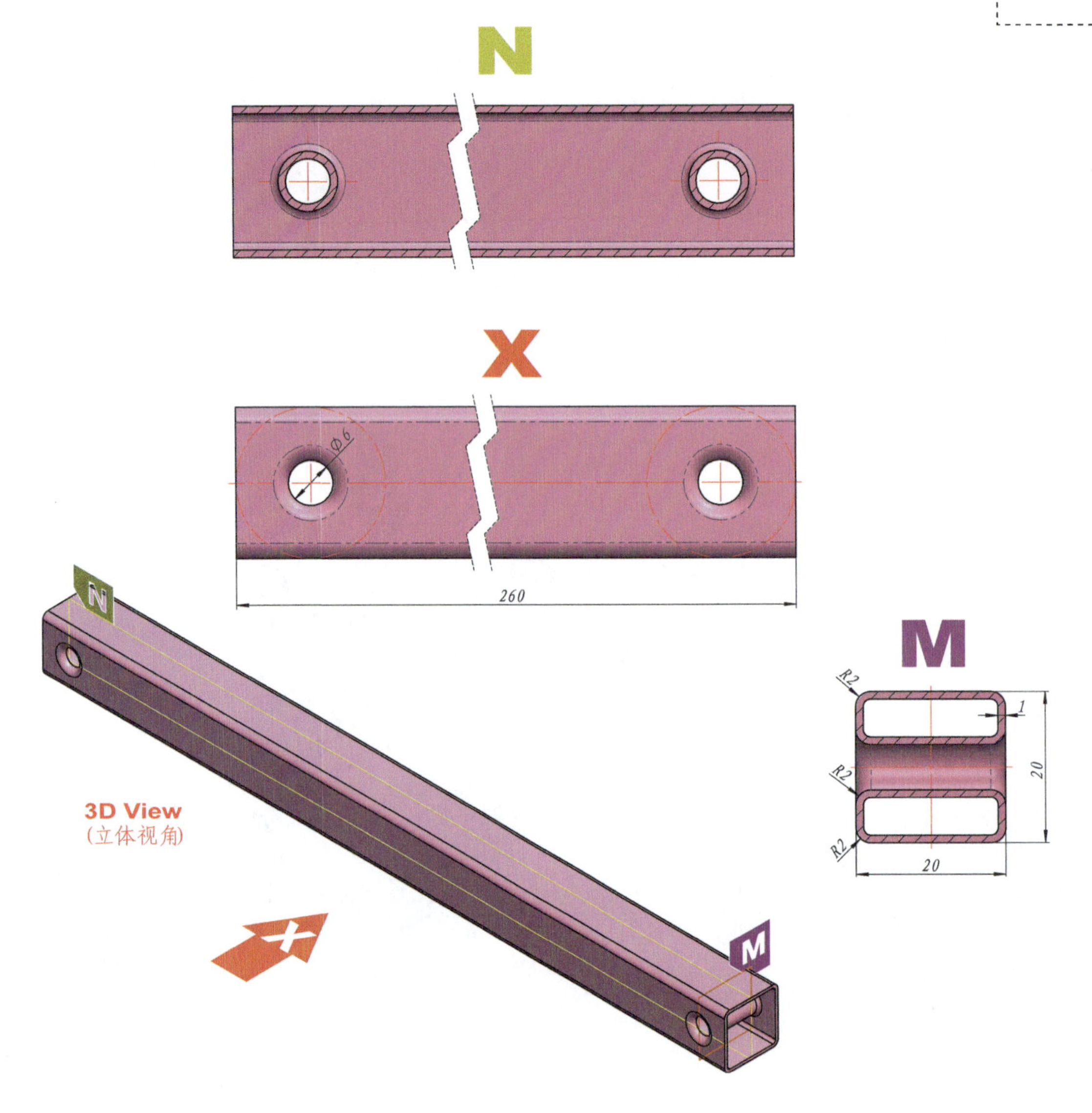

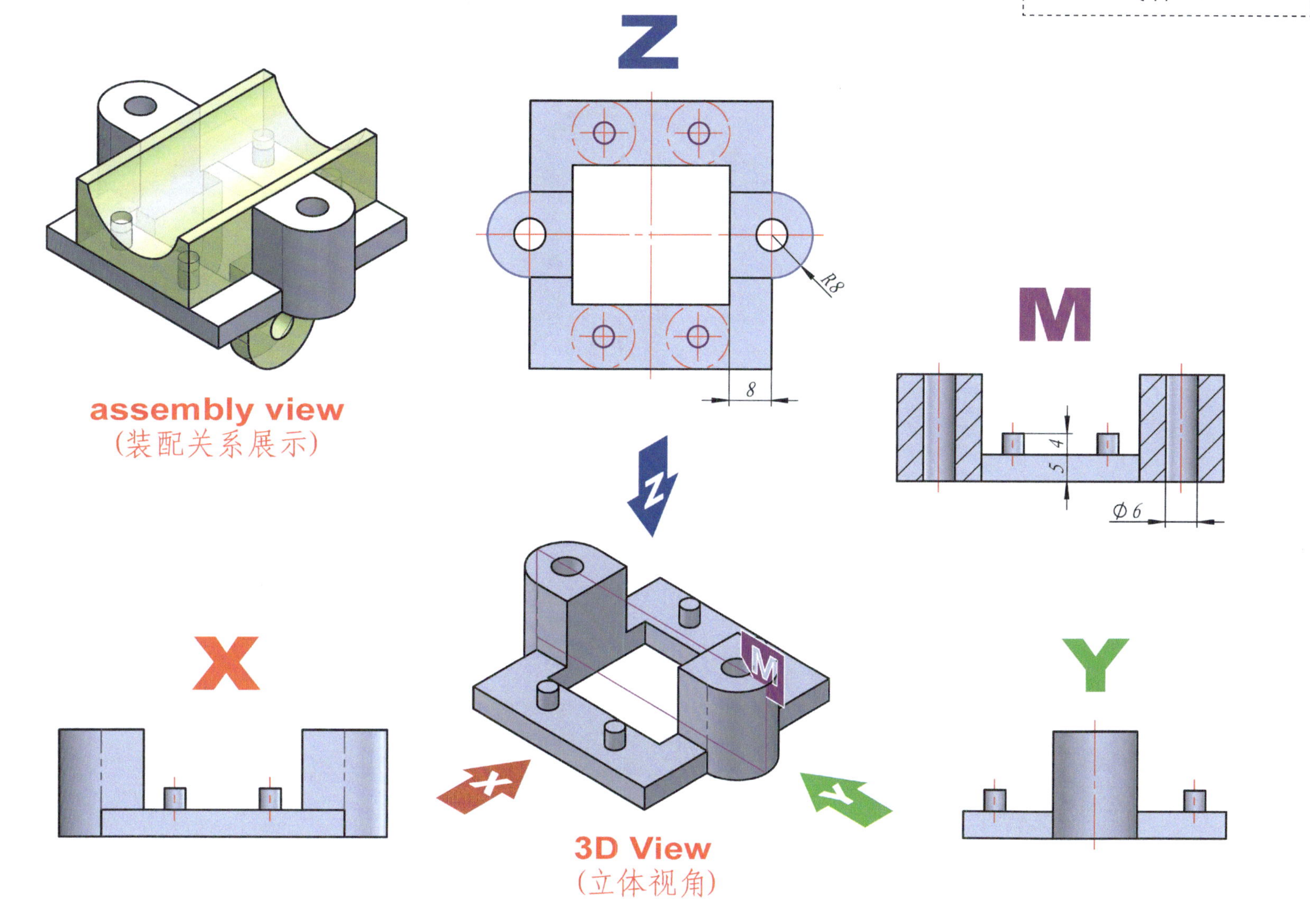

Z
R8
8
M
4
5
Φ6
assembly view
(装配关系展示)
Z
M
X
Y
X
Y
3D View
(立体视角)

零件 12

X

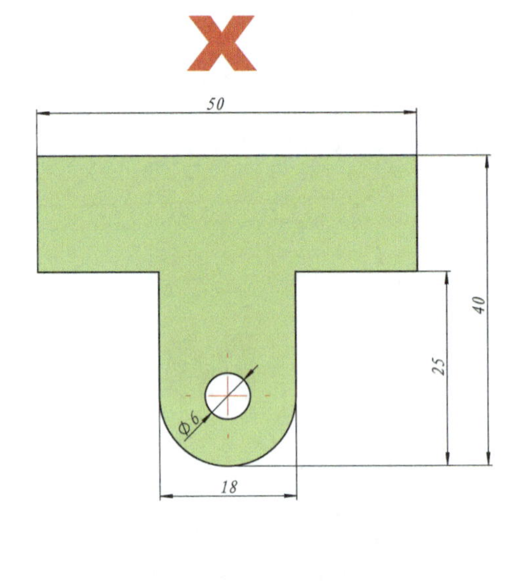

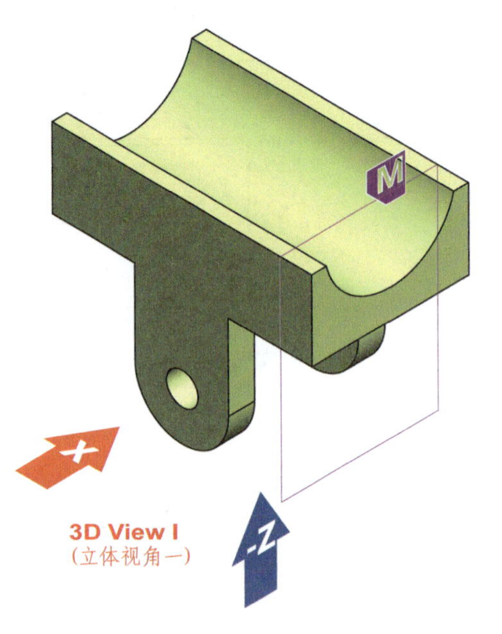

3D View I
（立体视角一）

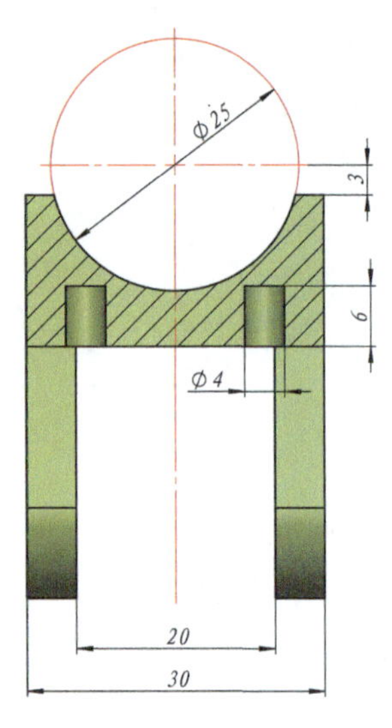

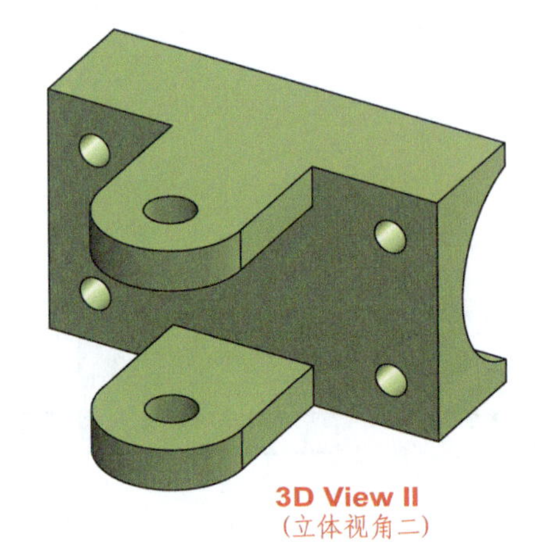

3D View II
（立体视角二）

-Z

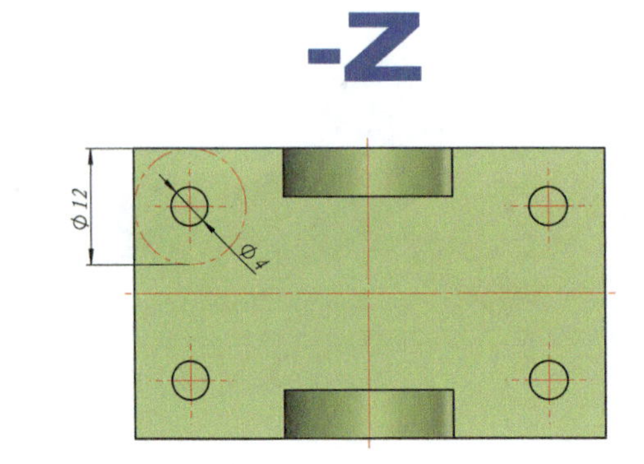

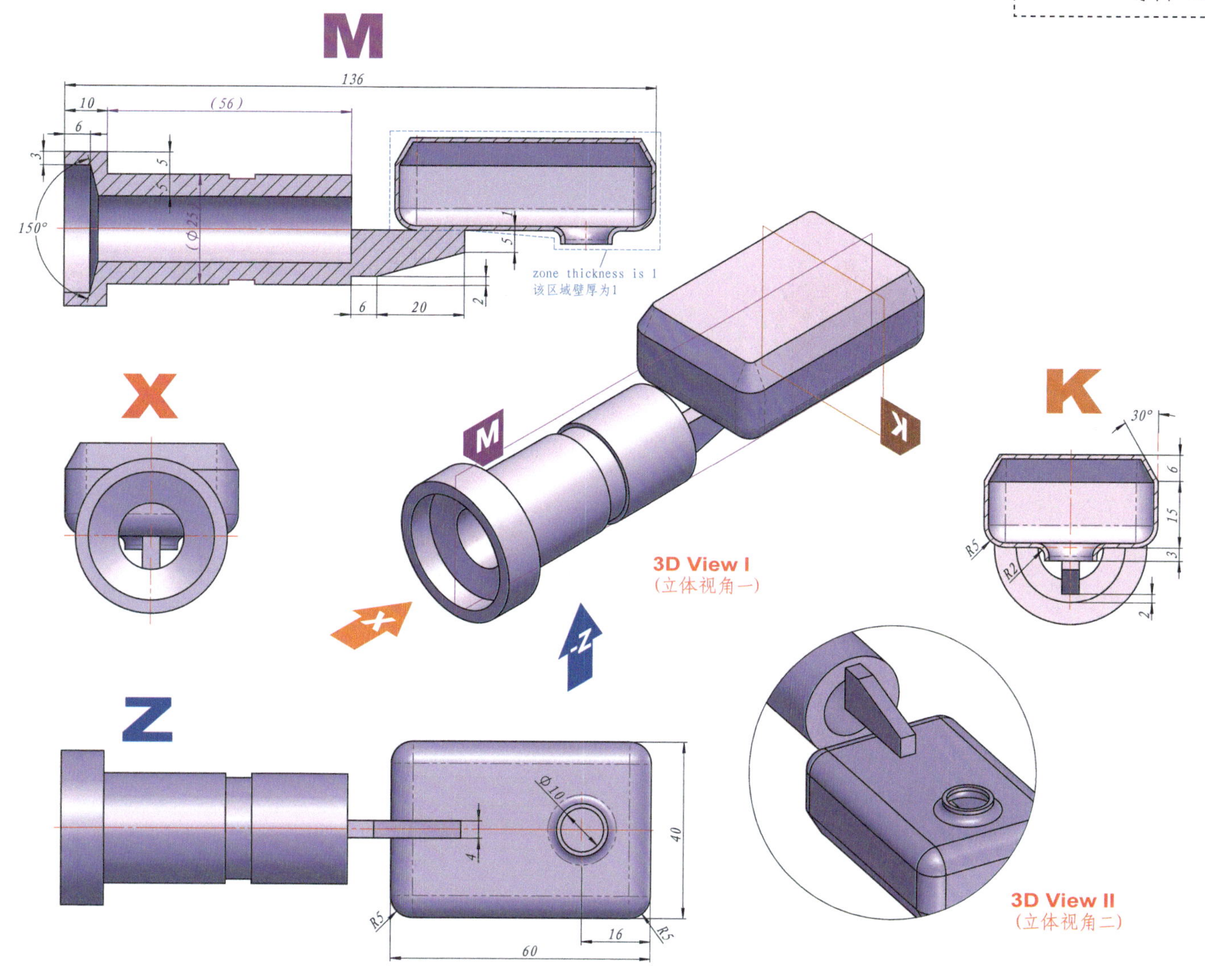
M
136
10
(56)
6
3
5
5
150°
(Φ25)
1
5
zone thickness is 1
该区域壁厚为1
6
20
2
X
K
30°
6
15
3
R5
R2
2
M
K
3D View I
(立体视角一)
X
-Z
Z
Φ10
4
40
R5
16
R5
60
3D View II
(立体视角二)

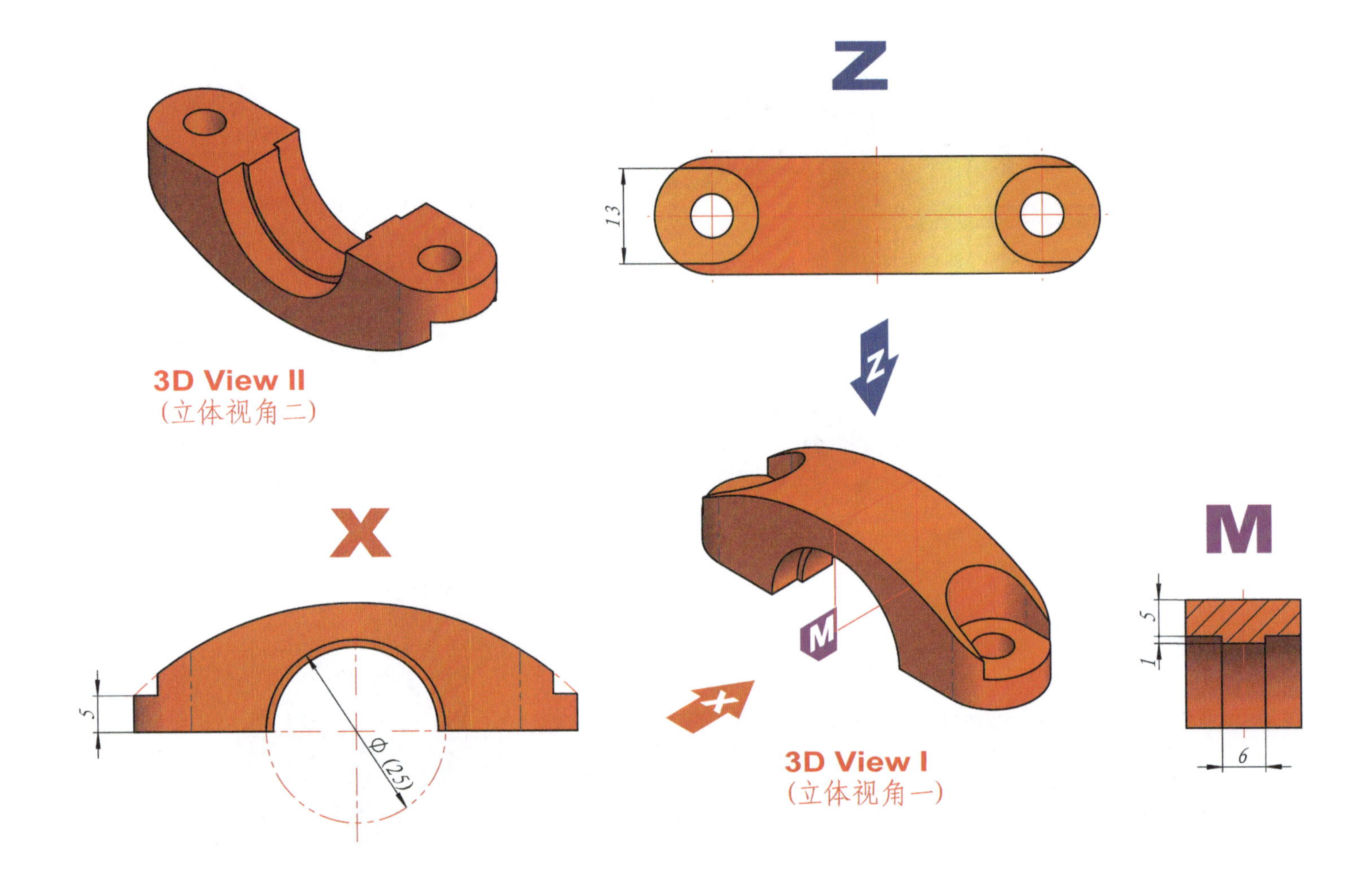

Z
13
3D View II
(立体视角二)
X
5
Φ (25)
M
5
1
6
3D View I
(立体视角一)

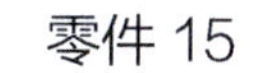
零件 15

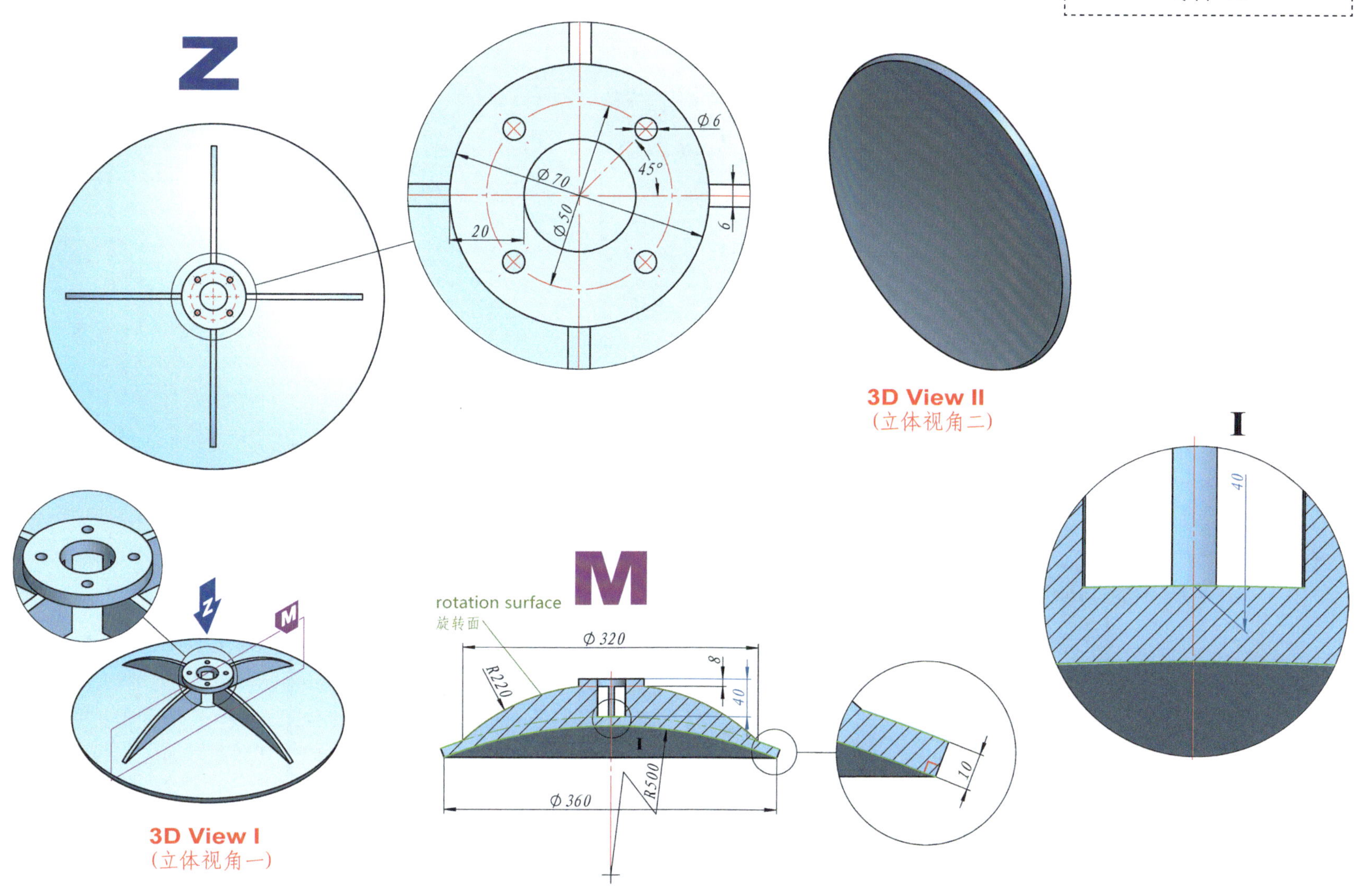
Z
Φ6
45°
Φ70
Φ50
20
6
3D View II
(立体视角二)
I
40
M
rotation surface
旋转面
Φ320
R220
8
40
I
R500
Φ360
10
3D View I
(立体视角一)

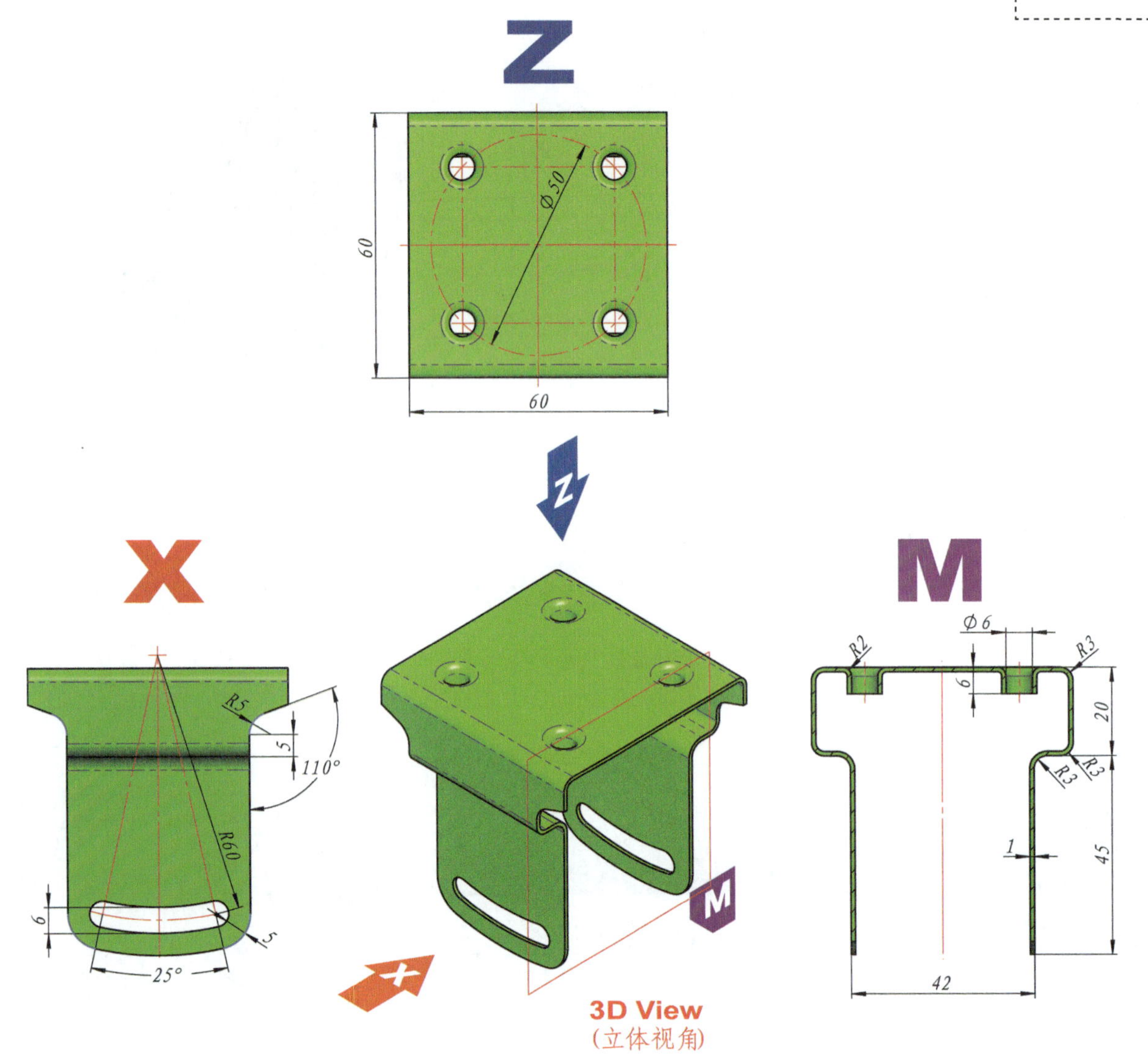
Z
60
60
Ø50
X
R5
5
110°
R60
6
5
25°
M
Ø6
R2
R3
6
20
R3
R3
1
45
42
3D View
(立体视角)

答题卡（1）

总分：1000

（一）零件建模

题号	求取信息	页码	分值	得分	答案
1	零件 1 的体积	7	37		
2	零件 2（L=52）的体积	8	17		
3	零件 4 的体积	9	7		
4	零件 5 的体积	9	29		
5	零件 6 的体积	9	29		
6	零件 7 的体积	10	41		
7	零件 8 的体积	11	31		
8	零件 9 的体积	8	13		
9	零件 10 的体积	12	23		
10	零件 11 的体积	13	31		
11	零件 12 的体积	14	23		
12	零件 13 的体积	15	51		
13	零件 14 的体积	16	29		
14	零件 15 的体积	17	37		
15	零件 16 的体积	18	37		

（二）装配

参数设置：1_Angle = 46°，2_Angle = 78°，3_Angle = 70°

题号	求取信息	分值	得分	答案
16	零件 3 的体积	29		
17 ~ 19 题参照页码 2 中的坐标系				
17	总体重心的 x 坐标	17		
18	总体重心的 y 坐标	23		
19	总体重心的 z 坐标	23		
20	P1 到 P2 的距离	29		
21	P3 到 P4 的距离	29		
22	P1 到 P4 的距离	37		
23	干涉发生的位置数	13		
24	干涉区域总体积	29		

（三）极限工位

参数设置：2_Angle = 78°，3_Angle = 83°，不考虑前面已经发生的干涉区域，拖动零件 15 或 16，为不发生新的动态干涉：

题号	求取信息	分值	得分	答案
25	1_Angle 的最小值	23		
26	1_Angle 的最大值	23		

答题卡（2）

参数设置：2_Angle = 86°，3_Angle = 32°，不考虑前面已经发生的干涉区域，拖动零件 15 或 16，为不发生新的动态干涉：

题号	求取信息	分值	得分	答案
27	1_Angle 的最小值	23		
28	1_Angle 的最大值	23		

（四）设计调整

零件 7 调整参数：240 调整为 280，190 调整为 210，高度 32 尺寸调整为 38。其他关联零件发生相应变化。

题号	求取信息	分值	得分	答案
29	零件 7 的体积	41		
30	零件 5 的体积	23		
31	零件 6 的体积	23		
32	零件 8 的体积	31		

注意： 如果需要试错，请填写试错表，到指定地点试错。请谨慎掌握试错机会，试错超过 10 次后，每次试错扣 3 分。

零件 12 调整参数：宽度 30 调整为 32，高度 40 调整为 43，长度 50 调整为 56，直径 25 调整为 28，其他关联零件发生相应变化。

题号	求取信息	分值	得分	答案
33	零件 12 的体积	23		
34	零件 11 的体积	37		
35	零件 13 的体积	43		
36	零件 14 的体积	23		

（五）附加部分，共 100 分，仅供小排名参考

题号	项目	要求	分值	得分
37	爆炸图	参照页码 2 生成爆炸图，导出为 JPG 等图片格式提交	15	
38	拆装动画	合理设计拆卸－组装流程，生成动画，导出为 WMV、AVI 等视频格式提交	40	
39	工程图	针对零件 13，参照 GB 标准生成工程图，含标题栏，包括投影、剖视图、局部放大视图、轴测图，并标注全部尺寸（包括关联尺寸）。导出为 JPG 等图片格式提交	30	
40	渲染	针对总体，自行设置材质或色彩、场景和灯光，导出为 JPG 等图片格式提交	15	

试错卡（1）

团队编号：　　　　团队名称：

注意：

试错由一名队员提交到指定地点。

每队两次试错之间起码间隔 15 分钟，建议多题集中试错。

每道题目最多有 3 次试错机会，请谨慎掌握试错机会，试错总次数超过 10 次后，每次试错扣 3 分。

（一）零件建模

题号	求取信息	第一次	第二次	第三次
1	零件 1 的体积			
2	零件 2（L=52）的体积			
3	零件 4 的体积			
4	零件 5 的体积			
5	零件 6 的体积			
6	零件 7 的体积			
7	零件 8 的体积			
8	零件 9 的体积			
9	零件 10 的体积			
10	零件 11 的体积			
11	零件 12 的体积			
12	零件 13 的体积			
13	零件 14 的体积			
14	零件 15 的体积			
15	零件 16 的体积			

（二）装配

参数设置：1_Angle = 46°，2_Angle = 78°，3_Angle = 70°

题号	求取信息	第一次	第二次	第三次
16	零件 3 的体积			
17	总体重心的 x 坐标			
18	总体重心的 y 坐标			
19	总体重心的 z 坐标			
20	P1 到 P2 的距离			
21	P3 到 P4 的距离			
22	P1 到 P4 的距离			
23	干涉发生的位置数			
24	干涉区域总体积			

试错卡（2）

团队编号： 团队名称：

（三）极限工位

参数设置：2_Angle = 67°，3_Angle = 83°，不考虑前面已经发生的干涉区域，拖动零件 15 或 16，为不发生新的动态干涉：

题号	求取信息	第一次	第二次	第三次
25	1_Angle 的最小值			
26	1_Angle 的最大值			

参数设置：2_Angle = 86°，3_Angle = 32°，不考虑前面已经发生的干涉区域，拖动零件 15 或 16，为不发生新的动态干涉：

题号	求取信息	第一次	第二次	第三次
27	1_Angle 的最小值			
28	1_Angle 的最大值			

注意：

试错由一名队员提交到指定地点。

每队两次试错之间起码间隔 15 分钟，建议多题集中试错。

每道题目最多有 3 次试错机会，请谨慎掌握试错机会，试错总次数超过 10 次后，每次试错扣 3 分。

（四）设计调整

零件 7 调整参数：240 调整为 280，190 调整为 210，高度 32 尺寸调整为 38。其他关联零件发生相应变化。

题号	求取信息	第一次	第二次	第三次
29	零件 7 的体积			
30	零件 5 的体积			
31	零件 6 的体积			
32	零件 8 的体积			

零件 12 调整参数：宽度 30 调整为 32，高度 40 调整为 43，长度 50 调整为 56，直径 25 调整为 28，其他关联零件发生相应变化。

题号	求取信息	第一次	第二次	第三次
33	零件 12 的体积			
34	零件 11 的体积			
35	零件 13 的体积			
36	零件 14 的体积			